豆腐
生产新技术

杜连启　主编

化学工业出版社

·北京·

本书简要介绍了豆腐的发展历史、营养价值、豆腐的分类和发展方向，重点介绍了豆腐生产的原辅料、豆腐生产的基本工艺、各种新型大豆及非大豆豆腐的生产新工艺以及与豆腐生产相关的新型生产设备、质量管理体系、豆腐保鲜、副产品综合利用等内容。本书内容丰富，理论联系实际，重点突出，文字通俗易懂，实用性和可操作性强，可作为豆制品加工厂或企业、广大豆腐加工专业户进行豆腐生产的指导书，也可作为有关豆制食品加工企业进行技术人员培训及有关院校师生的参考书。

图书在版编目（CIP）数据

　　豆腐生产新技术/杜连启主编. —北京：化学工业出版社，2018.3（2024.5重印）
　　ISBN 978-7-122-31433-8

　　Ⅰ.①豆… Ⅱ.①杜… Ⅲ.①豆腐-豆制品加工
Ⅳ.①TS214.2

　　中国版本图书馆 CIP 数据核字（2018）第 013602 号

责任编辑：张　彦　　　　　　　　装帧设计：张　辉
责任校对：边　涛

出版发行：化学工业出版社（北京市东城区青年湖南街 13 号　邮政编码 100011）
印　　装：北京七彩京通数码快印有限公司
850mm×1168mm　1/32　印张 9½　字数 249 千字
2024 年 5 月北京第 1 版第 8 次印刷

购书咨询：010-64518888　　　　　售后服务：010-64518899
网　　址：http：//www.cip.com.cn
凡购买本书，如有缺损质量问题，本社销售中心负责调换。

定　　价：39.00 元　　　　　　　　　　　版权所有　违者必究

前　言

　　豆腐是一种传统的大豆制品，在我国有着悠久的历史，是我国人民十分喜爱的一种食品，是人们膳食中优质的蛋白质来源。随着人们对大豆食品营养认识的不断增强，消费意识的转变和健康意识的增强，国外消费者也越来越多。据不完全统计，世界上含有大豆蛋白的食品达 1.2 万种以上。

　　随着科学技术的不断发展，豆腐生产的理论和技术都有很大的进步，新产品和新技术不断出现。而现在的生产技术与生产方式，已经对我国豆腐的发展形成了阻碍，传统豆腐生产加工呼唤新的技术革命，如何将传统工艺和现代工艺相结合，从传统中升华，实现生产的规模化、工业化和安全化，是我国豆腐生产发展的关键和趋势。为了适应我国豆腐生产的发展，将最新的技术介绍给广大读者，我们组织相关人员编写了本书，本书中不仅介绍了豆腐生产的新工艺、新技术，还介绍了新型豆腐生产设备、豆腐安全性质量管理、副产品综合利用及豆腐保鲜等相关问题。在编写过程中参考了有关豆腐生产的技术专著和近年来有关研究人员发表的学术论文，在此一并表示衷心的感谢。特别对北京市洛克机械有限责任公司和哈尔滨泛亚食品机械有限公司提供的帮助和支持表示感谢。由于时间和水平所限，书中不足之处在所难免，敬请广大同行和读者批评指正。

编者

2018 年 3 月

目　录

第一章　概　述

第一节　豆腐的历史与发展

一、豆腐的起源和历史

我国是豆腐的发源地。

相传，淮南王刘安的母亲喜欢吃黄豆，汉高祖十一年时，有一次其母因病不能吃整粒黄豆，刘安就叫人把整粒黄豆磨成粉，怕粉太干，便冲入些水熬成豆乳，又怕味淡，再放些盐卤，结果凝成了块状的东西，即豆腐花。淮南王之母吃了很高兴，病势好转，于是豆腐就流传了下来。

刘安（公元前 172～公元前 122 年），是西汉高祖刘邦之孙，被封为淮南王，封地在现今的安徽淮南。从他的生卒年看，他经历了汉文帝、汉景帝、汉武帝时代。汉武帝刘彻继位后，妄想"长生久视"，因此在民间广求长生不老药，招纳方士从事炼丹之术，即所谓的炼丹家。刘安也不例外。《汉书》本传中对炼丹作了记述："招致宾客之士数千人，作书二十一篇，外书甚众，又中篇八卷，言神仙黄白之术，亦二十万言。"从现今能看到的《淮南子》和《淮南万毕术》二书中，还可找到一些关于炼丹原料及其性质的记载。由于其理论和指导思想是唯心和迷信的，所以这一目的是不可能实现的。1000 年后，在著名医学家李时珍的《本草纲目》问世后，炼丹术被"本草学"所代替。

尽管如此，历代的炼丹术对于化学、医学、食品都有一定的贡献。相传，豆腐的制作就是刘安在组织方士们炼丹实践中发明的。方士们在炼丹中使用了许多矿物和无机盐，偶尔发现石膏或其他盐类可以凝固豆乳做豆腐。

在历史记载中，安徽淮南地区是豆腐的发源地，其中的八公山豆腐更是独具特色，用山上的泉水和优质的大豆精心加工而成，洁白细腻，晶莹剔透，是十分难得的基础食材，所以有着"八公山豆腐甲天下"的美誉。刘安在封地淮南当政时期喜欢招集名人方士炼丹求道，以期望找到长生不老的方法。在他门下的方士中有八人比较出众，经常与刘安一起聚集在现在的八公山讨论、交流求道心得，炼制丹药，在一次很偶然的机会里他们把炼丹所用的石膏掺入了乳白色的豆浆里，最终发明出了人们离不开的上好食品——豆腐。后代人们为纪念豆腐的发明者把此地改为八公山，成为了豆腐的发源地。

关于豆腐发明人的记载，最早见于五代谢绰的《宋拾遗录》"豆腐之术，三代前后未闻此物，至汉淮南王亦始其术于世。"宋朝著名诗人朱熹诗曰："种豆豆苗稀，力竭心已腐，早知淮南术，安坐获泉布"。并自注"世传豆腐本为淮南王术"。明李时珍的《本草纲目·谷部豆腐》："豆腐之法，始于前汉淮南王刘安。"明叶子奇《草木子·杂制篇》："豆腐始于汉，淮南王刘安之术也。"明陈继儒《丛书集成·群碎录》："豆腐，淮南王刘安所作。"清代高人《古今说部丛书·天禄识全》："豆腐，淮南王刘安造"，等等。刘安做豆腐之说在国内外文献中被引用和流传。

目前关于豆腐的传统制法的文字记载，最早见于北宋。寇宗奭《本草衍义》："生大豆，又可硙为腐，食之。"元代王祯在《农书》中讲："大豆为济世之谷……可做豆腐，酱料。"郑允端"豆腐"诗中有"磨砻流玉乳，蒸煮结清泉，色比土酥净，香逾面髓坚"。在明代以后的一些古籍中也有不少记载。李时珍的《本草纲目》中，对豆腐的快速制法和凝固剂的使用作了详细阐述："豆腐之法，凡黑豆黄豆及白豆绿豆之类皆可为之。造法：水浸、破碎、去渣、蒸煮，以盐卤汁或山矾汁或酸醋淀，就釜收入。又有入缸内以石膏末收者。大抵得咸苦酸辛之物，皆可收敛耳。其面上凝结者揭取晾干，名豆腐皮，入馔甚佳也，气味甘咸寒"。盐卤汁就是氯化镁（$MgCl_2$）、硫酸镁（$MgSO_4$）、氯化钠（$NaCl$）等成分的浓缩溶液；山矾汁是含重水盐类的矿物，如钾矾等；石膏是含水硫酸钙（$CaSO_4 \cdot H_2O$）；酸醋是食用醋。现今这些凝固剂大部分仍然沿用。明代吴氏的《墨娥山录》中有："凡做豆腐，每黄豆一升入绿豆一合，用卤水点就，煮时甚筋韧，秘之又秘"。意思是：在做豆腐时，在黄豆中加入 1/10 的绿豆，做出来的豆腐特别有韧性。这也是我们现在值得借鉴和研究的。明代诗人苏秉衡写的《豆腐诗》曰："传得淮南术最佳，皮肤褪尽见精华。一轮磨上流琼液，百沸汤中滚雪花。瓦缶浸来蟾有影，金刀剖破玉无瑕。个中滋味谁知得，多在僧家与道家。"诗中对豆腐的发明、制法，特色和食俗予以简明、灵活、形象的描绘，赞叹之情跃然纸上，耐人寻味。但明代文人孙大雅认为"豆腐"不雅太俗，曾改名为"菽乳"。他还为此赋诗一首，诗中关于豆腐制作的艰辛倒十分精彩："戍菽来南山，清漪浣浮埃。转身一旋磨，流膏入盆罍。"结果"菽乳"一名被人遗忘，诗句倒传下来了。

清代李调元的《童山诗集》中部分诗句，高度概括了豆腐、豆腐皮、五香豆腐干、姑苏糟豆腐、臭豆腐、豆腐乳的制作。汪日桢在《湖雅》中述："豆浆点以石膏或盐卤成腐；未点者曰豆腐浆；点后布包成整块曰干豆腐；置方板上曰豆腐箱，固呼一整块曰一箱，稍嫩者曰水豆腐，尤嫩者……成软块，亦曰水豆腐，又曰盆豆腐；其最嫩者不能成块，曰豆腐花，也曰豆腐脑；下铺细布泼以腐浆，上又铺细布交之，施泼交压成片，曰千张，亦曰百叶；其浆面结衣揭起成片曰豆腐衣；干腐切成小方块油炖，外起衣而中空，曰油豆腐，切三角曰角豆腐。"

日本研究中国食物史的学者筱田统，写了一篇《豆腐考》。他查阅了宋代以及宋以前的各类农书，又查了唐代的各种笔记与随笔、文集，均不见关于豆腐的著录。最后，在宋初陶谷的《清异录》中发现了有关豆腐的最早记载，"日市豆腐数箇，邑人呼豆腐为小宰羊"。说的是豆腐的营养价值高，赞誉它可与羊肉媲美。在宋代以后，关于豆腐的文献记载日见增多。所以，筱田统认为，宋代以前，豆腐仍属下层社会的食品，一直到明代才逐渐通行于上层社会，才开始有各种精致的烹调方式出现。

二、豆腐生产的发展现状

我国豆腐的生产至今已有 2000 多年的历史，但总体上看生产技术的发展是极其缓慢的，直到 20 世纪中叶，豆制品生产都是小型手工作坊，设备简陋，劳动强度大，劳动环境恶劣，所以，古代中国有句俗话叫做"世上三行苦，撑船、打铁、磨豆腐"。中华人民共和国成立后，豆制品行业的面貌开始改变，利用机械代替了人力和畜力进行磨浆；电动吊浆、挤浆、刮浆，离心过滤代替了手工滤浆；蒸汽煮浆代替了土灶直火煮浆。1958 年，上海首先研制出了薄百页浇制机和薄百页脱布机。之后，在辽宁、鞍山、沈阳、北京、湖南益阳、哈尔滨又相继研制出了豆腐浇制机。

进入 20 世纪 80 年代，我国豆腐加工设备得到很大改善和提高。如送料，用斗式提升机和风送代替了人工输送，磨制设备采用了砂轮磨，分离工序多采用卧式或立式离心机进行浆渣的分离。近年来沈阳、镇江等地的企业研制生产出磨分一体的自分式磨浆机，既大大提高了工作效率，又缩短了生产周期。煮浆设备更新更快，从敞口间歇式煮浆桶发展到封闭式连续煮浆罐、梯形温控煮浆装置、接触式加热煮浆器、全自动连续煮浆机等，大大提高了工效，节约了能源，减轻了劳动强度，提高了产品质量。除此之外，还研发生产出了全自动点浆凝固机、自动步进压榨机、立式自重豆腐压榨机、履带豆腐压榨机、自动豆腐切块装盒机、点浆凝固打花一体机、自动无包布无型箱豆腐机、自动连续封盒机等。最近几年北京、上海、哈尔滨等地的企业先后研制成功成套水豆腐生产线，为水豆腐生产的机械化、连续化创造了条件，目前这些成套设备已投放到市场，已出口到美国、加拿大和东南亚各国，并受到国内外用户的好评。另外，我国一些企业通过消化吸收日本内酯豆腐生产技术已成功生产出内酯豆腐，目前，上海、无锡等有关厂家，可以成套生产并已推广应用到全国各地。从总体上看，我国豆腐及豆制品的生产基本上实现了工厂化和机械化或半机械化，而且正朝着生产机械自动化、工艺科学化、管理标准化、品种多样化和产品包装化的方向发展。

近年来，有关豆腐生产中的基础理论应用研究也日益受到重视。我国大豆育种工作者已开始将豆腐的产量与品质作为大豆育种目标之一，并且对大豆品种、年份、地理位置等与豆腐加工的适宜性、加工特性、产率及品质的关系进行了深入的探讨，并建立了大豆豆腐加工实用性评价方法。同时我国食品科学领域的很多学者研究了豆腐生产过程中所用各种凝固剂、浓度、用量对豆腐风味、加工特性的影响；豆乳加热的时间、温度等加工工艺对豆腐品质及产量的影响；制浆的新工艺。进一步系统地研究和探讨大豆中的蛋白组分和豆腐出品率、质量的关系；大豆磨碎和煮浆过程中蛋白和各种抗营养物质的变化规律；豆腐凝固剂和蛋白凝固机理；豆腐的保鲜；以及 HACCP 体系在豆腐生产中的应用等；同时对豆腐新品种的开发也进行了很多的研究并开发出了许多新型豆腐，对提高豆腐生产的工艺技术水平，推动我国豆腐业的发展，进一步发扬祖国的豆腐文化具有深远的意义。中国豆腐业未来的发展应顺应我国居民的饮食习惯，搞豆腐系列制品的生产，重点突破豆腐的保鲜技术，这样不仅能够更好地满足国内市场的需要，而且有助于中国式的豆腐走向世界。

三、豆腐制作技术的外传

随着我国与世界各国在政治、经济、文化、科学、宗教等各个方面的交流发展，我国的豆腐生产技术逐渐传到了亚洲、欧洲、北美洲以及非洲等国家和地区。

豆腐制作技术的外传始于我国唐朝。在唐朝，我国与日本在政治、经济、文化、科学、宗教、饮食、服装等各个方面都有交流。日本不断派遣唐使和留学生来中国，中国也派人出使日本。公元700～800年，在日本的奈良时代，唐朝高僧鉴真大师及其弟子到日本传授佛教。佛教以素食为膳，豆腐和酿造食品的制作技术也随着佛教的交流传到日本。首先传到奈良的寺院，以后又逐渐普及到其他地区的寺院和民间。《日本大百科》认为豆腐"传入日本为奈良时代，主要流传于贵族阶层和僧侣之间，室町时代以后普及开来"。《大辞林》则说"虽时期不明，但是由中国传入日本，中世以后广为普及"。公元1400年，日本的室町时代（相当于我国明朝初期）《庭训往来》一书中出现了豆腐羹、豆腐上物的（油巴）字样。1420年，《海人藻芥》著作中述：在宫廷里，豆腐又名"卡贝"。在日本的文献中，"豆腐"文字的出现比中国约迟500年，日本与中国的友好往来也包括豆腐这项传统的食品技术。在日本，"唐传豆腐法"一直流传至今。1963年，中国佛教协会代表团到日本奈良参加纪念鉴真和尚逝世1200年活动时，豆腐业的很多从业者手提各种豆腐制品前来参加纪念活动。豆制品袋上写着："唐传豆腐，淮南堂制"。其大意是汉朝淮南王发明了豆腐制作技术，唐代的鉴真大师将其传到了日本。

　　据《李朝实录》记载：豆腐在我国宋朝末已经传入朝鲜。中国南边的一些国家如泰国、马来西亚、新加坡、印尼、菲律宾等国也早已掌握了中国古老的豆腐加工技术。豆腐传入欧洲的史料几乎无处可查，唯一查到的记载豆腐传入欧洲的史料表明，1873年，在奥地利维也纳万国博览会上，我国的豆腐制品同欧洲观众见了面。20世纪初，中国留学生和华侨大量流入欧美，才真正使欧美人认识了中国的豆腐，1900年留学法国的李石曾、关雅晖、张静江等在巴黎创办了一个"豆腐公司"，生产的品种有水豆腐、油豆腐、豆腐粉等。豆腐传入非洲的时间更晚。据报道，1981年7月16日，在刚国布拉柴维尔郊区的"贡贝农业技术推广站"举办了一个"豆腐宴"。据刚国官员说，这是他们第一次在自己的国土上吃到豆腐。

　　值得一提的是，近年来，美国和日本豆腐业的生产技术发展非常迅速。日本的豆腐制作虽然源于中国，但经过多年来的发展变革，日本生产豆腐的机械设备在世界上已属先进水平。生产操作基本上是机械化、自动化。从日本豆腐的生产情况看，1996 年至今产量的变化幅度不大，消费量比较平稳，日本的生产企业数量 2000 年有 16000 家左右，2004 年减为 14000 家左右，2012 年度为 9059 家，加工企业数量减少的原因，其一，由于大豆价格暴涨以及超市降价要求，日本豆腐行业经营恶化，其二，大型企业的数量在逐年增加，企业的规模不断扩大，生产经营相对集中。但从总体来看，中小企业仍占大多数。

　　日本的豆腐种类有木棉豆腐（普通豆腐）、绢豆腐（细嫩豆腐）、软木棉豆腐（软豆腐）、盒装豆腐、袋装豆腐、油豆腐和冻豆腐等。从消费情况看，70% 为普通豆腐，30% 为细嫩豆腐。目前，日本约有 70% 的豆腐进行包装。

　　在美国，膳食以西餐和动物蛋白为主。自 20 世纪 70 年代以来，也出现了"豆腐热"。豆腐在美国市场上出现的状况与当年酸乳酪问世的情况一样受到重视。1982 年，美国有 154 家工厂加工豆腐，年产值达 114 亿美元。1984 年增加到 170 家，年销量达 1125t。全美最大的洛杉矶域时豆腐公司，一天生产 4500kg。1986 年，美国市场上销售的大豆蛋白及豆制品达 5456 亿美元的规模。有人分析，美国以往利用分离蛋白、浓缩蛋白等制作的方便食品已呈饱和状态，美国的大豆蛋白市场的前途今后将向中国传统的大豆食品（如豆腐等）方向发展。《华盛顿明星报》曾预言，豆腐将像奶酪一样，成为美国人最喜欢吃的食品之一。进入 21 世纪，美国学者在豆腐质量、产量与大豆特殊蛋白组分的关系等方面做了大量的研究，研究势头很猛，大学的食品科学系几乎都有一批高水平的研究人员从事豆腐的研究工作。此外，还出版了《豆腐来到西方》《豆腐和豆浆》《豆腐烹调手册》等介绍豆腐的生产和食用方法的书籍，销售 50 万册以上。

四、豆腐生产存在问题

1. 生产原料问题

目前，市场上的豆腐主要以单一大豆为原料而生产石膏豆腐、卤水豆腐和内酯豆腐，产品为白色，颜色单一，同时会有一定的豆腥味。而随着生活水平的不断提高，人们对饮食的要求已不仅仅停留在味觉上，并开始注重产品的外观和营养。因而，开发新的豆腐产品对豆腐产业的发展具有十分重要的意义。

2. 豆腐凝固剂问题

由于主要采用单一凝固剂，因此所生产的豆腐均有一定程度的不足。石膏豆腐有一定苦涩味，缺乏大豆香味；卤水豆腐持水性差，保质期短；内酯豆腐口感清淡无味，且带有酸味，豆腐偏软，不适宜煎炒。研究表明，在豆腐生产时，将不同类别的凝固剂复合使用，或在豆乳中加入黏性多糖，可以有效改善豆腐的品质。

3. 大豆异黄酮活性物质损失问题

豆腐是人类膳食中大豆异黄酮的主要食物来源之一，在豆腐制作过程中，水处理和浸泡使大豆中以游离形式存在的大豆异黄酮增加，从而使大豆异黄酮有部分流失于浸泡水中。水煮加热使异黄酮向外渗透的速度增加，大量异黄酮渗入到加热水中，并且压水这一工序就有44%的异黄酮流失，以上加工过程对大豆异黄酮的损失已经相当严重。如何解决豆腐制作过程中大豆异黄酮的流失问题，将大豆异黄酮最大限度地保留在豆腐中且能保证豆腐的质地和口感也是今后研究的方向之一。

第二节　豆腐的营养价值

豆制品的营养成分是很丰富的，我国古代就把豆腐比作"小宰羊"，具有羊肉一般的营养价值。而像豆腐类的豆制品丰富的营养成分主要来自于原料——大豆。

大豆含有近40%的蛋白质，比任何一种谷物的蛋白质的含量都高，仅低于鸡蛋、牛肉，与鱼、猪肉、牛奶等不相上下，而且营养价值较高。蛋白质是由各种氨基酸组成的，就目前人们所知道的氨基酸就有二十几种。在繁多的氨基酸中，有八种是人体不能合成的，必须从食物的蛋白质中摄取，所以被称为"必需氨基酸"。人们从膳食中取得的蛋白质一定要包含适当数量和比例的必需氨基酸。如果"必需氨基酸"所取得的数量和比例接近人体的需要量，那么人体对蛋白质的代谢越是平衡，营养价值就越高，对促进人体的生长和健康的作用就越大。而大豆蛋白质中所含的八种人体"必需氨基酸"的数量与肉类蛋白质中所含的八种人体"必需氨基酸"很接近，所以大豆蛋白质的质量很高，营养作用很好（表1-1）。

表1-1　每100g大豆、豆制品、猪肉、牛肉和小麦粉的氨基酸含量

单位：mg

氨基酸种类	大豆	南豆腐	油豆腐	腐竹	猪肉（瘦）	牛肉（瘦）	小麦粉
缬氨酸	1800	481	1390	2992	1134	1040	454
亮氨酸	3631	768	2357	4677	1629	1459	763
异亮氨酸	1607	401	1151	1526	857	765	384
苏氨酸	1645	392	1112	2390	1019	926	328
苯丙氨酸	1800	505	1481	3062	805	700	487
色氨酸	462	129	399	764	268	208	122
蛋氨酸	409	114	332	257	557	508	151
赖氨酸	2293	475	1358	2992	1629	1440	262

　　豆制品的营养价值很高，还在于蛋白质的消化率提高了。人体对煮熟的整粒大豆消化率为65%，制成豆浆后可达85%，豆浆制成豆制品后蛋白质发生了变性的凝固，消化率可达92%～98%。因此，把大豆加工成豆制品，不仅扩大了人们副食品的种类，丰富了生活，同时又提高了大豆蛋白的消化率和营养价值。

　　以大豆为原料的豆制品除了富含蛋白质外，还可为人体生理活动提供多种维生素和矿物质，尤以钙、磷较多。如用石膏（硫酸钙）凝固剂制作的豆腐含钙量较高，有助于人体对钙的吸收和利用，对软骨病及牙齿发育不良等有疗理作用。

此外，豆制品中不含胆固醇，并有防止人体对胆固醇的吸收和防止动脉硬化等功效，这种独特的营养价值和作用是动物性蛋白质所不能比拟的（表1-2）。

表1-2 每100g食物胆固醇含量　　　　　单位：mg

品名	含量	品名	含量	品名	含量
猪肉（瘦）	77	羊肚	124	大黄鱼	79
猪脑	3100	牛乳	13	带鱼	97
猪肝	368	牛乳粉（全）	104	螃蟹	235
牛肉（瘦）	63	鸡肉	117	对虾	150
牛肚	132	鸡肫	229	蛋糕	172
羊肉	65	鸡蛋	680	冰淇淋	102

蛋白质是组成人体的主要物质，是人体生命活力的物质基础。如果蛋白质补充不足，人体就会因营养不良而使体质下降，形体消瘦，减弱抵抗力，就容易引起各种疾病。对儿童来说，如果蛋白质补充不足，就会发育不良，影响健康成长。一般来说，每个成年人每天对蛋白质需要量是80g，其中从主食品中大约获得40～50g，其余就必须从副食品或其他食品中来补充。

蛋白质的来源有两个途径，即从动物或植物上取得，动物性的蛋白质一般通过植物性蛋白质转化。因为动物的饲养需要饲料，而饲料又需要经过种植。这样的转化，不论是劳动量的花费还是蛋白质的转换率，都是很不经济的。在植物性蛋白质转化为动物性蛋白质的过程中，蛋白质的损失程度最高的达到95%，而碳水化合物达到100%（表1-3）。

表1-3 生产各种动物性食品，饲料蛋白质的转化率

单位：%

项目	转化率	项目	转化率	项目	转化率
牛	6～10	猪	12～15	蛋	25～31
羊	9	禽	17	乳	23～38

从以上资料来看，饲料蛋白质变成动物蛋白质的利用率是6%～38%，亦即植物性蛋白质的损失率在3/4左右，因此动物性

的蛋白质价格就比较昂贵。从植物中直接提取蛋白质作为食品来补充人们营养，是比较经济和理想的。而植物中尤以大豆和用大豆制成的豆制品对蛋白质的利用率最高（表1-4、表1-5），对人体又不会产生副作用，因此，随着我国经济的发展，人民生活水平的不断提高和食物结构的变化，豆制品（如豆腐）在人民生活中的地位将日益提高，其发展前途是无法估量的。

表1-4 大豆及其制品成分（g/100g 食部，其中热量为 kJ/100g 食部）

品名	地区	水分	蛋白质	脂肪	碳水化合物	热量	粗纤维	灰分
黄豆	北京	10.2	36.3	18.4	25.3	1724.6	4.8	5.0
黄豆	江苏	8.7	40.5	20.2	21.0	1758.1	4.9	4.7
黄豆粉	北京	5.0	40.0	19.2	28.3	1866.9	3.0	4.5
青豆	北京	6.4	37.3	18.3	29.6	1808.4	3.4	5.0
黑豆	北京	7.8	49.8	12.1	18.9	1607.4	6.8	4.6
豆浆	江苏	91.8	4.4	1.8	1.5	167.4	0	0.5
豆腐脑	北京	91.3	5.3	1.9	0.5	167.4	0	1.0
豆腐（南）	湖南	85.9	7.4	1.0	4.2	230.2	0.3	1.2
豆腐（嫩）	江苏	90.3	5.3	0.9	2.5	163.2	0.1	0.9
豆腐（老）	江苏	90.0	7.0	0.4	1.0	150.7	0.2	1.4
豆腐（北）	湖北	84.0	10.7	2.1	2.0	293.0	0.3	0.9
油豆腐	北京	45.2	24.6	20.8	7.5	1322.7	0.4	1.5
豆腐干	北京	64.9	19.2	6.7	6.7	686.5	0.2	2.3
豆腐片	北京	55.8	24.0	9.1	6.0	845.6	0.3	4.8
百页	北京	41.2	35.8	15.8	5.3	1285.1	0.4	1.5
腐竹	北京	7.1	50.5	23.7	15.3	1996.7	0.3	3.1
油皮	江苏	7.7	47.7	28.8	13.5	2109.7	0.2	2.1
豆腐衣	江苏	28.0	50.5	0.1	13.5	2109.7	0.2	2.4
素鸡	江苏	74.0	15.9	2.5	2.5	401.9	0.1	5.0

豆腐除了具有优质的蛋白质组成，含有必需脂肪酸等优点外，还含有许多活性成分和功能性物质，如大豆蛋白活性肽、大豆异黄酮、大豆皂苷等，这些功能性物质对机体具有重要的生理意义，近年来，大豆蛋白活性肽已成为风行美国、日本等国家的保健营养品。

豆腐中的蛋白质主要以大豆蛋白活性肽的形式存在。豆腐制作过程中，大豆蛋白经水解、分离、精制而获得通常由3～6个氨基酸组成的相对分子量低于1000Da的低肽混合物。大豆蛋白活性肽的必需氨基酸组成与大豆蛋白完全一致，含量平衡且丰富，而且多肽化合物更易被人体消化吸收。另外它还具有低抗原性，不会产生过敏反应；能促进脂肪分解和能量代谢，具有预防肥胖和减肥作用；具有降低血清胆固醇、降低血压及抗氧化等功能。

表1-5　大豆及其制品矿物质及维生素含量（mg/100g 食部）

品名	地区	钙	磷	铁	胡萝卜素	硫胺素	核黄素	尼克酸
黄豆	北京	367	571	11.0	0.04	0.79	0.25	2.1
黄豆	江苏	190	631	10.2	0.04	0.64	0.23	1.8
黄豆粉	北京	437	680	13.0	0.48	0.94	0.30	2.5
青豆	北京	240	530	5.4	0.36	0.66	0.24	2.6
黑豆	北京	450	50	10.5	0.40	0.51	0.19	2.5
豆浆	江苏	25	45	2.5	0.40	0.03	0.01	0.1
豆腐脑	北京	20	56	0.6	0.40	0.04	0.03	0.2
豆腐（南）	湖南	217	109	3.6	0.40	0.04	0.03	0.2
豆腐（嫩）	江苏	177	38	1.9	0.40	0.05	0.05	0.1
豆腐（老）	江苏	251	78	2.0	0.40	0.02	0.06	0.1
豆腐（北）	湖北	200	89	3.1	0.40	0.40	0.03	0.1
油豆腐	北京	156	299	9.4	0.06	0.04	0.04	0.2
豆腐干	北京	117	204	4.6	0.40	0.05	0.05	0.1
豆腐片	北京	199	281	6.7	0.40	0.05	0.05	0.1
百页	北京	169	333	7.0	0.40	0.05	0.05	0.1
腐竹	北京	280	598	15.1	0.40	0.21	0.12	0.7
油皮	江苏	319	436	9.6	0.40	0.21	0.12	0.7
豆腐衣	江苏	300	634	73.4	0.40	0.19	0.06	0.3
素鸡	江苏	1350	173	8.3	0.40	0.01	0.03	0.1

大豆异黄酮是天然食品中的一种具有生理活性的成分，也是大豆生长过程中形成的一类次生代谢产物，是豆科类主要色素成分。已从大豆中分离出9种异黄酮葡萄糖苷和3种相应的糖苷配基（游离异黄酮），共有12种大豆异黄酮。研究发现，大豆异黄酮具有弱雌性激素活性，动物及人体实验表明，其具有预防骨质疏松、预防癌症、降低女性更年期综合征发生等多种生理功能。

大豆皂苷是存在于大豆及其豆制品中的活性成分，属三萜类墩果酸型皂苷，是由三萜类同系物的羧基和糖分子环状半羧醛上羟基失水缩合而成的。研究发现，大豆皂苷具有抗脂质氧化、降低过氧化脂质的生成、抗自由基的作用，以及增强免疫调节功能和抗血栓、抗病毒的作用，此外大豆皂苷还具有抗衰老、防止动脉粥样硬化、抗石棉尘毒性等多种功能。

豆腐除了具有丰富的营养价值外，还有极好的药用价值，豆腐性味甘凉，具有益气和中、生津润燥、清热解毒的功效。将豆腐、杏仁与麻黄煎服，能治疗支气管哮喘；将 0.5kg 豆腐放锅内煮沸，加烤熟的花生油食用，可治便秘；将 0.5kg 豆腐用醋炖后食用，一日 2 次，可治痢疾；用热豆浆冲鸡蛋，加白糖可止咳补血；将鲜豆腐渣炒焦研末，用红糖水冲服，每天早晚各一次，每次 10g，可治便血；将 0.5kg 嫩豆腐和 50g 红糖同时放入锅内加水一大碗，煮沸 10min，服下可治胃出血；豆腐配海带，常吃能防止肥胖、血管硬化、高血压、心脏病、癌症等多种疾病，对治疗急性肾功能衰退、脑水肿、乙型脑炎、急性青光眼也有效。

第三节　豆腐的分类

我国豆腐的种类有很多，大致有以下几种分类的方法。

一、按照产品外观形态、内含成分、加工方法及风味划分

按照这种分类方法大致可分为豆腐类、豆腐干类和油豆腐类。

1. 豆腐类

豆腐类制品主要是各种豆腐，有老（北）豆腐、盐卤老豆腐、嫩（南）豆腐、小嫩豆腐、小包豆腐、冻老豆腐、干冻豆腐以及各种新型豆腐。产品含水量比较大，达 85%～92%。蛋白质含量在 4%～7.5%，持水性好，组织紧密，不松散，有筋骨，柔中带坚，富有弹性，质地细腻，色泽洁白，口味润滑，宜供荤素配菜、做汤、做羹或煮、炸之用。

2. 豆腐干类

豆腐干类制品有豆腐干、香豆腐干、蒲包豆腐干、兰花豆腐干、臭豆腐干等几个品种。产品含水量一般在75%左右，含蛋白质在18%。产品坚实有劲，有一定韧性，入口细糯而有嚼劲。香豆腐干还具有浓厚的五香味。既可配菜又能单独做菜。豆腐干可切成丝、条、片、块，炒成各种荤素菜肴。

3. 油豆腐类

油豆腐类的制品有油豆腐、三角油豆腐、大方油豆腐、油条子、细油条子、油划方（亦称水油豆腐）等品种。产品含水量一般在50%~80%。含蛋白质在10%~25%。由于加工时通过油炸发泡（不包括油划方），产品发松起孔，皮薄软糯，韧而有弹性，外表色泽黄亮，入口柔糯，有浓郁的豆香味和油香味。可供配菜炒煮荤素食品。塞肉末后煮食尤为美味可口。

二、按照所用凝固剂不同划分

根据生产过程中所用的凝固剂种类不同，可将国内生产销售的豆腐分为盐卤豆腐、石膏豆腐、酸凝固豆腐。

盐卤豆腐（也称卤水豆腐）是以卤水为凝固剂，豆腐风味最佳，但保水性差，得率低，凝固操作难度大。石膏豆腐是以石膏为凝固剂，豆腐质地细腻、保水性好，产品得率高，凝固操作简单，但豆香味不足，常有石膏残留，伴有石膏味。酸凝固豆腐是以酸浆和葡萄糖酸内酯为凝固剂，包括酸浆豆腐和葡萄糖酸内酯豆腐（简称内酯豆腐或GDL豆腐）。酸凝固豆腐口味平淡、质地细腻、保水性好，但强度明显不足。

由于盐卤豆腐的保水性差，所以一般都制成质地较硬的北豆腐，而酸凝固豆腐保水性好，故都属于质地较软的南豆腐。只有石膏豆腐，其保水性介于两者之间，既可制成北豆腐，又可制成南豆腐。在我国北方，盐卤豆腐享有极高的声誉，但得率较低。酸浆豆腐只是在个别地区有生产，产量较小。内酯豆腐是20世纪60年代日本开发的新型酸凝固豆腐，其凝固成型机理适合制作盒装充填豆腐。盒装内酯豆腐保质期较长，便于运输，作为豆腐的一个新品种，目前市场销售日增，但由于强度不足，不适合强烈翻动的烹炒，且缺少豆香味，还略有酸味，因此不可能取代用盐卤、石膏制作的传统豆腐。

三、按照所用凝固剂和豆腐含水量划分

按照这种分类方法，习惯上将豆腐分为老豆腐和嫩豆腐。

1. 老豆腐

又称北豆腐、硬豆腐，是指含水量 $80\%\sim85\%$ 的豆腐。一般以盐卤作凝固剂，也有的以石膏或酸黄浆水作凝固剂，其特点是点浆温度较高，凝固剂作用比较急剧，豆腐硬度较大，韧性较强，含水量较低，味道较香，蛋白质含量在 7.4% 以上。

2. 嫩豆腐

又称南豆腐，软豆腐。一般指用石膏作凝固剂制成的含水量较多的豆腐，其特点是质地细嫩，富有弹性，含水量大，一般含水量为 $85\%\sim90\%$，蛋白质含量在 5% 以上。用葡萄糖酸内酯作凝固剂制成的盒装豆腐、袋装豆腐也属于嫩豆腐的范畴。

四、按照市场销售划分

按照目前我国市场销售来划分，可分为北豆腐、南豆腐、内酯豆腐、豆腐制品以及新型豆腐等几大类。

1. 北豆腐

又称老豆腐，一般以盐卤（氯化镁）点制，其特点是硬度较大，韧性较强，含水量低，口感很"粗"，味微甜略苦，但蛋白质含量最高，宜煎、炸、做馅等。尽管北豆腐有点苦味，但其镁、钙含量更高一些，能帮助降低血压和血管紧张度，预防心血管疾病的发生，还有强健骨骼和牙齿的作用。

2. 南豆腐

又称嫩豆腐、软豆腐，一般以石膏（硫酸钙）点制，其特点是

质地细嫩，富有弹性，含水量大，味甘而鲜，蛋白质含量在5%以上。烹调宜拌、炒、烩、汆、烧及做羹等。

3. 内酯豆腐

它以葡萄糖酸内酯作为凝固剂，添加海藻糖和植物胶之类物质保水。虽然质地细腻，口感水嫩，但不如传统豆腐有营养，这是因为大豆含量低和缺少钙、镁。

4. 豆腐制品

主要包括豆腐干、豆腐皮及豆腐丝、冻豆腐、什锦豆腐、油豆腐、腐乳等，此类产品在豆腐的基础上进行一系列加工，使得口味更加独特。

5. 新型豆腐

这是近年来市场上出现的新品种，如日本豆腐、杏仁豆腐、奶豆腐、鸡蛋豆腐等。这类豆腐又分为两种：一种是大豆豆腐，以大豆为主要原料，再添加其他辅料加工而成，如高铁豆腐、水果风味豆腐、姜汁风味豆腐等；另一种是非大豆豆腐，这类豆腐不是以大豆为主要原料，而是以魔芋、花生、芝麻、玉米等为主要原料，如魔芋豆腐、花生豆腐、猪血豆腐等。

第四节　豆腐生产的发展方向

近年来，我国的豆腐生产有了很大的发展，从目前情况看，我国豆腐生产的进一步发展方向，可从以下几个方面来阐述。

一、生产要机械化和自动化

从我国各城市的豆腐生产情况来看，手工操作逐步减少，已初步实现了半机械化和机械化。目前，运用比较广泛、比较成熟的，在制浆方面有原料浸泡、磨碎、煮浆、滤熟浆和送浆等几道工序的各种机具，在成型方面已有原浆（内酯）豆腐成型机。

目前，北京、哈尔滨等地先后建立了现代化程度很高专门生产豆腐加工机械的大型企业，研发生产出了全自动点浆凝固机、自动步进压榨机、立式自重豆腐压榨机、履带豆腐压榨机、自动豆腐切块装盒机、点浆凝固打花一体机、自动无包布无型箱豆腐机、自动连续封盒机等，同时研制成功成套水豆腐生产线和大型全自动智能化无包布无型箱豆腐生产线，使我国豆腐加工设备得到很大改善和提高。我国豆腐生产的企业应结合自身情况进行创新改造，以提高我国豆腐生产的机械化和自动化程度。

二、工艺要科学化和标准化

我国的豆制品特别是豆腐的操作技术历来是师徒相传，生产时只知其然，不知其所以然，缺乏科学理论依据，没能做到工艺标准化。因此，长期以来在工艺上的改革不多，进展不快。比如，在生产过程中都要经过浸泡、磨碎、过滤、煮浆、凝固和成型等几道工序，而其中凝固这道工序，是通过凝固剂的作用将溶胶状的豆浆转变成凝胶状的豆腐花，俗称"点花"和"点浆"，这是生产中的关键工序，然而，采用何种凝固剂最适宜，需要达到怎样的质量标准，加入多少数量以及豆浆的温度、浓度和酸度如何掌握等，现在都是凭工人的实践经验，缺乏科学的数据，所以，在生产中往往会出现不稳定的现象，产品的得率时高时低，质量时好时差。要解决这个问题，就得进行科学研究，弄清原料大豆中蛋白质和水分的含量，辅料水中矿物质的含量，凝固剂石膏中的硫酸钙含量、水分含量，盐卤中氯化镁的含量等，还要对点浆温度、浆的浓度、各品种凝固剂的使用量和使用范围等掌握，通过生产实践和科学实验，找出规律性的东西，制定有科学依据的操作工艺规程和各种用料标准，以指导生产。

对产品的质量，要制定产品蛋白质和水分等含量的理化指标，对产品分批进行化验测定，改变单凭眼看、鼻闻、口尝和手摸等感官测定的办法，确保产品质量和改善食品卫生。至于生产中的下脚料豆渣残存蛋白质含量也应制定标准，以利于测定大豆蛋白质的提取率，从而科学地指导生产。

三、品种要多样化、包装化

现在我国的豆腐品种虽然很多，但是由于豆腐的蛋白质含量高，又大多是鲜湿商品，所以容易变质腐败，不宜保存，多是现产现销，随购买随食用，时常发生供求矛盾。今后要合理利用加工过程中杀菌、包装和密封的设备，使产品存放一定时间不会变质，以方便人们的购买、携带、贮存和食用，随着可用于食品包装的塑料薄膜质量的提高，成本的降低和包装技术的改进，应该大力发展密封塑装豆腐。既便利消费，又确保商品卫生，也为出口远销国外创造条件。可以说，盒装、袋装豆腐是内外销的发展方向。

大力发展花色多样、风味别致、适合不同人群食用的豆腐是今后豆腐生产的发展方向之一。因为大路货单一品种已不能满足人们生活变化的需要，因此必须增加新品种，保持老品种，这需要各个方面、各部门和各级领导的重视，生产出多种多样的豆腐以满足人民生活日益提高的需要。

第二章　豆腐生产原辅料

第一节　主要原料

生产豆腐传统的主要原料是大豆，除此之外，还有其他一些原料也可以作为主要原料生产豆腐——非大豆豆腐原料，在这里重点介绍大豆，对于生产非大豆豆腐的原料不做重点介绍。

一、大豆的分类

我国大豆种植历史悠久，分布广，面积大，品种多。全国产区有 24 个，大豆几千种。根据不同的需要有不同的分类方法。下面介绍几种常见的分类方法。

1. 按播种的季节分类

（1）春大豆　在我国主要分布于华北、西北及东北地区。大豆春播秋收，一年一熟。

（2）夏大豆　在我国主要分布于黄淮流域、长江流域以及偏南地区。

（3）秋大豆　在我国主要分布于浙江、江西、湖南三省的南部及福建、广东的北部，多于 7 月底 8 月初播种，11 月上旬成熟。

（4）冬大豆　在我国主要分布于广东、广西的南半部，多在11 月播种，次年 3 月、4 月收获。

2. 按生育成熟期分类

按这种方法可将大豆分为极早熟大豆、早熟大豆、中熟大豆和晚熟大豆。

（1）极早熟大豆　生育期（出苗至成熟的日数）为110d以内。

（2）早熟大豆　生育期为111～120d。

（3）中熟大豆　生育期为121～130d。

（4）晚熟大豆　生育期为131～140d。

3. 按种子的皮色分类

按大豆种皮的色泽可分为：黄、青、黑、褐、双色五种。

（1）黄大豆　又可细分为白黄、淡黄、深黄、暗黄五种。如黑龙江产的小粒黄、大金鞭；吉林、辽宁产的大粒黄等。我国生产的大豆绝大部分为黄色。

（2）青大豆　它包括青皮青仁大豆和青皮黄仁大豆。青大豆还可以细分为绿色、淡绿色、暗绿色三种。如：福建、广东、四川、江西、浙江、上海、安徽、山东、内蒙古产的大青豆；广西产的小青豆等。

（3）黑大豆　它包括黑皮青仁大豆、黑皮黄仁大豆。黑大豆还可细分为黑、乌黑两种。如：广西产的柳江黑豆、灵川黑豆、山西产的太谷黑豆、五寨小黑豆、石楼黑豆等。

（4）褐大豆　可细分为茶豆、淡褐色、褐色、深褐色、紫红色五种。如：广西、四川产的泥豆（小粒褐色）；云南产的酱色豆、马科豆；湖南产的褐泥豆等。

（5）双色豆　常见的为鞍挂、虎斑两种。如：吉林鞍挂豆、虎斑状猫眼豆；云南产的虎皮豆等。

4. 按是否基因转化分类

（1）普通大豆　普通大豆是指每年从种植的大豆中选出粒大饱满的子粒，作为来年大豆的种子。欧洲各国以及亚洲各国种植的大豆绝大多数是普通大豆。

（2）转基因大豆　转基因大豆是通过基因转变或变化，使其中的某种成分增加或减少的大豆。转基因大豆在美国种植面积最广。转基因大豆可以按食品加工者的特殊要求进行培育，如高蛋白大豆、低饱和脂肪大豆、无脂肪氧合酶、低亚麻酸的大豆等。

二、大豆的贮藏

大豆从收获到加工大多需要经过一段时间的贮藏。大豆子粒在贮藏过程中，其本身会发生一系列复杂的变化，这些变化在很大程度上会直接影响大豆的加工性能和产品的质量。因此，了解大豆子粒贮藏过程中的变化机理，掌握和控制变化条件，就可以防止大豆在贮藏过程中发生质变。

1. 大豆在贮藏过程中的质变及其机理

刚刚收获的大豆子粒，一般都还没有完全成熟。没有完全成熟的大豆子粒，不仅含油量、蛋白量比发育正常的种子要低，而且不利于加工，所得产品质量也差。如用刚刚收获的大豆加工豆腐，不仅出品率低，而且豆腐筋性较差。经过一定时间的贮藏，大豆子粒会进一步成熟，这一过程叫做"后熟"。

有生命的大豆子粒从不间断呼吸作用。即大豆子粒不断地吸收氧气，排出二氧化碳和水分，并产生热量。呼吸作用强烈就会消耗大量的有用成分，如糖、脂肪，而且增加了水分，升高了温度，易发生霉变，所以，在贮藏时维持大豆子粒最微弱的呼吸作用才是合理的。

呼吸作用的大小通常用呼吸强度来表示。呼吸强度就是指1000g（或100g）干大豆在24h内放出二氧化碳（吸收氧气）的重量，用毫克数表示。也可以简单地用测定大豆子粒在某条件下24h内重量的变化推算，一般来说，大豆子粒的含水量高，呼吸强度增大；反之，呼吸强度减小。大豆子粒的含水量对其呼吸强度的影响有一个转折点，这个转折点的水分含量叫做临界水分。就是说当大豆子粒的含水量增加到临界水分时，其呼吸强度会突然增加。可见，在某种条件下，只需将大豆的含水量控制在一定的范围内，大豆就能保持安全贮藏。但这也不是绝对的，因为大豆的安全贮藏除水分外，还有温度的影响，它们是相互关联的。当贮藏温度在30～40℃之间时，温度升高，呼吸强度也会增强。水分含量能起一定的约束作用，水分含量较低的大豆贮藏温度可以稍高一些。而在温度较低的条件下（0～10℃），即使大豆含水量较高（如接近临界水分）也会取得良好的贮藏效果。在常温下，大豆的安全贮藏水分为11％～13％，临界水分为14％。

大豆的强烈呼吸，不但使其内部的酶活性增强，使酸价增高，而且还会促进各种微生物的繁殖（如霉菌、细菌、酵母菌等），致使大豆在贮藏过程中霉变、变色、产生毒素。因此，大豆贮藏过程中，控制条件，控制呼吸，是防止质变的关键。

2. 大豆的贮藏方法

（1）干燥贮藏法 上面讲到的安全水分，在实际生产中是很有用处的。要达到贮藏时的安全水分，一是用日光曝晒，二是用设备烘干。只要气候条件许可，日晒法简单易行，经济实用，但劳动强度大，卫生条件差，适合于小厂。可用于大豆干燥的设备很多，有滚筒式、气流式热风烘干机，流化床烘干机以及远红外烘干机等。利用设备干燥，效果好，效率高，不受气候限制，但设备投资大，成本较高。

（2）通风干燥法 通风干燥是指大豆在贮藏过程中，要保持良好的通风状态，使干燥的低温空气不断地穿过大豆子粒间，可以降低温度，减少水分，防止局部发热和霉变。

通风贮藏往往要和干燥贮藏配合使用。通风的方法有自然通风和机械通风两种。自然通风就是利用室内外自然温差和压差进行通风，它受气候影响较大。机械通风就是利用在仓房内设通风地沟、排风口，或者在料堆或筒仓内安装可移动式通风管或分配室，机械通风不受季节影响，效果好，但耗能大。

（3）低温贮藏 低温的好处是能有效地防止微生物和害虫的侵蚀，使种子能处于休眠状态，降低呼吸作用。根据试验，温度在10℃以下，害虫和微生物基本停止繁殖，8℃以下呈昏迷状态，当达到0℃以下时，能使害虫致死。

低温贮藏主要是通过隔热和降温两种手段来实现的，除冬季可利用自然通风降温以外，一般需要在仓房内设置隔墙、隔热材料隔热，并附设制冷设备。此法一般费用较高。

（4）密闭贮藏 密闭贮藏的原理是利用密闭与外界隔绝，以减少环境温度、湿度对大豆子粒的影响，使其保持稳定的干燥和低温状态，防止虫害侵入。同时，在密闭条件下，由于缺氧，既可以抑制大豆的呼吸，又可以抑制害虫及微生物的繁殖。

密闭贮藏法包括全仓密闭和单包装密闭两种。全仓密闭贮藏建筑要求高，费用多；单包装密闭贮藏，可用塑料薄膜包装，此法用于小规模贮藏效果好，但也要注意水分含量不宜高，否则亦会发生变质（主要是酸价升高）。

（5）化学贮藏法 化学贮藏法就是大豆贮藏以前或贮藏过程中，在大豆中均匀地加入某种能够钝化酶、杀死害虫的药品，从而达到安全贮藏的目的。这种方法可与密闭法、干燥法等配合使用。

化学贮藏法一般成本较高，而且要注意杀虫剂的防污染问题，因此，该法通常只用于特殊条件下的贮藏。

三、大豆的等级（质量）标准

各类大豆按纯粮率分等，以 3 等为中等标准，低于 5 等的为等外大豆。纯粮率就是指除去杂质的大豆（其中不完善粒折半计算）占试样重量的百分率。杂质包括：筛下物（通过直径 3.0 毫米圆孔筛的物质）、无机杂质（泥沙、砂石、砖瓦块及其他无机物质）、有机杂质（无食用价值的大豆粒、异种粮粒及其他有机物质）。不完善粒包括下列尚有食用价值的颗粒：未熟粒（子粒不饱满、瘪缩达粒面 1/2 及以上或子叶达 1/2 及以上，与正常粒显著不同的颗粒）、虫蚀粒（被虫蛀蚀，伤及子叶的颗粒）、破碎粒、生芽粒、涨大粒、霉变粒（粒面生霉或子叶变色、变质的颗粒）、冻伤粒（子粒透明或子叶僵硬呈暗绿色的颗粒）。大豆种皮脱落，子叶完整以及种皮有白蒲而未伤及子叶的均属好粒。

等级指标及其他质量指标如表 2-1 所示。收购大豆水分的最大限度和大豆安全贮存水分标准，由省、自治区、直辖市规定。

本标准规定，异色粒大豆互混限度不超过 5%。

本标准适用于收购、销售、调拨、贮存、加工和出口的商品大豆。

表 2-1 中国大豆的等级指标及其他质量指标

纯粮率/%		杂质	水分%		色泽气味
等级	最低标准	/%	东北、华北地区	其他地区	
1	96.0				
2	93.5				
3	91.0	1.0	13.0	14.0	正常
4	88.5				
5	86.0				

四、脱脂大豆

脱脂大豆就是提取油脂后的产物，主要有豆粕和豆饼。脱脂大豆的性状，由于脱脂工艺的不同，所含蛋白质的变性也有所不同。脱脂大豆的成分具体可见表 2-2。

表 2-2 脱脂大豆的成分

项目	水分/%	粗蛋白质/%	粗脂肪/%	碳水化合物/%	灰分/%
冷榨豆饼	12	44~47	6~7	18~21	5~6
热榨豆饼	11	45~48	3~4.5	18~21	5.5~6.5
豆粕	7~10	46~51	0.1~0.5	19~22	5

脱脂大豆的质量主要取决于蛋白质的含量，大豆蛋白质往往由于脱脂加工后受热变性，温度越高，蛋白质的变性程度越大，水溶性降低，持水性、起泡性等特性丧失。在低温条件下，蛋白质的变性程度则比较低，水溶性损失少，仍保持一定的持水性、起泡性等。所以，脱脂大豆的质量因蛋白质的变性程度不同而不同。供豆制品作原料的脱脂大豆主要是利用其所含的水溶性蛋白质，因此，在大豆脱脂时要注意使蛋白质的变性减小到最低限度，整个脱脂加工温度应始终保持在 60℃以下为宜。

大豆脱脂的工艺有压榨法和浸出法两种。压榨法是对大豆加压力的榨油方法，又有普通压榨法和螺旋压榨法。螺旋压榨法是利用与水平放置的圆桶内接螺杆螺旋的旋转力，将大豆推向前端并加压，将油挤出，这种方法，从大豆进入旋压到出油出饼的时间虽然只有几分钟，但由于压榨中旋转力的摩擦引起发热，其温度可高达80℃以上，所以蛋白质多有热变性。采用溶剂浸出法，由于油脂大部分被提取出来，因此豆粕的含油量只保存在0.5%。用这种豆粕做成的豆腐，口味和香气不理想。

一般来说，做豆腐的脱脂大豆，还是采用低温压榨（俗称"冷榨"）比较妥当。这一方法，在整个脱脂过程中，温度保持在60℃以下，大豆蛋白质变性少，因此经冷榨处理后的豆饼，其水溶性蛋白质基本与原大豆相接近。同时，冷榨对大豆的油脂很难被提尽，尚有4.5%的油脂留在冷榨豆饼内。

五、其他主要原料

随着现代科学技术的不断发展，出现了许多新型豆腐产品，采用的主要原料已不再是传统的大豆，而是其他一些含有特殊成分或具有某些保健功能的原料。这些原料主要包括：花生、芝麻、魔芋、大米、玉米、猪血等，有关这些原料的成分及保健作用在此不再详细介绍。

在一些新型保健豆腐的配料中还加入了许多各具特色的成分，这些成分主要有：各种蔬菜及水果汁、鸡蛋、牛奶、海藻、茶、杏仁、姜汁等，使豆腐具有了许多保健功能，同时丰富了豆腐的品种。

第二节 辅 料

一、凝固剂

凝固剂是中国传统豆腐生产中必不可少的辅料，我国传统点制豆腐的凝固剂有石膏、卤水、酸豆浆等。近年来，随着科技的不断发展一些新型的食品添加剂作为凝固剂应用于豆腐生产，主要包括葡萄糖酸-δ-内酯、酶类凝固剂和复合型凝固剂。总体上讲，豆腐生产用的凝固剂可分为：盐类凝固剂、酸类凝固剂、酶类凝固剂、复合凝固剂。

1. 盐类凝固剂

目前使用的盐类凝固剂主要有盐卤、石膏等无机盐，其中主要的成分是氯化镁、硫酸镁、氯化钙、硫酸钙和乙酸钙等。

（1）石膏 石膏是一种矿产品，主要成分是硫酸钙，由于结晶水含量不同，又分为生石膏（$CaSO_4 \cdot 2H_2O$）、半熟石膏（$CaSO_4 \cdot H_2O$）、熟石膏（$CaSO_4 \cdot 1/2H_2O$）及过熟石膏（$CaSO_4$）。对豆浆的凝固作用以生石膏最快，熟石膏较慢，而过熟石膏则几乎不起作用，生石膏作为凝固剂，制得的豆腐弹性好，但由于凝固速度太快，生产中不易掌握，因此实际生产中基本都是采用熟石膏。

石膏——硫酸钙的溶解度较低（可见表2-3），因其凝固进展缓慢，故能制成保水性能好、光滑细嫩的豆腐。用石膏点脑，多采用冲浆法：即把需要加入的石膏和少量的熟浆放在同一容器中，然后把其余的熟浆同时冲入上述容器中，即可凝固成脑。使用石膏做凝固剂，豆浆的温度不能太高，否则豆腐发硬，一般豆浆温度控制在85℃左右较为适宜。

表2-3 100份水中硫酸钙溶解量 单位：g

温度/℃	0	18	24	32	38	41	53	72	90
硫酸钙	0.2141	0.259	0.265	0.269	0.272	0.269	0.266	0.255	0.222

根据试验，用纯硫酸钙对大豆蛋白质作用，使全部大豆蛋白质凝固，硫酸钙的使用量约为大豆蛋白质的0.04%，在实际生产中的使用量往往超过此数，有的超过很多。在实际生产时，将石膏冲入豆浆中，即使迅速搅拌，也难迅速混匀，硫酸钙不能与大豆蛋白质迅速均匀接触，也就不能完全反应。而实际生产中搅拌又是有限度的，所以只有采取增加石膏用量的办法，来增加它与大豆蛋白质

的接触机会，加快反应速度；还有凝固剂的加入量还与豆浆的温度有关，豆浆温度低，凝固剂与蛋白质的作用速度慢，也只能增加凝固剂用量来加快反应速度。另外，石膏是固体且难溶，即使是粉末石膏其颗粒也达不到分子级，能迅速溶解并与大豆蛋白质起作用的，也只能是石膏粉表面的硫酸钙分子，颗粒内部暂时无用，因此，石膏粉的颗粒度越大，凝固剂的用量也就越多。一般情况下，每100kg大豆约需凝固剂石膏粉2.2～2.8kg。

市售的石膏有粉状和块状两种。石膏粉是经过焙烧和研磨加工过的熟石膏，可直接使用。块石膏系生石膏，应该先经过焙烧和研磨制成粉后再使用。

块石膏的焙烧和研磨工艺如下：

先将生石膏破碎成0.5～1.0kg的小块，在120～180℃的温度条件下焙烧，石膏的纹路应顺着火势堆放，且不宜堆得太高太多。生石膏结晶体稍大，有纹路；熟石膏为白色的，细小的结晶体。所以，生石膏焙烧到无肉眼可见结晶即可，这一般需焙烧24～72h，焙烧温度不能过高（如不能高于500℃），时间也不宜过长，否则转变成无水的过熟石膏就不能用了。同样，如焙烧程度不够，外熟里生，生熟混合也不好使用。另外，石膏焙烧后，应刷去灰尘，放置20d后再研磨成粉比较好用。

由于石膏不易溶于水，如果直接撒在豆浆中就难于起凝固作用，结果会大部分沉淀在盛豆浆缸的底部，而缸面上的豆浆由于蛋白没有凝固仍为浊液，所以，块石膏需制成石膏浆水后才能作为凝固剂使用。

制石膏浆的工艺如下：取经过焙烧的熟石膏0.5kg，放置在碾钵内，先用碾杆将石膏略加粉碎，而后加水0.5kg，大致像薄粥那样稀薄，不能太干。因为太干了，经碾后便成僵膏，成为废品，即使再加水，也无用，接着用碾杆在碾钵里做圆旋形的碾磨，同时陆续添水1.5～2kg，待石膏呈细腻浓稠状后，再加水约2kg，继续搅拌，使水和石膏浆均匀混合。待片刻，颗粒较粗的石膏往下沉淀，尚有粒子细微的石膏悬浮水中，呈乳白色，即可使用。

近来，有资料介绍，利用醋酸钙或氯化钙可以代替石膏点浆，用法与石膏完全一样，用量约为石膏的一半，使用醋酸钙或氯化钙作为凝固剂，蛋白质凝固率高，制得的豆腐洁白细腻，无酸涩味，光泽好，出品率可比传统石膏提高 1/4～1/3。

（2）卤水　又称为盐卤，是海水制盐后的副产品。有固体和液体两种。液体浓度一般为25～27°Bé，固体是含氯化镁约 46％的卤块。无论是液体还是固体，使用时均需调成浓度为15～16°Bé的溶液。

用盐卤作为凝固剂，蛋白质凝固速度快，蛋白质的网状结构容易收缩，制品持水性差，一般适合于制豆腐干、干豆腐等含水量比较低的产品。

盐卤的成分比较复杂，除主要成分氯化镁之外，还含有一定量的氯化钙、氯化钠、氯化钾以及硫酸镁、硫酸钙等。且随产地、批次的不同，成分差异很大，所以在使用量上不能一概而论。大致范围在每 100kg 大豆需卤水（以固体计）2～5kg。

由于海洋污染越来越严重，海水中的有害物质在浓缩的海水副产品中会对人体构成危害，所以有人建议禁止使用盐卤，而应改用精制氯化镁作为凝固剂。但与盐卤相比，精制品制出的豆腐风味较差。

为了解决卤水点豆腐，凝固速度快、不易操作的问题，日本学者提出了加缓凝剂的办法，如在用卤水点脑的同时或之前，在豆浆中添加 0.02％～0.03％（以豆浆计）的出芽短梗孢糖（它是由淀粉糖浆生产的无色、无味、无毒的可溶性多糖，其结构是麦芽三糖通过 α-1,6 键聚合而成的直链），豆浆凝固速度减慢，加工出的豆腐光滑细腻，风味良好，成品率高，而且操作容易掌握。在大豆磨糊时，加入大豆重量 5％～30％的小麦胚芽，也可以取得同样的效果。另外，事先将盐卤、水、食用油、乳化剂混合均匀制成稳定的盐卤分散液，然后点浆，同样会减缓凝固速度。使用的油脂可以是植物油，也可以是动物油，乳化剂以大豆磷脂与甘油酯为好。实际上这也可以称为一种复合凝固剂。

（3）其他　除传统盐类凝固剂外，其他盐类在工业中也有研究，如王艳等利用乳酸钙作为豆腐凝固剂，其最佳应用参数为：乳酸钙添加量 0.2％（以豆浆体积计），豆浆浓度 1∶6（干豆/水＝1∶6，质量分数），点浆温度 30℃，凝固温度 90℃，凝固时间30min。吴超义以氯化镁为凝固剂、谷氨酰胺转氨酶为助凝剂，采用复合超微粉碎技术，制备全豆盐卤充填豆腐，并探究了该豆腐凝胶形成过程中的质构特性与流变特性。结果表明：在氯化镁浓度为0.4％（质量分数）、谷氨酰胺转氨酶浓度为 7U/g（蛋白质）时，全豆盐卤充填豆腐成型完好，凝胶强度最大达到 221g，是传统内酯充填豆腐的 2.2 倍，持水率比传统内酯充填豆腐略小（70％）。钱丽颖等针对豆腐凝固剂 $MgCl_2$ 在点豆浆过程中反应过快的缺点，制备油包水型 $MgCl_2$ 乳化液，以降低 $MgCl_2$ 在豆浆中的分散速度，提高豆腐的细腻度。结果表明，与以 $MgCl_2$ 水溶液作为凝固剂相比，用 $MgCl_2$ 乳化液为凝固剂，豆腐在凝固过程中豆浆黏度在 30min 内缓慢上升，所制得的豆腐与市售卤水豆腐相比，风味相似，但光滑细腻度更好；与内酯豆腐相比，其风味更佳。

2. 酸类凝固剂

酸类凝固剂主要有醋酸、乳酸、葡萄糖酸-δ-内酯和柠檬酸等有机酸，除葡萄糖酸-δ-内酯外，其他酸在生产中采用较少。

（1）葡萄糖酸-δ-内酯　葡萄糖酸-δ-内酯（简称 GDL），是一种新型的酸类凝固剂。始发于美国和日本，目前国内已有厂家生产。

葡萄糖酸-δ-内酯是一种白色结晶物，易溶于水，溶在水中后会渐渐地分解为葡萄糖酸，在加热的条件下则分解速度加快，pH值高时转变也快。加入内酯的熟豆浆，当豆浆温度达 60℃时，大豆蛋白质开始凝固，在 80～90℃时，凝固成的蛋白质凝胶持水性最佳，制成的豆腐弹性大，有劲，质地滑润爽口。

葡萄糖酸-δ-内酯适合于做原浆豆腐。在凉豆浆中加入葡萄糖酸-δ-内酯，加热以后内酯水解转化，蛋白质凝固即成豆腐。葡萄糖酸-δ-内酯的使用量一般在 0.25％～0.35％之间（以豆浆计）。

用葡萄糖酸-δ-内酯作为凝固剂制得的豆腐，口味平淡，且略带酸味，若同时添加一定量的保护剂，不但可以改善风味，而且还能改变凝固质量。常用的保护剂有磷酸氢二钠、磷酸二氢钠、酒石酸钠以及复合磷酸盐（焦磷酸钠41%，偏磷酸钠29%、碳酸钠1%，聚磷酸钠29%）等，使用量都在0.2%（以豆浆计）左右。

（2）酸浆　酸浆是以传统工艺制作豆腐过程中的副产物——豆腐黄浆水为原料经微生物发酵后得到的一种豆腐凝固剂。近年来，我国的科研人员在这方面进行了研究并取得了一定的成果。吕博等以豆腐黄浆水为原料，通过保加利亚乳杆菌和嗜热链球菌共同发酵制备有机酸豆腐凝固剂。与其他方法相比，具有凝固剂中乳酸含量高，改善豆腐凝固剂功能性，同时提高了豆腐中蛋白质含量的优点，不足之处是操作较费时。张影等对豆腐黄浆水制备酸浆作为凝固剂也进行了研究，结果证明，豆腐黄浆水在42℃时发酵30～35h，得到pH值3.3～3.5的酸浆。用酸浆凝固剂制作的豆腐风味独特，豆腐感官性能和力学性能均优于市售卤水豆腐，加工性好（适于炖食、加工火锅和炸制），微生物指标、含水率、蛋白质含量均符合相关标准要求。

（3）其他酸类凝固剂　除了葡萄糖酸-δ-内酯，其他酸类凝固剂也可以有效地凝固豆乳，如乳酸、乙酸、琥珀酸和酒石酸作为单一凝固剂时的最佳添加量分别为原料大豆的1.0%、1.4%、0.6%、0.6%；用1.0%乳酸制成豆腐的品质优于其他酸。用复合凝固剂做出的豆腐在感官、得率和保水性方面优于用单一凝固剂。复合凝固剂的最佳组合为0.40%乳酸、0.26%乙酸、0.12%琥珀酸、0.10%酒石酸与0.02%抗坏血酸。利用山楂中的酸性成分（主要包括柠檬酸及甲酸、绿原酸、草酸、熊果酸、苹果酸、齐墩果酸、棕榈酸、硬脂酸、油酸、亚油酸、亚麻酸、琥珀酸等）作为新型豆腐凝固剂也进行了研究，凝固剂的最优添加条件为0.25g/100mL豆浆，豆浆豆水比（质量体积分数）为1∶9，点浆温度为60℃，在此条件下制备的豆腐保水性较好，产品得率较高。另外，对于利用沙棘果汁作为酸类凝固剂用于豆腐生产也有报道，生产出的豆腐和传统的石膏豆腐相比，营养价值显著提高，特别是维生素C含量达0.36%。

3. 酶类凝固剂

酶类凝固剂是指能使大豆蛋白凝固的酶，在我国传统豆腐加工过程中使用较少。凝固酶广泛地存在于动植物组织及微生物中，包括酸性、中性、碱性三种蛋白酶。如胰蛋白酶、菠萝蛋白酶、无花果蛋白酶、木瓜蛋白酶、微生物谷氨酰胺转氨酶（TG酶）等。

酶促豆腐与普通豆腐相比，在香味、黏弹性和细腻度方面都有明显的优势。酶促豆腐虽然在外观上、制作方法上同内酯豆腐较为相似，但在质构上，它比内酯豆腐更具有弹性，且不易松散。由于没有添加传统方法中使用的凝固剂，酶促豆腐不会有涩味、酸味等不良滋味，并且还带有豆浆的香味。

有关TG酶的研究比较多，张涛在豆浆中蛋白质浓度为9%的条件下，TG酶的添加量0.8U/g蛋白质，离子强度0.3、pH7.0时，在50℃下加热1.5h时凝胶强度为148.6g，并且具有良好的感官品质。秦三敏研究用TG酶制作豆腐时最适的条件是：时间3h，温度45℃，酶用量80U/50mL豆浆。王君立等通过研究表明：酶反应温度控制在37℃时，制得的豆腐凝胶硬度最佳；最适pH值范围为6.38左右。另外王君立等还研究了微生物转谷氨酰胺酶豆腐凝胶质构的性质，结果表明：随酶浓度增加，以熟豆浆（95℃，5min）为原料制得豆腐的硬度和胶性增加，且在80U/100mL豆浆后趋于平衡；而热处理和酶浓度对TG豆腐的反弹性和内聚性没有显著影响。国外学者通过研究发现，添加谷氨酰胺转氨酶提高了豆浆的凝固温度，生产的盒装豆腐硬度更高，弹性更好，烹饪损失少。

4. 复合凝固剂

所谓复合凝固剂就是人为地用两种或两种以上的成分加工成的凝固剂。这些凝固剂都是随着生产的工业化、机械化、自动化的进程而产生的，它们与传统的凝固剂相比都有独特之处。不仅可以克服单一凝固剂的缺点，而且还可使产品的硬度增强，风味口感更佳，保持了豆腐光滑细腻的原有质地。

复配的方式有多种，如盐与盐、盐与酶、盐与酸、酶与酸、盐与食用胶、盐与酶及酸，还有利用 W/O、W/O/W 型乳液的缓释性制备新型凝固剂，利用天然的食品成分制备复合凝固剂以及利用乳酸菌发酵等。

许多研究表明，用葡萄糖酸-δ-内酯与石膏按质量比为 2∶1 复配；2.5%硫酸钙与 0.4%柠檬酸复配及 1.5%的乳酸钙与 2.0%的葡萄糖酸-δ-内酯复配；葡萄糖酸-δ-内酯、石膏与氯化镁按 5∶3∶2 比例复配；葡萄糖酸-δ-内酯、乙酸钙、氯化镁按 2∶1∶1 比例复配；0.40%乳酸、0.26%乙酸、0.12%琥珀酸、0.10%酒石酸与0.02%抗坏血酸复配时，制得的豆腐在感官、得率及质构特性等方面都有明显的改善。

据资料报道，英国发明了一种带有涂覆膜的有机酸颗粒凝固剂。在常温下颗粒状凝固剂不会溶解于豆浆，但一经加热，涂覆剂就熔化了，包裹在内部的有机酸也就发挥了凝固剂的作用。能够采用的有机酸有：柠檬酸、异柠檬酸、山梨酸、富马酸、乳酸、琥珀酸、葡萄酸及它们的内酯及酐。采用柠檬酸时，添加量约为豆浆（固形物 10%）的 0.05%～0.50%。

涂覆剂要满足在常温下完全呈固态，而一经加热就会完全熔化的条件。其熔点最好在 40～70℃之间。符合这些条件，可应用的涂覆剂有动物脂肪、植物油脂、各种甘油酯、山梨糖醇酐脂肪酸酯、丙二醇脂肪酸酯、动物胶、纤维素衍生物、脂肪酸及其盐类等。

为了使被涂覆的有机酸颗粒均匀地分散于豆浆中，也可以添加一些可食性的表面活性剂，如卵磷脂、聚氧乙烯月桂基醚等。

日本生产的一种凝固剂与此相似，不过它是把固态脂肪涂覆于硫酸钙颗粒表面。据说这种凝固剂特别适合于工业化生产及生产包装豆腐。

美国一家公司生产的一种复合凝固剂，成分较为复杂，除主要成分葡萄糖酸内酯（约 40%）外，还含有磷酸氢钙、酒石酸钾、磷酸氢钠、富马酸、玉米淀粉等。

国内研制的 BYL 型凝固剂，也可谓是一种复合型凝固剂。还有前面提到的盐卤、水、食油及乳化剂的分散体也可以看作是复合凝固剂。

近些年，国内外高度重视豆腐制品的研究和发展，研究开发了许多复合凝固剂。日本推出了如硫酸镁和氯化钙、氯化镁与氯化钙、硫酸钙与葡萄糖-δ-内酯等复合凝固剂；欧美用钙盐如氯化钙、乳酸钙、磷酸钙和葡萄糖酸钙等与葡萄糖-δ-内酯和醋酸混合复配制作豆腐凝固剂；在国内研究开发了利用盐与盐、酶、酸、食用胶等复配制作复合凝固剂及利用缓释技术优化盐类凝固剂，复合凝固剂较单一凝固剂在豆腐的凝固速度、风味及质构方面都有增强，因此其更有应用前途。

二、消泡剂

在豆腐的生产加工中，由于大豆蛋白质本身的起泡性和成膜性，在磨浆、煮浆、分离等加工过程中，由于水变成蒸汽鼓起蛋白质而形成大量的泡沫，它是蛋白质溶液形成的膜，把气体包在里面，由于蛋白质膜表面张力大，很难被里边的气体膨胀而把泡沫冲破，如果泡沫过多会携带着豆浆液溢流出容器，特别是煮浆时由于大量泡沫翻起，会造成假沸腾现象，点浆时必须将泡沫去掉，否则会影响凝固质量。泡沫不仅严重影响生产加工中的得率和质量，同时给工厂的环境和排污过程造成了很大的危害。所以，从小作坊到大企业的生产，每天都会使用大量的消泡剂来消除各个环节所产生的泡沫。目前所使用的消泡剂主要有以下几种。

1. 油脚

油脚是炸过食品的废油，含杂质较多，色泽暗黑，不卫生，但价格便宜，小型手工作坊多使用这种消泡剂，但工业化生产中很少使用。

2. 油角膏

油角膏为油脂厂的下脚料、油脚或植物油加氢氧化钙（比例为

10∶1）经搅拌混匀、发酵成稀膏，使用量为豆浆的 1.0%。

3. 硅有机树脂

硅有机树脂是近年来发展使用的一种消泡剂。它是由硅脂、乳化剂、防水剂和稠化剂等材料制作而成，具有表面张力小、消泡能力强、用量少、成本低、热稳定好、化学性质稳定、应用范围广泛等优点。硅有机树脂有两种类型，即油剂型和乳剂型，在豆腐及豆制品生产中适用水溶性能好的乳剂型。

硅有机树脂的允许使用量为十万分之五，即 1kg 食品中允许使用 0.05g，使用时可预先将规定量的消泡剂加入大豆的磨碎中，使其充分分散，可达到消泡的目的。

生产中也可使用复合消泡剂，如以二甲基硅油、气相法二氧化硅为原料，并加入一定量的聚醚改性硅油，用 Span-Tween（二者最佳比例为 1∶1，其最佳用量为 1.5%～2.0%）作为乳化剂，制得了新型 PESO/PDMS（聚醚改性硅油/聚二甲基硅氧烷）复合乳液型有机硅消泡剂，它具有消泡效力强，以及不管在酸性、碱性还是中性条件下都有优良的消泡性能，而且无毒无害，因而可以广泛应用。消泡剂的复合，一方面可以提高消泡剂的消泡效果；另一方面可以提高消泡剂的使用效价比，因此复合型消泡剂的研制对豆腐加工中的消泡作用具有重要意义。

4. 脂肪酸甘油脂

脂肪酸甘油脂分为蒸馏品（纯度 90% 以上）和未蒸馏（纯度为 40%～50%），是一种表面活性剂，效果不如硅有机树脂，但对改善豆腐品质有利。蒸馏品的使用量为 1.0%，使用时均匀地加在豆糊中，一起加热即可。

三、防腐剂

豆腐含有丰富的蛋白质、脂肪、糖类和水分，是微生物生长的理想条件，因此豆腐容易在微生物侵染下腐败变质，导致气味酸臭、色泽异常、表面发黏等现象。防腐剂可以抑制微生物的活动、生长和繁殖，杀死食品中有害的微生物，以此来防止食品保鲜中如发酵、霉变和腐败等化学过程。豆腐生产中使用的防腐剂主要是苯甲酸及其钠盐、山梨酸及其钠盐，此外也会使用 2,3-丙烯酸、甘油酯和甘氨酸等其他一些具有抗菌效果的食品添加剂。

防腐剂主要用于包装豆腐，对产品色泽稍有影响，对其物理性质如硬度、弹性、保水性、味道几乎都没有什么不良影响。

应该说明的一点，这些化学合成的添加剂具有一定的毒性，需要限量使用，所以高效、无毒、安全、性能卓越的天然食品防腐剂是豆腐防腐添加剂的研究方向，如采用竹叶提取液、大蒜素以及天然食品防腐剂乳酸链球菌素（Nisin）等对豆腐进行防腐。

四、质量改善剂

使用磷酸盐类能使豆腐在脱水后有一定的保水性，偶尔也用于调节产品的 pH 值。甘氨酸合剂也是一种质量改良剂。细菌纤维素主要是由木醋杆菌经液态含糖基质发酵合成的一类纤维素，可作为增稠剂、胶体填充剂、固体食品成型剂等重要食品基料，用于改善食品品质、增强食品营养功能而广泛应用于食品工业。张燕燕等将细菌纤维素作为一种膳食纤维应用到传统豆腐加工中，结果表明：当细菌纤维素添加量为 3.0g/100mL 时，豆腐品质特性较好。豆腐凝胶强度为 181g，失水率为 17.2%，与未添加细菌纤维素豆腐样品相比，凝胶强度无显著变化，但失水率降低了 9.5%。试验的结论：添加细菌纤维素的豆腐质地细腻光滑，有弹性，无明显粗糙感，其膳食纤维含量得到进一步强化。

在非大豆豆腐生产过程中可利用黄原胶作为豆腐的改良剂，丁保淼等对黄原胶在魔芋豆腐的生产过程中的利用进行了研究，由于黄原胶对魔芋葡甘聚糖（KGM）的协同增效作用，黄原胶的加入大大地改善了魔芋胶的性质，制备复配胶魔芋豆腐的最优工艺条件为：魔芋葡甘聚糖/黄原胶复配比为 5:1（质量分数）、总胶浓度 3%、Na_2CO_3 的添加量为 5%（KGM/w）、搅拌时间为 90min、KCl 浓度为 0.6%，试验结果证明，黄原胶可以作为一种有效的改良剂用于提高魔芋豆腐的品质。孙键等将羟丙基变性淀粉应用于魔芋豆腐中以提高其质量，结果表明可以提高魔芋豆腐的强度和持水性，且对其色泽和口感有较明显的改善。

五、生产用水

水是豆腐生产中必不可少的，水质的好坏直接关系到大豆蛋白质的溶解提取，凝固剂的用量和豆腐的出品率、质量等。

大量的生产实践证明，软水制豆腐要比硬水好得多，表 2-4 是取蛋白质含量 36%、水分 11% 的大豆原料，用不同水源制成 10°Bé 的豆浆测豆浆蛋白质含量和制成豆腐出品率（以豆浆计）的结果比较表。

表 2-4　水质对豆腐出品率的影响

水　　质	豆浆中蛋白质/%	豆腐得率%
经处理后软水	3.69	44.0
纯水	3.62	41.5
井水	3.47	38.7
自来水	3.41	38.1
含 Ca^{2+} 300mg/kg 硬水	2.49	26.5
含 Mg^{2+} 300mg/kg 硬水	2.00	21.5

从表 2-4 中可以看出，用软水制得的豆浆蛋白质含量比自来水高 0.28%，豆腐得率高 5.9% 左右。可见用软水生产豆腐可以大大提高大豆蛋白质的利用率。

另外，生产中应注意水的 pH 值最好为中性或微碱性，而要尽量避免使用酸性或碱性较强的水。

第三章　豆腐生产的基本理论和基本工艺

第一节　豆腐生产的基本原理

豆腐是大豆经过浸泡、磨浆、煮浆、点浆、蹲脑以及压榨成型等工序制成的以大豆蛋白为主要成分的凝乳块，在豆腐的制作过程中，化学工艺起着重要的作用，不论是传统豆腐还是营养和口感更好的内酯豆腐，以及在此基础上研发的复合凝固剂配方的豆腐，都和化学有着密切的联系。豆腐制作虽然简单，但是其凝固机理至今还不是特别清楚。

一、豆腐凝乳形成的机理

当向熟豆浆中添加钙盐、镁盐等凝固剂时，大豆蛋白会发生聚集进而形成有序的凝胶网状结构。人们一直认为豆腐凝乳形成的机理和大豆蛋白质凝胶的形成一样，认为豆腐也是凝胶的一种。国内外许多学者对豆腐凝固的基本原理进行了多年的研究，提出了许多的学说，如"阳离子"电荷说、"凝胶"学说、"颗粒蛋白-油滴"学说以及"豆腐凝乳"学说等。"阳离子"电荷说和"凝胶"学说认为豆腐凝固的原理是形成凝胶，"颗粒蛋白-油滴"学说以及"豆腐凝乳"学说认为豆腐凝固的原理是形成凝乳。凝乳和凝胶不同，凝乳是大分子之间相互紧扣后排除液体剩下的部分。凝胶是高分子在一定条件下互相连接，形成的空间网状结构并锁住水分的一种特殊的分散体系。凝乳和凝胶最大的区别是，在通常情况下凝乳排除水分不会发生脱水缩合作用，而凝胶常常会发生脱水现象。自国外学者通过高速离心法将豆浆中蛋白质分成浮物蛋白、可溶蛋白和颗粒蛋白三个部分后，豆腐凝乳形成机理的研究取得了突飞猛进的发展。所以，下面简要介绍"颗粒蛋白-油滴"学说以及"豆腐凝乳"学说。

"颗粒蛋白-油滴"学说，国外学者在做钙和 pH 对豆浆中可溶性蛋白质影响的研究中，发现在使用低浓度钙离子时，蛋白质颗粒比可溶性蛋白质更容易凝聚，即加入凝固剂的时候，首先应该是豆浆中的蛋白质颗粒凝聚。蛋白质溶液和豆浆不同的地方是豆浆还有油滴球。向豆浆中加入 $CaCl_2$ 后，对其中油滴球的行为进行了跟踪，发现在颗粒蛋白质凝聚的同时，油滴球也在不断参与凝聚。此外，在可溶性蛋白质的情况下，虽然凝固剂浓度达到一定量，蛋白质和油滴球也不会发生聚集，但是由可溶性蛋白质形成的新的蛋白质颗粒还是会发生聚集。由此可见，豆腐的形成应该是当向豆浆中添加凝固剂后，首先是蛋白质颗粒和油滴球开始结合，然后再和可溶性蛋白质相结合。

"豆腐凝乳"学说，是在上述研究的基础上提出的新豆腐形成模型。其主要内容是豆浆中的油滴球是带有油质蛋白的油体状粒子，比较稳定不会发生聚集。当添加凝固剂后，会发生离子中和作用，使得油滴球周围的蛋白质颗粒凝结成块，然后这种呈网状的凝乳块被水包裹而结合，进而形成豆腐。当添加的凝固剂分布均匀时，可溶性蛋白质会形成新的蛋白质颗粒和网状体相结合，生成完整的豆腐凝乳。由此可见，豆腐中的油滴球是被油质蛋白、颗粒蛋白以及可溶性蛋白三层蛋白质所包裹，因而表现出不容易酸化且稳定的状态。

二、影响豆腐凝乳形成的因素

1. 蛋白质浓度

在我国生产豆腐的豆浆蛋白质浓度一般在 8%～9%，若豆浆蛋白质浓度低，点脑后形成的豆腐花太小，保不住水，出品率低。豆浆蛋白质含量越高，在加热过程中形成的蛋白质颗粒越多，当加入凝固剂时参与形成凝乳块的脂肪也会相应增加，也就是说蛋白质颗粒以油滴球为核心叠加形成的凝乳块越多，这说明蛋白质浓度越高的豆浆制成的豆腐硬度就越大。

2. 脂质浓度

脂肪的含量对豆腐的得率和质构都会产生影响。油脂含量在一定范围内会提高豆腐的得率，提高豆腐保水性。许多研究也证明了这一点，将豆浆的极性脂肪脱除后，其中的蛋白质颗粒含量会减少，这样还导致凝乳块包裹的中性脂肪含量也减少了，从而导致制成的豆腐凝乳硬度降低。油滴量过多，包围它的蛋白质的量就会不足，制作出的豆腐的蛋白质包裹会很薄很弱。油滴量过少的话，形成的凝乳块就少，因为由蛋白质组成的部分过多，硬度也会变弱。这说明脂质和蛋白质的平衡对合适豆腐网状的形成起到很重要的作用。

3. 蛋白质 11S/7S 的比值

豆浆蛋白质的含量越高，制作出的豆腐就会越硬，但是有研究发现不同品种的大豆制成的豆浆，就算蛋白质浓度一样，生产工艺也一样，制作出的豆腐品质却不一样。

大豆蛋白的主要成分为 11S 组分（主要为大豆球蛋白）和 7S 组分（主要为 β-半球蛋白）。试验证明，当用 7S 蛋白比例高的和 11S 蛋白比例高的溶液，使用 GDL 作为凝固剂制作凝胶，11S 比例高的溶液制作出的凝胶比较硬，这是由于 11S 蛋白游离巯基含量较多，在凝胶中形成的二硫键起到了很大的作用。国外许多研究表明，11S 组分越多的豆浆中蛋白质颗粒数量也越多，制成的豆腐硬度也越大，因为蛋白质颗粒的增多加强了蛋白质颗粒之间的交联。试验还发现豆腐硬度不仅与蛋白质颗粒数量有关，而且还与颗粒组成有关，11S 球蛋白含量多的蛋白颗粒比 7S 球蛋白含量多的颗粒形成的豆腐要硬。这说明在现实生产中，对于具有不同 11S/7S 比例的豆浆，要制成具有同样品质的豆腐需要调整凝固剂用量。应说明的一点是，对于不同的大豆品种而言，由于制作工艺和大豆中其他成分的变化，豆腐硬度和11S/7S比的相关性很小。

4. 凝固剂浓度

许多研究证明，豆腐的硬度和凝固剂的浓度有很大关系。随着11S/7S比例的增大，蛋白质颗粒的数量也会增多，豆腐凝乳中包裹的脂肪也会越多，然而，当增加凝固剂浓度时，同样的现象也会发生。蛋白质颗粒含量越多和11S/7S比例高的豆浆，凝集所需要的凝固剂浓度也会降低。

5. 制浆方法

豆浆制浆方法大致分两种：热过滤法和冷过滤法。我国主要采用冷过滤法制豆浆，即生豆浆先过滤再煮浆。日本制作豆腐主要采用热过滤方式，即大豆磨浆后先不过滤，待豆浆和豆渣一起进行煮制后再进行过滤。

国外学者通过对两种制浆方法的比较研究证明，热过滤豆浆中的钙、7S碱性蛋白、多糖和蛋白质颗粒含量均比冷过滤多，并认为豆浆中钙离子和蛋白质颗粒的增加是热过滤制成豆腐较硬的原因。另外，对于热过滤法，由于豆浆是和豆渣一起加热的，因此豆渣浸出物与生成豆腐硬度应该是有关系的。我国的卢义伯等通过对豆浆热过滤、冷过滤和热滤冷滤相结合的制浆方法对比发现，冷过滤使得蛋白质流失严重，没有使大豆蛋白最大限度地利用，热过滤制浆法使得大豆蛋白在加热过程中形成了部分凝乳块，这部分凝乳块不随着水分的流失而流失。

6. 植酸含量

大豆含有1%～3%的植酸，随着品种和生长环境的不同，其植酸含量也不同。植酸含有6个磷酸盐基团，这些磷酸基团能与镁离子和钙离子结合。有研究表明，植酸一方面改变豆浆蛋白质的性质，另一方面降低豆浆中凝固剂的浓度来影响豆腐的品质。还有研究表明，植酸会抑制蛋白质聚集凝固，从而不同植酸含量的豆浆使用相同浓度的凝固剂会导致豆腐品质不一。所以在优化豆腐最佳凝固剂浓度时，应当将植酸含量考虑进去。事实上影响豆腐品质的因素有很多，是豆浆中多种成分相互作用的结果，单一的成分说明不了不同品种差异导致的豆腐品质不同，一般可以通过调节盐类凝固剂用量来消除植酸对豆腐品质的影响。

三、大豆蛋白在豆腐制作过程中的变化

利用大豆为原料生产豆腐的过程中，主要表现在大豆蛋白质的变化，不同的生产阶段变化不相同。除了生物变化之外，还涉及胶体化学、高分子物理等方面的变化。

1. 浸泡阶段

大豆蛋白质存在于大豆子叶的蛋白体之中，蛋白体具有一层皮膜组织，其主要成分是纤维素、半纤维素及果胶质等。在成熟的大豆种子中，这层膜是比较坚硬的，在大豆浸泡过程中，蛋白体膜同其他组织一样，开始吸水溶胀，质地由硬变脆最后变软，处于脆性状态下的蛋白体膜，受到机械破坏时很容易破碎。由于蛋白质分子发生有限溶胀作用，成倍地吸收水分导致大豆体积增大，致使一部分蛋白体因膨胀而破裂。

2. 磨浆阶段

浸泡后的大豆经过磨碎、过滤后，蛋白体膜被破碎，蛋白质即可被释放溶解分散于水中，形成蛋白质溶胶，这是一种均匀分散于水中，以固体为分散相，以液体为连续相的胶体，即生豆浆。按目前我国的生产方式，大豆蛋白提取率在85%左右，其余15%左右的含氮高分子化合物残留在豆渣中。

3. 生豆浆

生豆浆即大豆蛋白质溶胶，具有相对的稳定性，其稳定性是由天然大豆蛋白质分子的特定结构所决定的，天然大豆蛋白质的疏水基团处于分子内部，而亲水性基团处于分子的表面。在亲水性基团中含有大量的氧原子和氮原子，由于它们有未共用的电子对，能吸引水分中的氢原子并形成氢键，借助氢键把极性的水分子吸附到蛋白质分子周围形成一层水化膜。由于蛋白质的两性电解质性质，在

一定的 pH 溶液里，蛋白质粒子发生解离后以负离子态存在，与周围电性相反的离子构成稳定的双电层而结成胶团。豆浆的 pH 一般为 6.5～8.5，高于蛋白质 pH4.3 左右的等电点，此时，大豆蛋白质与水中的钠离子、钾离子、钙离子、镁离子等形成双电层胶团。分散于水中的大豆蛋白质胶粒正是由于水化膜和双电层的保护作用，防止了它们之间的相互聚集，保持了相对的稳定性。也就是说这个体系是处于一个亚稳定状态，一旦有外加因素的干扰，这种相对稳定就有可能受到破坏。

4. 熟豆浆

生豆浆加热后，体系内能增加，蛋白质分子热运动加剧，分子内某些基团的振动频率及幅度加大，很多维系蛋白质分子二级、三级、四级结构的次级键断裂，蛋白质的空间结构开始改变，多肽链由卷曲而伸展。展开后的多肽链表面的静电荷变稀，胶粒间的吸引力增大，相互靠近，并通过分子间的疏水基和巯基形成分子间的疏水键和二硫键。使胶粒之间发生一定程度的聚结，随着聚结的进行，蛋白质胶粒表面的静电荷密度及亲水性基团再度增加，胶粒间的吸引力相对减小，再加上胶粒热运动的阻力增大（由于胶体的体积在增大）速度减慢，而豆浆中的蛋白质浓度又较低，胶粒之间的继续聚结受到限制，形成一种新的相对稳定体系——前凝胶体系，即熟豆浆。

5. 闷浆

闷浆即熟豆浆静置、冷却的过程，豆浆温度由 100℃下降到 85℃左右。此过程有助于蛋白质多肽链的舒展，使球蛋白疏水性基团（如巯基等）充分暴露在分子表面，疏水性基团倾向于建立牢固的网状组织（如促进巯基形成二硫键），1 分子的大豆球蛋白所含的巯基和二硫键约有 25 个，巯基和二硫键能强化蛋白质分子的网状结构，有利于形成热不可逆凝胶。网状组织和豆浆浓度有关，豆浆浓度大，蛋白质粒子之间接触的概率高，能形成比较均匀细密的网状组织结构，从而提高了豆腐的持水性，这便是嫩豆腐含水量较多的一个重要原因。熟豆浆的轻度酸化可能有助于蛋白质的胶凝作用，提高了豆腐的持水能力。

6. 点脑成型

豆浆的煮沸，即前凝胶的形成，并不是生产的最终目的，如何使前凝胶进一步形成凝胶这又是一个关键。

无机盐、电解质可以增加蛋白质的变性。向煮沸的豆浆中加入凝固剂，由于静电作用破坏了蛋白质胶粒表面的双电层，使蛋白质胶粒进一步聚集，蛋白质分子之间通过—Mg—或—Ca—桥相互连接起来，形成立体网状结构，并将水分子包容在网络中，形成豆腐脑。

豆腐脑的形成比较快，但刚刚形成的豆腐脑结构不稳定、不完全，也就是说蛋白质分子间的结合还不够巩固，而且还有部分蛋白质没有形成主体网络，还需有一段完善和巩固的时间，这就是蛋白质凝胶网络形成的第二阶段，工艺上称蹲脑，蹲脑过程要在保温和静止的条件下进行。将经过蹲脑强化的凝胶适当加压，排出一定量的自由水，即可获得具有一定形状、弹性、硬度和保水性的凝胶体——豆制品。

四、豆腐凝固剂的作用原理

1. 盐类凝固剂

熟豆浆加入钙、镁的盐类促使大豆蛋白质发生胶凝作用，关于盐凝固剂的凝固机理，有以下几种不同的说法，一是离子桥学说，认为大豆蛋白质中含有很多羧基，豆浆凝固时，盐类凝固剂中的二价阳离子（如 Ca^{2+}、Mg^{2+}）与蛋白分子结合，产生蛋白-离子桥而形成蛋白凝胶。二是基于盐析理论，即盐中的阳离子与热变性大豆蛋白表面带负电荷的氨基酸残基结合，使蛋白质分子间的静电斥力下降形成凝胶。又由于盐的水合能力强于蛋白质，所以加入盐类后，争夺蛋白质分子的表面水合层导致蛋白质稳定性下降而形成胶状物。三是基于国外学者的发现，即：豆浆中加入中性盐后，豆浆 pH 下降，在 pH6 左右，豆浆凝固成豆腐。可见，以上三种学说看法具有各自的合理性和局限性，还需要进一步的探究。

2. 酸类凝固剂

酸类加入熟豆浆，解离成 H^+ 和酸根离子。弱酸性的蛋白质负离子极易俘获这种 H^+ 而呈现电中性，蛋白质粒子俘获 H^+ 的胶凝作用，主要由氢键以及疏水集团相互作用、偶极相互作用等，将多肽链连接起来。葡萄糖酸-δ-内酯（GDL）是常用的一种酸凝固剂，在低温时比较稳定，在高温（90℃左右）和碱性条件下可分解为葡萄糖酸，使豆浆的 pH 下降，它在浆液中释放质子会使得变性大豆蛋白表面带负电荷的基团减少，蛋白质分子之间的静电斥力减弱而相互靠近，有利于蛋白质分子的凝结。

3. 酶类凝固剂

各种蛋白酶能将大豆蛋白水解成较短的肽链，短肽链之间通过非共价键交联形成网络状凝胶。酶类凝固剂中，研究最多而且已进入使用阶段的是谷氨酰胺转氨酶，它有使豆乳胶凝的能力，是一种氨基转移酶，它催化肽链中谷氨酸残基的 γ-羧基酰胺和各种伯胺的氨基反应。当肽链中赖氨酸残基上的 ε-氨基作为酰基受体时就会形成分子间的 ε-(γ-谷氨酸) 交联，从而改善蛋白质类食物的功能与品质。

4. 复合凝固剂

复合凝固剂的作用原理是复配用的各种凝固剂作用原理的综合。

第二节　豆腐生产的基本工艺

我国豆腐的种类有很多，但生产工艺基本相同，豆腐生产的基本工艺流程如下：原料→除杂→浸泡→磨浆→滤浆→煮浆（滤浆）→点脑→蹲脑→破脑→上脑→压榨→划块→成品。下面对上述工艺的具体操作进行介绍。

一、选料

豆腐的质量好坏，很大程度上取决于原料大豆的品质。一般凡无霉变或未经热变性处理的大豆，无论新陈都可用来制作豆腐。一般选用大豆豆脐（或称豆眉）色浅、含油量低、蛋白质含量高、粒大皮薄、粒重饱满、表皮无皱、有光泽的新大豆为佳。与陈豆相比新大豆制得的产品得率高，质地细腻，弹性强。但刚刚收获的大豆不宜使用，应存放2~3个月以上再用，比较理想的是在良好条件下贮存3~9个月的大豆。利用低温粕和冷榨豆饼要求蛋白质保持低变性，即保持蛋白良好的水溶性和分散性。

在实际生产中，原料大豆来源广泛，新陈程度很难保证要求。为了保证大豆的品质，提高产品质量，有人研究出一种使陈豆复新的方法——电解还原处理法。这种方法既经济又实用。其做法是：在特殊的浸泡槽内安上正、负电极。工作时在正、负极之间通以直流电，其电压为60~120V，电流为0.5~1.5A。电解还原处理与大豆浸泡同时进行，电解还原时间视大豆的品质而定，一般为2~10h。经过处理的大豆，在制浆时蛋白质溶出率可增加5%~20%，能起到凝胶作用的蛋白质也大大增加，制成的豆腐硬度和弹性也相应提高。

为了提高电解处理效率，可在负极电解槽中安装搅拌器来搅拌物料，并连续更换正极电解槽中的溶液。

二、除杂

大豆在收获、贮藏以及运输的过程中难免要混入一些杂质，如草屑、泥土、砂子、石块和金属碎屑等。这些杂质不仅有碍于产品的卫生和质量，而且也会影响机械设备的使用寿命，所以，必须清理除去。

豆腐生产中大豆除杂的方法可分为湿选法和干选法两种。

1. 干选法

这种选料法，主要是使大豆通过机械振动筛把杂物分离出去，大豆通过筛网面到出口处进入料箱，像泥粒、砂粒、铁屑等由于与大豆相对密度不同，在振动频率的影响下，可以分离出去，不会通过筛眼而混杂在大豆里，采用此法，能把大豆清理干净。

2. 湿选法

这种选料法是根据相对密度不同的原理，用水漂洗，将大豆倒入浸泡池中，加水后由于某些杂物以及浮豆、破口豆、霉烂豆、虫蛀豆等的相对密度小于水，因此漂浮在水面上，将其捞出，而相对密度大于水的铁屑、石子、泥沙等与大豆同时沉在水底，但在大豆被送往下道工序磨碎时，可通过淌槽，边冲水清洗，边除杂质，使铁屑、石子和泥沙等沉淀在淌槽的存杂筐里，从而达到清除杂质的目的。

三、浸泡

1. 浸泡的目的

经过清理后的大豆，通过输送系统送入泡料槽（或池）中，加水进行浸泡。浸泡的目的就是使豆粒吸水膨胀，以利于大豆粉碎后充分提取其中的蛋白质。

2. 浸泡的程度

大豆的浸泡程度不但影响产品的得率，而且影响产品的质量。浸泡适度的大豆蛋白体膜呈脆性状态，在研磨时蛋白体得到充分破碎，使蛋白质能最大限度地溶离出来。浸泡不足，蛋白体膜较硬，浸泡过度，蛋白体膜过软，这两种情形都不利于蛋白体的机械破碎，蛋白质溶出不彻底，产品得率低。另外，用浸泡过度的大豆制成的豆腐组织松散，没有筋性，保水性差。

生产实践证明，大豆的浸泡程度应因季节而异，夏季可泡至九成，冬季则需泡到十成。

浸泡好的大豆吸水量约为1：（1～1.2），即大豆增重至2.0～2.2倍。大豆表面光滑，无皱皮，豆皮轻易不脱落，手感有劲。最简单的判断方法就是把浸泡后的大豆扭成两瓣，以豆瓣内表面呈平面，略有塌坑，手指掐之易断，断面已浸透无硬心为宜。

3. 浸泡温度和时间

浸泡温度和时间是决定浸泡质量的两个关键因素，二者相互影响，相互制约。大豆浸泡时间与浸泡温度的关系是随着浸泡温度的升高，浸泡时间缩短，但浸泡水温受季节变化的影响很大，同时也与生产场所的室温直接相关，具体可见表3-1。但应注意的是浸泡的温度不宜过高，否则大豆自身呼吸加强，消耗本身的营养成分，而且易引起微生物繁殖，导致腐败，比较理想的水温应控制在15~20℃的范围内。

表3-1　大豆浸泡时间与季节气温的关系

季节	环境温度/℃	浸泡温度/℃	浸泡时间/h	pH值
春、秋季	15~18	12~18	10~12	6.5~7
夏季	20~25	17~25	6~8	6.5~7
冬季	5~15	5~13	13~18	6.5~7

在实际生产中，多是采用自然水温，受季节、地区的气候影响较大，因此浸泡时间应灵活掌握，适时掌握。

大豆的品种不同，产地不同，贮存时间不同，在同一环境下的浸泡时间也应不同。当年收获的新豆吸水能力强，凝胶复水也容易，浸泡时间理应短些，但新大豆种皮比较嫩，浸泡时间对蛋白体膜的脆性影响不大，所以浸泡时间比正常时间长点也无妨。对于贮存时间比较长的陈豆，细胞壁老化，吸水能力差，经浸泡后蛋白体膜的脆性也较差。生产实践证明，陈豆的浸泡时间在同样温度条件下都要比新豆缩短1h左右，这样大豆蛋白体膜的脆性相对要好些。

4. pH值对浸泡的影响

大豆浸泡时间长了，由于微生物的繁殖，泡豆用的水会变酸，特别是在夏天，这种现象更容易发生，在酸性水的条件下，大豆蛋白质容易变性败坏，从而影响产量和质量，严重时还会导致坏浆现象，根本做不成豆腐。所以，在大豆浸泡后，应当先把水沥尽，然后再用清水冲洗，除去变酸的水，使pH值达到中性。在夏天，除了用清水冲洗外，还需将大豆放在竹箕里碰擦，把表皮擦碎，再次用清水冲洗，以便把含在表皮内的酸水或微生物全部冲洗干净，这样才能减少酸度和微生物对蛋白质的破坏。

5. 浸泡大豆的用水量

浸泡好的大豆约吸水1~1.2倍，即增重至2.0~2.2倍，体积约增加 1~1.5 倍，所以大豆浸泡时的用水量最好为大豆的 2.0~2.3 倍，水少大豆易吸水不足，水多浪费大。

浸泡大豆用水量最好不要一次加足，第一次加水以水浸没料面 15cm 左右为宜，待浸泡 3~4h 水位下降到料面以下 6~7cm 后，再加水至料面上 6~7cm 即可，这样在大豆浸泡好时，水位又可降到料面以下。

6. 浸泡程序

浸泡大豆要按先上磨的数量顺序进行，一定要做到先浸泡先成熟先上磨，后成熟后上磨。如果一次浸泡，同时成熟，分批上磨，或者是分批浸泡，分批成熟，一次上磨，因大豆吸水程度不同，大豆组织的软化程度也不同，都会影响大豆组织的粉状细度和蛋白质的溶出率。

从大豆浸泡到磨碎，大致要经过四个过程：即一淘，就是浸泡时要定时搅拌；二洗，浸泡完毕后要冲洗干净；三擦，就是把浸泡过的大豆用工具把表皮擦破，使表皮内所含的微生物和酸水流出；四沥，用水冲洗，把余水沥尽。

在用脱脂大豆作原料时，由于在冷榨时经过轧坯、压榨，大部分大豆组织已被挤裂、破坏，所以以极易吸收水分，其浸泡时间可较大豆的浸泡时间缩短一半，同时，由于脱脂大豆在浸泡后已成粉糊状，不能像大豆那样将酸水及微生物冲洗掉，所以要严格控制好浸泡时间，不宜太久，以免酸度增加破坏蛋白质。对于冷榨豆饼和低温豆粕具体操作时，需用稀碱液浸泡，稀碱液的 pH 值为 9~10（可用石蕊试纸检验），以 100kg 豆片加稀碱液 400kg，充分搅拌，每隔 30min 搅拌 1 次，随着时间延长，pH 值降至 7 左右，以浸泡至豆片柔软为止。

四、磨浆

1. 磨浆的目的与要求

大豆经过浸泡后，蛋白体膜变得松脆，但要使蛋白质溶出，还必须进行适当的机械破碎。但从蛋白质溶出的角度来看，大豆破碎的越彻底，蛋白质越易溶出。但在实际生产中，大豆的磨碎程度是有限度的，磨得过细，大豆中的纤维会随着蛋白质一起滤到豆浆里，结果产品粗糙，色泽灰暗，死硬发板，而且往往会因纤维对筛孔的堵塞，影响滤浆效果，结果产品得率反而降低。

在实际生产过程中，综合溶出与分离效果看，粉碎细度在100～120目，颗粒直径在10～12μm时比较适宜。

一般制作老豆腐，豆糊细度以80目为宜，过滤细度100目左右，如果制作嫩豆腐，如南京嫩豆腐，豆糊细度以100～110目为宜，过滤细度应为130～140目。许多地方豆腐产率低，其主要原因是豆糊磨得粗细不当，分离后豆渣内残存蛋白质量太多。实际上，掌握得好，豆渣中蛋白质残存量不应超过2.6%。豆渣是细绒状，放在手上搓握团弄，不粘手，挤压无白色浆汁。优质豆糊的要求：一是豆糊呈洁白色，二是磨成的豆糊粗细均匀，不粗糙。

豆饼（或豆粕）在磨制前要煮饼，水温以60～80℃为宜，煮饼时间为10min左右。磨制时不要十分剧烈（亚于磨制大豆），否则豆饼糊可能相互粘连，不易加工。用豆饼加工豆制品在上海等地利用较多且有着丰富的经验，而东北则利用豆粕生产的较多。

2. 水的作用与加水量

大豆浸泡完毕，沥去泡豆水，经碰擦冲洗并沥尽余水后，即可进入磨内研磨。研磨时必须随料定量进水。其作用有三点：一是流水带动大豆在磨内起润滑作用；二是磨运转时会发热，加水可以起冷却作用，防止大豆蛋白质热变性；三是可使磨碎的大豆中的蛋白质溶解分离出来，形成良好的溶胶体。

加水时的水压要恒定，水的流量要稳，要与进豆速度相配合，只要这样才能使磨出来的豆浆细腻均匀。水的流量过大，会缩短大豆在磨片间的停留时间，出料快，磨不细，豆糊有掺粒，达不到预期的要求。水的流量过小，豆在磨片间的停留时间长，出料慢，结果会因磨片的摩擦生热而使蛋白质变性，影响产品得率。

采用不同的磨浆设备时，在进料速度相同的情况下，其进水流量也不应相同。一般每100kg大豆淋入水180kg为宜；豆糊加

240kg 的 60℃的温水搅拌均匀，然后过滤出浆。另外磨的转速越高，水的流量越大。

3. 磨浆的卫生要求

为保证豆腐的卫生质量，磨浆时要注意清洗磨。由于蛋白质富有营养，极容易繁殖细菌，增加酸度，引起品质败坏，以致在蒸煮豆浆时就酸败为豆腐花。特别是夏秋季节气温比较高，细菌繁殖快，更要注意卫生。一般磨 3～4h 后，就应全面清洗 1 次，以除去留存在磨具各部位的酸败物质和细菌污染比较严重的物质，防止发生坏浆的现象。应注意的是，磨料要磨多少用多少，保证磨料新鲜。磨浆和滤浆的时间要安排紧凑，以防加工过程中的污染。

4. 磨浆的后处理

刚磨出的浆液产生浓厚细密的泡沫，这些泡沫中存在大量的蛋白质，与水形成亲水性胶体溶液，并具有较大的表面张力，致使泡沫不易消失，影响各工序的操作，尤其是煮浆过程中因温度上升泡沫增大，容易溢出，所以磨浆后加入适量的消泡剂，以降低胶体溶液的表面张力，消除大量的泡沫，并且还可防止煮浆时再次产生泡沫。消泡剂的添加量以油脚为例，100kg 原料添加 1kg 油脚。采用其他品种的消泡剂要按规定量进行添加。

5. 磨浆新技术简介

随着传统豆制品生产企业的规模化和现代化，浸泡法制浆工艺在工业化生产中问题越来越突出，如生产耗水大、存在卫生安全隐患、浸泡设备占地面积大、浸泡时间长、不能实现订单随时生产等，所以，无浸泡（干法）制浆技术应运而生，应用此技术较好地解决了上述传统制浆存在的问题。

刘灵飞等对无浸泡制浆法对豆乳及豆腐品质特性的影响进行了研究，其制浆工艺：称取破碎大豆（过 6 目筛），按 1∶8 的料水比加入 40℃水，打浆 2min，用 120 目尼龙网除渣得生豆乳，将生豆乳用水浴搅拌加热，直至豆乳内部温度上升至 95℃后保持 5min，放于冷水浴中冷却至室温。试验结果表明，无浸泡法豆乳的蛋白质提取率和大豆转化率较传统浸泡法有所提高；豆乳黏度偏大，豆乳蛋白粒子粒径略有增加。在豆腐品质方面，非浸泡法豆腐的得率、含水率和保水性均高于传统浸泡法，质构硬度稍低于浸泡法，但总体上二者在豆腐感官品质方面差异不大。

李琳等对干法制浆工艺对豆浆品质的影响进行了研究，采用高速粉碎机对大豆进行干法制取豆粉，省去泡豆环节，直接将豆粉与水以特定比例混合，分别制作全豆豆浆（保留豆渣的豆浆）以及熟浆豆浆（将豆渣热过滤后制得的豆浆）。得到干法熟浆豆浆的最优制作工艺参数为：粉碎时间120s、料水比1∶11（质量体积分数）和保温时间30min；干法全豆豆浆的最优制作工艺参数为：粉碎时间120s、料水比1∶11（质量体积分数）和保温时间15min。干法豆浆在稳定性、黏度、可溶性蛋白质含量等方面均优于传统豆浆，同时干法全豆豆浆平均粒径较传统全豆豆浆显著降低，但在感官上与传统豆浆无显著差异。

五、滤浆

1. 滤浆的目的

滤浆又称为过滤或分离，其主要目的就是把豆糊中的豆渣分离除去，制得以蛋白质为主要分散质的溶胶体——豆浆。另外，滤浆过程也是豆浆浓度的调节过程，根据豆糊浓度及所生产产品的不同，滤浆时的加水量也不同。

为了充分地将豆糊中的大豆蛋白抽提出来，应掌握好添加的水量与水温。添加水量过少，影响蛋白质抽提率；添加水量过多，影响点脑成型，并使黄浆水相应增多，造成营养物质较多的流失。洗渣用水量以"磨糊"浓度为准，又要根据产品品种而异。一般1kg大豆总加水量力8~12kg。南、北豆腐的老嫩程度不一样，豆浆浓度也不一样，豆浆的浓度与产品品质有密切关系。因此，过滤工序中的加水量应区别掌握。

2. 滤浆的工艺

滤浆的工艺有两种：一种是把研磨的豆糊先加热煮沸，然后过滤，称为熟浆法；另一种是把经过研磨的豆糊先除去豆渣，然后再把豆浆煮沸，称为生浆法。熟浆法的特点是豆糊灭菌及时，不易变质，产品韧性足，有拉劲，耐咀嚼，但熟豆糊黏度大，过滤困难，豆渣中残留蛋白质较多（一般均在3.0%以上），大豆蛋白质提取率相应减少，耗能高，且产品保水性差，易离析，适合于生产含水量较少的豆腐干、老豆腐等。生浆法与此相反，工艺上卫生条件要求较高，豆糊、豆浆易受微生物污染酸败变质，但操作方便，易过滤，只要豆糊磨得粗细适当，滤浆工艺控制得好，豆渣中的蛋白质残留量可控制在2.0%以下，且产品保水性好，口感滑润，我国江南一带做嫩豆腐大都采用生浆法过滤。

3.滤浆的方法

滤浆的方法有传统的方法和现代的机械方法，传统方法适合于家庭小作坊、小企业利用，现代的机械方法适合于规模较大的现代企业。

（1）手工刮浆　在盛浆的大缸口上绑一块布，呈铁锅形。先将经过磨浆含有豆渣的豆浆置于刮袋中，然后用一块半圆形的光木板（俗称刮壳，形若大蚌壳）用人力在布上刮，使豆渣上下翻动，豆浆从布眼中滤入缸内。在刮浆时，刮壳需沿着刮袋布四周兜圈子，用力要均匀。刮壳与刮袋布应呈45°的角度。随着刮壳的移动，囤在刮袋内的豆浆上下翻动，不断旋向刮袋的中间，直至豆浆全部滤尽，豆渣则留在布袋内。然后把刮袋内的豆渣平摊开来，加入前一作留下来的三浆水或清水，由下而上均匀地混合，使豆渣均匀吸水并全部滋润，再继续按上述方法进行第二次刮干，而后再加水混合和刮干，前后共计进行三次，俗称"一磨三刮"。最后把豆渣包拎起，放在置于木桶上的榨篮内，约加入20kg水混合，让其自然沥尽水分。接着拎起布袋的四角，收足包紧后，用大石头块压在豆渣包上，使淡浆水流入桶内，备下一次在滤浆时使用，这种浆水俗称"三浆"。通过这样"三刮一压"，大豆的蛋白质基本被提取出来。在过滤中，用水量一般为大豆的4～5倍。这样包括在磨浆时所加入的水，一般100kg原料约能取得800～850kg，如果做豆腐，豆浆应该浓一些，宜控制在750kg以内。

（2）**手工吊浆** 把滤浆布的四角系在木制吊架四个顶端，使滤布呈深锅形。然后将经过磨碎的豆浆置入滤浆袋内。操作人员用两手各扶着两根吊架木棍的一端，运用杠杆原理推拉扭动，使豆浆通过滤布，豆渣则留在袋内。在过滤过程中，加水的次数和数量以及出浆率与刮浆相仿。

（3）**卧式离心筛过滤** 整个滤浆设备由三台卧式离心机组成，这是由于大豆内的蛋白质经过三次过滤后，才能最大限度地提取出来。整个操作的程序是：当离心机正常运转后，把上述磨制的含有豆渣的豆浆放入第一台离心筛，分离豆浆和豆渣，滤出来的豆浆输入中间罐可供生产备用。分离出来的豆渣约按干原料量的5倍加入清水，均匀调和后送入第二只离心筛，进行第二次分离，过滤出来的豆浆，也输入中间罐内备用。将第二次分离出来的豆渣按原料量的3倍掺入清水，再送入第三只离心筛，进行第三次分离。被分离出来的浆水俗称"三浆水"。这种浆水可掺入第一次被分离出的豆渣内，作为第二次分离用水，以达到充分利用大豆蛋白质的目的。第三次被分离出来的豆渣放入豆渣池，作饲料。采用卧式离心筛过滤，大豆蛋白质的提取率较高。被分离出来的豆渣一般含水量在85%以内，含蛋白质在3.5%以下。

卧式离心筛工作的流程如下：

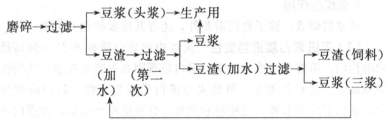

为了得到理想的分离效果，分离工艺操作中应注意以下几点：

第一，分离过程中加水要定量，加水后要充分搅拌，使蛋白质充分溶解。

第二，凡加水环境最好都加50～55℃的温水，以利于分离和蛋白质提取。

第三，分离过程要连续进行，尽量减少临时停车，以保证生产的稳定性及豆浆的浓度。

第四，分离机的分离网要选择适当，一般用 80～100 目分离筛比较合适，且应先粗后细，如第一台分离机用 80 目筛，第二、第三台分离机用 100 目筛。

分离出的豆浆经过浓度测定调节后，符合要求则直接送入下道煮浆工序。豆浆的浓度是根据不同产品的要求而定，北豆腐 7～7.5°Bé，南豆腐 8.5～9°Bé，豆干类 7.5～8°Bé。

由于工艺操作不准确或设备的原因，有时豆渣经过 3 次稀释分离后，蛋白质仍提取不净。因此分离后要对豆渣进行抽样测定，测定豆渣中的蛋白残留量，通过测定出的数据，反映操作的效果，从而改进操作技术。

（4）平筛、圆筛过滤　其滤浆工艺流程与卧式离心筛相仿。豆渣在被分离出来后，都要经过掺水拌和后进行第二次和第三次过滤，使大豆蛋白质能最大限度地被提取出来。但由于平筛主要是依靠振荡作用使豆浆滤出，圆筛也由于转速不快，因此当第三次过滤后所取得的豆渣含水量和残存的蛋白质都较离心筛过滤大。

六、煮浆

1. 煮浆的作用

豆浆的烧煮，除了食用需要外，还有其他多种重要用途。

（1）促进蛋白质适当变性　大豆中的蛋白质有 80％～90％是水溶性的，溶解于水成为豆浆，蛋白质凝固必须建立在蛋白质变性的基础上。将豆浆加热，可使大豆蛋白质适当变性。蛋白质变性后，蛋白质中多肽链开始松散和伸展，有可能相互交织，为蛋白质的结絮和凝固创造了条件。所以，要使溶胶状的豆浆变成凝胶状的豆脑，除添加凝固剂外，首先要使豆浆中蛋白质发生变性。煮浆就是通过加热，加速蛋白质分子和水分子的相互撞击，折断维护蛋白质空间结构的氢键，引起豆浆中蛋白质发生热变性。只有使豆浆中的蛋白质发生较好的热变性，才能在点浆时形成洁白、光泽、柔软有劲和富有弹性、持水性好的豆腐。

（2）**破坏或增强某些生物的活性**　通过加热，一些有害于人体的物质发生分解，降低活性，从而在生产豆腐时能随水流出。而比较缺乏的含硫氨基酸则因加热而活化，可发挥更大的作用，使大豆蛋白质的营养成分更容易被人体所吸收。经过加热，蛋白质的游离氨基和碳水化合物的羰基也发生反应。蛋白质在消化道内，特别是被作用于赖氨残基的胰蛋白酶所分解，继续为其他消化酶所分解，直到分解成氨基酸，这些都提高了大豆蛋白质的营养价值。

（3）**除异味**　加热可除去大豆蛋白质的异味，如生腥味，同时增加豆香味，并能消灭在大豆中或大豆加工豆浆时带入的细菌。但是，过度加热，反而会使大豆蛋白质的营养价值降低。一般来说，赖氨酸的氨基的损失和生物效价减少是一个平衡关系。由于加热而提高了营养价值，也由于过度加热而降低营养价值。因此，适宜的加热温度一般为95～100℃。

2.煮浆方法

现在一般采用的加热设备有火力加热和蒸汽加热两种。火力加热是利用土灶铁锅煮浆，蒸汽加热有敞口罐蒸汽煮浆、密封式加压锅煮浆和封闭式溢流煮浆器煮浆等方式。采用何种方式加热要根据生产规模而定。

（1）**土灶铁锅煮浆**　农村或城镇的手工作坊属小型生产，投料不多，一般都采用土灶铁锅煮浆。土灶宜采用三孔灶，但由于三孔灶各孔的火力不均，往往是中间一孔锅内的豆浆先煮沸。因此，既要防止中间一锅豆浆的溢出，又要促使前后二孔锅内的豆浆及时煮沸。可先把中间一锅已沸腾的豆浆舀出1/3盛入桶内备用，然后把前锅（受热力最小）的1/3豆浆掺入中间锅中，这样再烧煮片刻，可使三只锅内的豆浆同时沸腾，以便使用。

由于直接用锅煮豆浆，豆浆中的蛋白质和残留的一些豆渣会沉淀在锅底而成锅巴。第二次煮浆时，应把锅巴铲净，并清洗干净，防止产品产生焦苦味。

（2）**敞口罐蒸汽煮浆**　一般大型工厂现在都采用敞口罐蒸汽

煮浆。根据需要设置浆桶，桶底内部装有蒸汽管道头儿，可放蒸汽。桶内盛豆浆为容量的 3/4，留有 1/4 的容量以防豆浆沸腾溢浆。蒸煮时，让蒸汽直接冲进豆浆中，待浆面沸腾时把蒸汽关掉，防止豆浆从桶口四溢，停止 2~3min 后再放蒸汽复煮，待浆面再次沸腾，此时豆浆已完全煮沸，之所以要两次放蒸汽，这是因为用大桶加热时，由于豆浆不像水那样在加热中会随着对流使水温均匀，加之蒸汽从管道出来后，直接往浆面溢出，故上层浆温度高，下层浆温度低，所以第一次浆面沸腾时，不是全部豆浆沸腾，而是表面豆浆的沸腾，静置一下，在热的影响下，可使浆上下对流，待温度大体均匀后，再放蒸汽加热煮沸，浆就熟透了，为了更有把握，也可以采用三次重复煮沸的做法。

（3）封闭式溢流煮浆器煮浆　采用煮浆器煮浆时，首先要把最后一个出浆口关死，然后在五只盛浆桶内装足豆浆，再放蒸汽加热，当第五只出浆桶的浆温度升至 98~100℃ 时，开始放浆。以后就在第一只煮浆桶内连续进浆，同时放入蒸汽加热，逐只桶加温，温度逐只桶上升。第一只罐浆温是 40℃，第二只罐浆温是 60℃，第三只罐浆温是 80℃，第四只罐浆温是 90℃，第五只罐浆温是 98~100℃。同时由于蒸煮桶高度不同，第一只桶是 650mm，以后逐只桶递减 80mm，保持一定水位差，因此第一只罐是管道进浆，而第五只罐是自动溢流出浆，进生浆进口到熟浆出口只要 2~3min。豆浆流量大小可根据生产需要和蒸汽的压力来控制。

（4）密闭式加压锅煮浆　采用此法煮浆效果良好，问题在于加压锅是密闭的，清洗时必须拆除密闭装置，操作不方便，不利于清洗锅内的积垢，有碍食品卫生。不论采用哪一种煮浆方法，凡是用蒸汽加热煮浆的，其蒸汽压力始终要求保持在 $5.88×10^5$ Pa 以上，在这种压力条件下，煮浆时升温快，不致使蛋白质败坏。如果蒸汽压力低，热量不足，充汽时间长，会把过多的蒸馏水带入豆浆，而影响豆浆浓度和产品的质量。另外，由于豆浆加热时间过长，不仅影响产品的得率，严重的还会造成坏浆而做不成豆腐。

七、滤熟浆 (第二次过滤)

1. 目的

制作豆腐时，对于大豆纤维素（豆渣）的分离越净，豆腐光泽越好，口味越细腻，品质越佳。生豆浆过滤后经过烧浆，使残留的豆渣体积有所膨胀，因此就有必要进一步把豆浆内的豆渣分离出去。进行第二次滤浆，根本目的在于提高产品的质量。

2. 滤熟浆的方法

（1）手工过滤 可用细布盖在盛熟浆的缸面上，使布的中间凹下，呈深锅形，由两人拿住布的四角，相互上下晃动，待豆浆滤入缸中，熟豆渣留在滤布上，然后取出。滤布使用后，布眼会被豆渣堵塞，所以过滤布每用一次都要清洗 1 次。

（2）机械平筛滤熟浆 由于熟浆内残留的豆渣数量不太多，所以可采用压力不太大的平筛振荡过滤。平筛是通过振动而起到过滤作用，豆渣所受压力不大，很少会滤入豆浆中去。同时，豆浆内含熟豆渣不多，虽然滤压不太大，但是过滤的速度能适应后道工序的需要，过滤筛绢在每班生产结束后要清洗干净。

八、点脑

点脑又称点浆，是豆制品生产中的关键工序。其过程就是把凝固剂按一定的比例和方法加入到煮熟的豆浆中，使大豆蛋白质溶胶转变成凝胶，即使豆浆变为豆腐脑（又称为豆腐花）。

通过凝固豆浆转变为豆腐花，它的胶体结构改变为固体包住液体的结构，这种包住水的性质称为大豆蛋白质的持水性或保水性。豆腐花就是由水被包在大豆蛋白质的网状结构的网眼中，不能自由流动形成的，所以，豆腐花具有柔软性和一定的弹性。点浆时蛋白质的凝固条件，影响着豆腐花的网状结构，如网眼的大小和网眼交织的紧密程度、包水程度的高低，这些都影响着豆腐花的品质和状态，如是否柔软有劲、持水性是否良好。如果网状结构中的网眼较大，交织得又比较牢固，那么大豆蛋白质的持水性就好，做成的豆腐柔软细嫩，产品得率高。如果豆腐花形成时网眼较小，交织不牢固，这样大豆蛋白质持水性差，做成的豆腐就会板硬无韧性，缺乏柔软感觉，产品得率也会偏低。所以，点脑（点浆）在整个豆腐制作过程中是一个重要的环节，是决定出品率和质量的关键。

1. 影响点脑的因素

生产实践表明，影响豆腐脑质量的因素有很多，如：豆浆浓度、点浆温度、pH 值、凝固剂添加量和加入方式、生产用水质等。

（1）**温度** 点脑时豆浆的温度高低与蛋白质的凝固速度关系密切。豆浆温度过高，豆浆和凝固剂反应快，制成的豆腐不细腻，保水性差，产品弹性小，发死发硬；豆浆温度低，蛋白质凝聚速度慢，豆腐呈棉絮状，产品保水性好，弹性好，但当温度过低时，豆腐脑含水量过高，反而缺乏弹性，易碎不成型，降低豆腐出品率，所以必须控制适当的温度。不同的凝固剂有不同的凝固温度，盐卤温度以 70~85℃为宜，石膏以 75℃为宜，葡萄糖酸内酯以 75~85℃为宜。

（2）**豆浆浓度** 豆浆的浓度在这里应理解为豆浆中蛋白质的浓度。俗话说："浆稀点不嫩，浆稠点不老"，这是工人师傅们长期生产实践的结晶，它形象地反映了豆浆浓度与豆腐脑质量的关系。豆浆的浓度低，点脑后形成的脑花太小，保不住水，产品没有弹性和韧性，出品率低；豆浆浓度高，生成的脑花块大，持水性好，有弹性。但浓度过高时，凝固剂与豆浆一接触，即迅速形成大块脑花，易造成上下翻动不均，出现白浆等后果。因此点脑时豆浆浓度要求一般为北豆腐 7.5~8.0°Bé，南豆腐 8~9°Bé。

（3）**pH 值** 豆浆的 pH 大小与蛋白质的凝固有直接关系。豆浆的 pH 越小，即偏于酸性，加凝固剂后蛋白质凝固快，豆腐脑组织收缩多，质地粗糙；豆浆的 pH 越大，偏于碱性，蛋白质凝胶缓慢，形成的豆腐花就会过分柔软，包不住水，不易成型，有时没有完全凝固，还会出现白浆。所以点脑时，豆浆的 pH 最好控制在 7 左右。pH 偏高时（高于 7.2）可用酸浆水调节；pH 偏低时（低于

6.8) 可用 1.0％的氢氧化钠溶液调节。

（4）凝固剂添加量 盐卤用量为豆重的 2％～3％，过量则豆腐有苦味，质地硬。在实际生产中将盐卤稀释至 20～22°Bé，过滤后才使用。石膏用量为豆重的 2％～2.5％，添加过量豆腐发涩，添加不足则降低凝固率。如果将盐卤和石膏混合使用，就会制得口味好、细嫩、出品率高的豆腐。使用混合凝固剂其豆腐的含水量比单纯使用盐卤要高 2％～3％，而且豆腐质量好。凝固剂用量要根据凝固剂优劣而有所增减，同时还要考虑大豆的新鲜程度。

（5）凝固剂加入方式 盐卤的加入采用点浆式搅拌，其具体操作过程是：先打耙后下卤，卤水流量先大后小，打耙先紧后慢，当缸内出现 50％脑花时，打耙速度要减慢，卤水流量随之减少，至 80％脑花时停止下卤，见脑花游动下沉时，停止打耙。石膏是采用冲浆式不搅拌。采用什么方式与凝固剂的性质有关，盐卤与豆浆反应快，接触豆浆后立即凝固，如果不搅拌可能凝固不均匀，石膏与豆浆混合后，凝固反应慢，冲浆就可达到均匀凝固的要求。

（6）生产用水质 生产过程中，洗豆、浸泡、磨碎、过滤等均需使用大量的水，这些生产用水的质地对凝固也有影响。一般来说，用软水做豆腐时，凝固剂的耗用量少，大豆蛋白质持水性好，产品柔软有劲，质量好。用河水、溪水、井水等硬水，凝固剂的耗用量要增加 50％以上，蛋白质的凝固速度比较缓慢，产品软而无力，容易变形。

以上各种因素均对蛋白质的凝固有影响，但是由于生产中产品的规格、质量及性状不一，所遇到的因素又各有差异，相互交织，因而引起大豆蛋白质变性及凝固的生化过程也就错综复杂。所以，在实际生产中，既要掌握好各种因素的作用，又要考虑到各种因素之间的相互影响，认真掌握各个环节，并使它们相互协调，凝固（点浆）工艺是能够掌握好的。

2. 点脑的操作

在点脑时，豆浆的搅拌速度和时间直接关系着凝固效果。下卤要快慢适宜，过快脑易点老，过慢影响豆腐制品的品质。凝固适中的豆腐脑质量较好；凝固过度的质量粗硬、易散；凝固不完全的质量软嫩、易碎。

点脑时先要将豆浆翻动起来，随后一边均匀搅拌一边均匀下卤，并注意成脑情况，在即将成脑时，要减速减量，当浆全部形成凝胶状后，就应立即停止搅拌。然后再用淡卤轻轻地洒在豆腐脑面上，使其表面凝固得更好，并且有一定的保水性，做到制品柔软有劲，产品得率也高。如果搅拌时间超过凝固要求，豆腐花的组织被破坏，凝胶的持水性差，则品质粗糙，成品得率低，口味也不好。如果搅拌时间没有达到凝固的要求，豆腐花的组织结构不好，柔而无劲，产品不易成型，有时还会出白浆，也影响产品得率。另外，在搅拌方法上，一定要使缸面的豆浆和缸底的豆浆循环翻转，在这种条件下，凝固剂能充分起到凝固作用，使大豆蛋白质全部凝固。如果搅拌不当，只是局部的豆浆在流转，那么往往会使一部分大豆蛋白质接受了过量的凝固剂而使组织粗糙，另一部分大豆蛋白质接受的凝固剂量不足，而不能凝固，给产量和质量都会带来影响。点浆是否适当，可视黄浆水颜色来判断，若黄浆水的颜色白而混浊，说明点浆时温度过低，凝固剂与蛋白质没有充分结合；如黄浆水的颜色深黄，则说明点浆时温度过高，蛋白质在黄浆中溶出过多。

九、蹲脑

蹲脑又称涨浆或养花，蹲脑实质是蛋白质凝固的继续，是大豆蛋白与凝固剂充分作用的过程。豆浆里加入凝固剂后，从表面上看，蛋白质已经凝固，但豆腐花没有完全凝固好，蛋白质的网状交织尚不牢固，也就是说豆腐花尚没有韧性。所以，一定要通过蹲脑，也就是让豆腐花静置一段时间。根据品种的不同，蹲脑时间不相同，一般情况下，老豆腐的蹲脑时间为 $20\sim25\text{min}$，嫩豆腐为 30min 左右。这时的豆腐花网状结构牢固，韧性足，有劲道，有拉力，制成的产品得率也会提高。但也不能蹲脑时间太长，时间太长了，豆腐花也渐趋冷却，这时再浇制各种产品，就会出现成品软而无劲。另外，在冷天蹲脑时，最好用豆腐工具板在缸面上覆盖一下，以适当保温，效果更好。

十、破脑

压榨前，要先将豆腐脑适当破碎，这个过程称为破脑。其目的就是使凝固物组织结构得到一定程度的破坏，释放出一部分包在蛋白质周围的黄浆水，同时也有利于压榨时水分的排出。豆腐脑形成后，水分多被包在蛋白质的网络中不易排出，所以先要把已形成的豆腐脑适当破碎，即根据制品要求，不同程度地打散豆腐脑中的网络结构。嫩豆腐（湖南豆腐）的豆浆浓度较高，一般对原料大豆而言，加水量约 5～6 倍，豆浆中固形物浓度约 10％，这样的豆浆在凝固后可全部转变成完整而细嫩的豆腐脑，所以不需破脑。老豆腐的豆浆浓度稍低些，当豆浆转变为豆腐脑时，其网络结构也比较完整，需要适当破脑，以便排出部分豆腐水。老豆腐破脑要轻，脑花团块在 8～10cm 范围较好。破脑时，可先用小勺将表皮以下 1～2cm 厚的一层翻到一边，再用竹剑将缸内豆腐脑划成 7cm 左右见方的小块，稍停片刻即上脑。

十一、上脑、压榨

1.上脑

上脑，是将豆腐脑舀入模型以便成型的过程。上脑时要撇出黄浆水，摆正榨模，上脑时数量要准、动作要稳、拢包要严。上述操作的轻重应根据豆腐脑的凝固效果及破脑程度灵活掌握，例如，凝固适中的以重破脑、轻析水、快速舀起花团入模、压榨稳妥多歇，破脑要彻底均匀，否则，会老嫩不均。凝固不完全的要轻翻脑、慢析水、轻起花团入模、压榨要慢，水才能榨出。破脑时，水要慢慢地析出澄清。浑水的糊浆会粘布糊眼，水不能榨出，质量嫩，成品表面皮膜会撕破。凝固过度的，要轻翻脑、自然析出、速起花团入模、榨歇连续，才能保住水。

在蹲脑过程中，出于盛放豆腐脑的整个容器中各部分豆腐脑凝固情况并不一致，所以在舀取豆腐脑浇制时，要予以适当掺和。

2. 压榨

豆腐的压榨成型是在豆腐箱和豆腐包内完成的，使用豆腐包的目的除了定型之外，还能在豆腐的定型过程中使水分通过包布的经纬线中间细孔排出，使分散的蛋白质凝胶靠拢并黏联为一体。

豆腐脑浇制入模型后必须加压。加压的目的，一是使豆腐脑内部分散的蛋白质凝胶更好地接近及黏合，可以使制品内部组织紧密；二是使豆腐脑内部要求排出的豆腐水强制通过包布排出。一般豆腐的压榨压力为 $1 \sim 3kPa$，老豆腐压的重些，嫩豆腐压的轻些。一般压榨时间为 $15 \sim 25min$。压榨后，嫩豆腐的含水量要求在90%左右，老豆腐的含水量要求在80%～85%范围内。

豆腐成型后要立即下榨，翻板要快，放板要轻，揭包要稳，带套要准，移动要平，堆垛要慢。传统人工压榨成型容易造成产品质量不一，且操作复杂。现在的大型豆腐生产线多使用豆腐连续压榨机，其所压制的豆腐压力统一，有利于成型的豆腐保有弹性和韧性，而且出品率高、产量高、能耗低，极大地节约了劳动力。

十二、划块

将压制成型的整板豆腐坯取下，揭去布，平铺在板上，用刀按品种规格划成小块。划块分为热划和冷划，压榨出来的整板豆腐坯，品温一般为 60℃ 左右，如果趁热划块，则豆腐坯的面积要适当放大，以使冷却后豆腐坯的大小符合规格。冷划是待整板豆腐坯自然冷却、水分散发、体积缩小后再划块，划块可以按原来的大小规格进行划块。

第三节　豆腐质量标准

豆腐是以大豆为原料，经原料预处理、制浆、凝固、成型等工序制成的非发酵型豆制品。豆腐的种类包括豆腐花、内酯豆腐、老豆腐（北豆腐）、嫩豆腐（南豆腐）、调味豆腐、冷冻豆腐和脱水豆腐。

一、感官指标

豆腐应具有该类产品特有的颜色、香气、味道，无异味，无可见外来杂质，感官指标应符合表 3-2 的规定。

表 3-2　豆腐类产品的感官指标

类　型	形　态	质　地
豆花	呈无固定形态的凝固状	细腻滑嫩
内酯豆腐	呈固定形状，无析水和气孔	柔软细嫩，剖面光亮
嫩豆腐	呈固定形状，柔软有劲，块形完整	细嫩，无裂纹
老豆腐	呈固定形状，块形完整	软硬适宜
调味豆腐	呈固定形状，具有特定的调味效果或加工效果	软硬适宜
冷冻豆腐	冷冻彻底，块形完整	解冻后呈海绵状，蜂窝均匀
脱水豆腐	颜色纯正，块形完整	孔状均匀，无霉点，组织松脆复水后不碎

二、理化指标

理化指标应符合表 3-3 的规定。

表 3-3　豆腐类产品的理化指标

类　型	水分/(g/100g)	蛋白质/(g/100g)
豆花	—	2.5
内酯豆腐	92.0	3.8
嫩豆腐	90.0	4.2
老豆腐	85.0	5.9
调味豆腐	85.0	4.5
冷冻豆腐	80.0	6.0
脱水豆腐	10.0	35.0

三、微生物指标

微生物指标应符合表 3-4 的规定。

表 3-4　豆腐的微生物指标

项　目	指　标	
	散装	定型包装
细菌总数/(个/g)≤	100000	750
大肠菌群近似值/(个/100g)≤	150	40
致病菌	不得检出	

第四章 各种豆腐制作工艺

第一节 豆腐的制作

一、老豆腐

1. 原料配方

大豆 50kg，石膏 1.9～2.0kg，水 400～500kg。

2. 生产工艺流程

大豆浸泡→磨浆→滤浆→煮浆→点浆→涨浆→摊布→浇制→整理→压榨→成品

3. 操作要点

（1）浸泡、磨浆、滤浆、煮浆 按豆腐生产基本工艺操作进行。

（2）点浆（凝固、点脑） 待煮沸的熟豆浆温度降到 75℃ 左右时，把 2/3 仍留存在花缸里，取 1/3 盛在熟浆桶中，准备冲浆用，经过碾磨的石膏乳液盛在石膏桶里，冲浆时（点浆的一种方法），把 1/3 的熟豆浆和提桶里的石膏乳液悬空相对，同时冲入盛在花缸中的豆浆里，并使花缸里的熟浆上下均匀翻转，然后静置 3min，豆浆即初步凝固为豆腐花。

（3）涨浆（蹲缸、养脑） 点浆后形成的豆腐花，应在缸内静置 15～20min，使大豆蛋白质进一步凝固好。冬季由于气温低，涨

第四章 各种豆腐制作工艺

65

浆时还应在花缸上加盖保温，通过涨浆的豆腐花，在浇制时有韧性，成品持水性也较好。

（4）摊布　取老豆腐箱套一只，放置平整后，上加嫩豆腐箱套一只，箱套内摊好豆腐布，使之紧贴箱套内壁，底部要构成四只底角，四只布角应露出在套圈四边外，布的四边紧贴在箱套四角沿口处。

（5）浇制　为使老豆腐达到一定的老度，必须在浇制前将豆腐花含的一部分水分先行排出。排出水分的方法，先用竹扦将缸内的豆腐花由上至下彻底划碎，可划成 6～8cm 见方的小方块，蛋白质的网状组织适当破坏，使一部分豆腐水流出。然后，用大铜勺把豆腐花舀入箱套至两只箱套高度的沿口处，再将豆腐包布四角翻起来，覆盖在豆腐花上并让其自然沥水 1h 左右。

（6）整理（收袋）　经自然沥水后的豆腐花，水分减少，老度增加并向底部下沉。但由于泄水不一致，所以箱套内的豆腐高低略有不均。这时应揭开盖在豆腐上面的包布，用小铜勺把豆腐的表面舀至基本平整。然后再从箱套的四边起，可按边依次把豆腐包布平整地收紧覆盖好，包布收紧后，整块豆腐就完整地被包在豆腐包布里，此时可以取去套在老豆腐箱套上的套圈，豆腐已基本成型。

（7）压榨　整理完毕后，可用豆腐压豆腐的方法进行压榨，约压榨 30min，压榨的作用，在于使豆腐进一步排水，从而达到规格质量的要求。其次，豆腐经过压榨，会在四周结成表皮，使产品坚挺而有弹性。按照此工艺每 50kg 大豆能制成老豆腐 22 板。

4. 成品质量标准

（1）感官指标　无豆渣、无石膏脚、不粗、不红、不酸，划开九块后，刀铲中间的一块不凸肚；规格：箱套内径为 355mm×355mm×65mm，脱箱套后的成品最低高度为 61～65mm，划开九块 10min 内高度为 58～62mm。

（2）理化指标　水分≤85%，蛋白质≥7.5%，砷（以 As 计）≤0.5mg/kg，铅（以 Pb 计）≤1mg/kg，食品添加剂符合 GB 2760—2014 之规定。

（3）微生物指标　细菌总数出厂时≤5 万个/g，大肠菌群出厂时≤70 个/100g，致病菌出厂或销售均不得检出。

二、嫩豆腐

1. 原料配方

大豆 50kg，石膏 1.9～2.0kg，水 400～450kg。

2. 生产工艺流程

大豆浸泡→磨浆→滤浆→煮浆→点浆→涨浆→摊布→浇制→翻板→成品

3. 操作要点

（1）浸泡、磨浆、滤浆、煮浆　按豆腐生产基本工艺操作进行。

（2）点浆和涨浆方法　同老豆腐。

（3）摊布　将嫩豆腐箱套两只，重叠在高脚板上，箱套内排放好豆腐布，摊布的方法同老豆腐。

（4）浇制　用铜勺将豆腐花均匀而平整地舀在已摊好布的豆腐箱套内，相当于舀到一只半箱套高度的容量时，任其自然沥水 30min 左右。

（5）翻板　沥水工序完成后，在箱套内的豆腐花因含水量减少，有所下沉，一般仅略高于一个豆腐箱套的高度，这时，可取去套在上面的一只空箱套，然后把布的四角翻出箱套外边，再把布的四角卷折起来，垫在箱套底部的沿口，使箱套向上升起，让箱套上边沿口和箱套内的豆腐花齐平。这时可用高脚板覆盖在箱套同位的上面，轻捷地把豆腐翻转过来，静置沥水凝固 3h 后即为成品。按照此工艺每 50kg 大豆能制成嫩豆腐 38～40 板。

4. 成品质量标准

（1）感官指标　无豆渣、无石膏脚，不脱皮、不红、不酸、不粗，刀口光亮，脱套圈揭布后不坍，开刀不糊不碎；规格：箱套内径为 355mm×355mm×63mm，脱箱套后的成品中心高度为 58～63mm，开刀后 5min 内为 53～58mm。

（2）理化指标　水分≤90%，蛋白质≥5%，砷（以 As 计）≤0.5mg/kg，铅（以 Pb 计）≤1mg/kg，食品添加剂符合 GB 2760—2014 之规定。

（3）微生物指标　细菌总数出厂时≤5 万个/g，大肠菌群出厂时≤70 个/100g，致病菌出厂或销售均不得检出。

三、宁式小嫩豆腐

1. 原料配方

大豆 50kg，石膏 1.9～2.0kg，水 400kg。

2. 生产工艺流程

大豆浸泡→磨浆→滤浆→煮浆→点浆→涨浆→摊布→浇制→翻板→成品

3. 操作要点

（1）制浆工艺　与上述制老豆腐和嫩豆腐相同。小嫩豆腐的特点是：既要嫩又要有韧性，挺而有力，因此，在浇制时尽量不破坏大豆蛋白质的网状组织，为此在制浆时，要减少用水量，以每 1kg 大豆出浆率在 7.5kg 以内为宜。

（2）点浆和涨浆　同老豆腐。

（3）摊布　以刻有横竖条纹的豆腐花板作为浇制的底板。在花板面上摊一块与花板面积同样大小的细布。摊布有三个作用：一是当箱套放置在花板上时由于夹有细布，可防止箱套的滑动移位；二是通过布缝易于豆腐沥水；三是在豆腐翻板后，可以把布留存在豆腐的表面上，有利于保持商品卫生。摊布后，在花板上可重叠放置两只嫩豆腐箱套。

（4）浇制　根据小嫩豆腐品质肥嫩、持水性好的要求，在浇制时要尽量使豆腐花完整不碎，减少破坏蛋白质的网状组织，因此，舀豆腐花的铜勺要浅而扁平，落手要轻快，以便稳妥地把豆腐花溜滑至豆腐箱套内。每板嫩豆腐最好舀入八勺。具体舀法是以箱套的每一只角为基底，每内角各舀一勺，再在上面分别覆盖四勺，然后再把箱套内的豆腐花舀平。豆腐花的总量以一个半箱套的高度为宜。以后任其自然沥水约 20min。在向缸内舀豆腐花时，要沿平面舀，注意使缸内豆腐花始终呈水平状，以减少豆腐花的碎裂而影响大豆蛋白质的网状组织。这样豆腐花不会发生出黄泔水的现象，从而提高豆腐的持水性。

（5）翻板　浇制后经沥水约 20min，豆腐花已下沉到接近一个箱套的高度，这时可取去架在上边的一只箱套，覆盖好小豆腐板，把豆腐翻过来，取出花板，再让其自然沥水凝结 3h，即为成品。每 50kg 大豆能制小嫩豆腐 100 板左右。

4. 成品质量标准

（1）感官指标　无豆渣、无石膏脚，不红、不酸、不粗，刀口光亮，脱套圈后不坍；规格：箱套内径为 255mm×255mm×46mm，脱套圈后成品中心高度为 44～46mm，开刀后 5min 内下降为 42～44mm。

（2）理化指标　水分≤92%，蛋白质≥4%，砷（以 As 计）≤0.5mg/kg，铅（以 Pb 计）≤1mg/kg，食品添加剂符合 GB 2760—2014 之规定。

（3）微生物指标　细菌总数出厂时≤5 万个/g，大肠菌群出厂时≤70 个/100g，致病菌出厂或销售均不得检出。

四、小包豆腐

1. 原料配方

大豆 50kg，石膏 1.8～2.0kg，水 400kg。

2. 生产工艺流程

大豆浸泡→磨浆→滤浆→煮浆→点浆→涨浆→摊布→浇制→沥水→成品

3. 操作要点

（1）浸泡、磨浆、滤浆、煮浆、点浆和涨浆　同老豆腐。

（2）摊布　可用饭碗为底座，将豆腐布一块摊在碗内，呈碗状，布呈正方形，边长为碗口直径的 1 倍。

（3）浇制　用小铜勺将豆腐花舀在碗内的摊布上，相当于舀到近碗口边，而后把包布四角翻入碗内，使豆腐布全面覆盖在豆腐面上，如此继续做了 10 来碗之后，再把已浇制好的豆腐打开包布，根据需要，适当再补浇一些豆腐花，然后把布包四角拉足收紧，包好。

（4）沥水　把已包紧的豆腐从碗中取出，依次排列，安置在豆腐板上，让其自然沥水 3h 后，即为成品。每 50kg 大豆能制成小包嫩豆腐 550～600 包。

4. 成品质量标准

（1）**感官指标**　无豆渣、无石膏脚，不红、不酸、不粗，表面光洁；规格：每包豆腐长 100mm，宽 100mm，高 45mm，每块重 400～450g。

（2）**理化指标**　水分≤92%，蛋白质≥4%，砷（以 As 计）≤0.5mg/kg，铅（以 Pb 计）≤1mg/kg，食品添加剂符合 GB 2760—2014 之规定。

（3）**微生物指标**　细菌总数出厂时≤5 万个/g，大肠菌群出厂时≤70 个/100g，致病菌出厂或销售均不得检出。

五、盐卤老豆腐

1. 原料配方

大豆 50kg，盐卤 3.8～5.0kg，水 400kg 左右。

2. 生产工艺流程

大豆浸泡→磨浆→滤浆→煮浆→点浆→涨浆→摊布→浇制→成品

3. 操作要点

（1）**浸泡、磨浆、滤浆、煮浆**　同老豆腐。

（2）**点浆**　把浓度为 25°Bé 的盐卤用水稀释到 8～9°Bé 作为凝固剂。把稀释的盐卤装入盐卤壶内。在点浆时，左手握住盐卤壶缓慢地把卤加入缸内的豆腐浆里，点入的卤条以绿豆粒子那般粗为宜，右手握小铜勺插入花缸的 1/3 左右，并沿左右方向均匀地搅动，一定要使豆浆从缸底不断向缸面翻上来，使豆浆蛋白质与凝固剂充分接触，盐卤点入后，蛋白质徐徐凝聚，至豆腐全部聚集呈粥状，并看不到豆腐浆时，即停止点卤，铜勺也不再搅动，然后，在浆面上略洒些盐卤。

（2）**涨浆** 盐卤豆腐的涨浆时间宜掌握在 20min，使豆腐花充分凝固。

（3）**摊布、浇制** 盐卤豆腐的摊布、浇制工艺与石膏作凝固剂制老豆腐相仿，但由于以盐卤为凝固剂，大豆蛋白质的持水性比较差，豆腐的成品含水量不会太大，因此在浇制前不必在缸内用竹扦把豆腐花划成小方块，破坏大豆蛋白质凝固后的网状组织，否则浇制后，经压榨豆腐就会比较老。每 50kg 大豆能制成盐卤老豆腐 15～18 板。

4. 成品质量标准

（1）**感官指标** 无豆渣，不红、不酸、不粗，划开九块后，刀铲一块叠一块不坍、不倒；规格同老豆腐。

（2）**理化指标** 水分≤80％，蛋白质≥8％，砷（以 As 计）≤0.5mg/kg，铅（以 Pb 计）≤1mg/kg，食品添加剂符合 GB 2760—2014 之规定。

（3）**微生物指标** 细菌总数出厂时≤5 万个/g，大肠菌群出厂时≤70 个/100g，致病菌出厂或销售均不得检出。

六、北豆腐

1. 原料配方

大豆 100kg，盐卤 4kg。

2. 生产工艺流程

大豆浸泡→选料→浸泡→磨浆→滤浆→煮浆→点脑→蹲脑→上箱→压制→切块→成品

3. 操作要点

（1）**选料** 生产北豆腐要选用色浅、含油量低、蛋白质含量高、粒大皮薄、表皮无皱、有光泽的大豆为原料。

（2）**浸泡、磨浆、滤浆、煮浆** 按照豆腐生产基本工艺操作进行。

（3）点脑 煮沸的豆浆温度一般为 90～95℃，浓度为 8°Bé。点脑前要加入冷水，使其温度降至 78～80℃，并保持浓度为 7.5°Bé。将点脑用的盐卤加水溶解，将其浓度调至 10～12°Bé。点脑时，手持一个小勺探入浆中，在盛豆浆的容器的小半圆内左右摇动，使豆浆上下翻转，此时可均匀加入盐卤水。待豆浆基本成脑，停止搅动。

（4）蹲脑 点脑后需要静置 20～25min，使凝固剂和蛋白质充分发生反应。如果时间过短，凝固不完善，组织软嫩，容易出现白浆；如果时间过长，凝固的豆脑析水多，豆脑组织紧密，保水性差，影响豆腐的质量并降低出品率。

（5）上箱 将豆腐脑轻轻舀入铺好包布的压制箱内，箱内的豆腐脑要均匀一致，四角要装满，不能有空角，放出少量的黄浆水后封包，排好竹板、木杠开始压制。上箱要轻、快，但不能砸脑、泼脑，以防止温度过低而影响成型。

（6）压制 压制一般用 3t 以上的千斤顶或用油缸代替千斤顶。加压要稳，不能过急、过大。刚开始加压时如压力过大，造成应排出的黄浆水排不出去，豆腐内就会出现大的水泡，影响豆腐的质量。压制时间一般为 15～18min。具体操作时要根据不同的原料和豆腐脑的老嫩程度来合理控制压制时间。

（7）切块 压制好后打开封箱包布进行切块。切块要求刀口直、不斜不偏，大小一致，其大小可根据需要而定，一般为 100mm×60mm×45mm。切块后放入豆腐专用包装箱内。入箱前要适当进行降温，以防豆腐变质。降温的方法有水浴降温、自然降温和冷风降温。每 100kg 大豆能生产北豆腐 280～310kg。

4. 成品质量标准

（1）感官指标 色泽：白色或淡黄色，具有一定的光泽；形态：块形整齐，无缺角和碎裂，表面光滑无麻痕；内部组织：细密、柔软、有劲，不散碎、不糟，无杂质；口味：气味清香，有豆腐特有的香气，味正，无任何苦涩和其他异味。

（2）**理化指标** 水分≤85％，蛋白质≥5.9％，砷（以As计）≤0.5mg/kg，铅（以Pb计）≤1mg/kg，食品添加剂符合GB 2760—2014之规定。

（3）**微生物指标** 散装时细菌总数≤10^5个/g，大肠菌群≤150个/100g；定型包装时细菌总数≤750个/g，大肠菌群≤40个/100g，致病菌不得检出。

七、南豆腐

1. 原料配方

大豆100kg，石膏3.5kg。

2. 生产工艺流程

大豆→选料→浸泡→磨浆→滤浆→煮浆→冲浆→蹲脑→包制→压制→开包、切块→成品

3. 操作要点

（1）**选料** 同北豆腐。

（2）**浸泡** 将大豆放入浸泡桶中，经浸泡后放出，利用流水去除大豆中的各种杂质。冬季浸泡16～20h，春秋为8～12h，夏季为6h，如果冬季利用温水浸泡时间可适当缩短。

（3）**磨浆、滤浆** 将经过浸泡的大豆按常规方式进行磨浆和滤浆，生产中控制1kg大豆用水量为6～7kg。

（4）**煮浆** 利用敞口锅进行煮浆，煮浆温度为95～100℃，时间为3～5min。

（5）**冲浆** 浆液的浓度比北豆腐要高，一般每1kg大豆加6～7倍的水，而北豆腐则为10倍的水。煮沸后的豆浆自然降温至85℃，浓度为8°Bé，即可进行冲浆。冲浆前按配料要求先把石膏加水混合搅拌，过滤除渣，将石膏水倒入冲浆容器中，然后立即把热豆浆倒入冲浆容器中，除去表面的泡沫。

（6）**蹲脑** 冲好的豆浆需要蹲脑10min，以使蛋白质充分凝固。

（7）**包制、压制** 多用手工包制。包制需要准备一个直径为12cm的小碗、一把小勺、28cm×28cm的包布数块和50cm×50cm

方板 10 块。包制时将包布盖在碗上，并把中间压入碗底，用小勺将豆腐脑舀入小碗，把包布的两角对齐提起再放下，四周向内盖好，拿出后放在方木板上排列整齐。一板 25 块南豆腐放满后，盖上一木板，继续放，待压到 8 板以上时，最下面的豆腐就已经压成，总压制时间一般为 15min。

（8）开包、切块　豆腐压好后，将包布打开，切成 100mm×100mm×35mm 的块，放入盛有清水的容器中，放满后利用清水将其中的浑水换出，并每 2h 换水 1 次，经几个小时后即可出售。每 100kg 大豆可出豆腐 450～500kg。

4. 成品质量标准

（1）感官指标　色泽：白色或淡黄色，具有一定的光泽；形态：块形整齐，无缺角和碎裂，表面光滑无麻痕；内部组织：细密、柔软、有劲，不散碎、不糟，无杂质；口味：气味清香，有豆腐特有的香气，味正，无任何苦涩和其他异味。

（2）理化指标　水分≤90%，蛋白质≥4.2%，砷（以 As 计）≤0.5mg/kg，铅（以 Pb 计）≤1mg/kg，食品添加剂符合 GB 2760—2014 之规定。

（3）微生物指标　散装时细菌总数≤10^5 个/g，大肠菌群≤150 个/100g；定型包装时细菌总数≤750 个/g，大肠菌群≤40 个/100g，致病菌不得检出。

八、干冻豆腐

干冻豆腐系采用老豆腐为原料，经过冻结、解冻和干燥而制成的。

1. 原料配方
同老豆腐。

2. 生产工艺流程
老豆腐→冻结→冷藏→解冻→脱水→包装→成品

3. 操作要点
（1）冻结　冻结的速度与冷冻温度、风速有关。把老豆腐切成 80mm×60mm×20mm 的薄型豆腐片，每块重约 90g。当温度在 -8℃、风速在 55m/s 时，只需 44min 即冻结，若没有风，则要 248min 才能冻结，如温度降至 -18℃，风速 55m/s 只要 20min 即可冻结，但若没有风，则要 119min 才能冻结，冻结的速度与冰的结晶大小也有关，结晶的大小又与成品的质量有关系，一般冻结速度快，表面结晶小，成品纹理细，内部结晶大，纹理粗。对冻结的豆腐要求表面结晶小，纹理细，内部结晶大，纹理粗，这样脱水后的干豆腐，经加水复原后，成品表面细腻，内部松软不发硬，所以在冻结时应分两个阶段进行，先在 -16℃，风速 5～6m/s 的冷藏室速冻 1h，然后再进入 -6℃，风速 3～4m/s 的冷藏室内速冻 2h，这样可达到豆腐表面急速冷冻，结晶小，而内部因缓慢冷冻，结晶大，符合脱水干豆腐的质量要求。

（2）冷藏　豆腐经冻结后，如果随即解冻，在烘干时，会引起不规则的收缩，造成产品的不整齐不美观，因此，冻结的豆腐，必须冷藏在 -3～-1℃ 的冷库中，冷藏 20h 左右。在这种情况下，豆腐的冰结晶有变化，蛋白质冷变性，会使豆腐构成骨骼，海绵状结构好，在解冻时容易脱水，干燥时，成品不收缩，体积不会缩小变形，可制成多孔而整齐的干冻豆腐。

（3）解冻　先将冻结的豆腐放在金属网中，防止豆腐解冻时破碎，然后将冻结的豆腐在 20℃ 的流水中浸泡 1～1.5h，或排列在宽幅的运输带上，用 20℃ 温度的水喷淋 1.5h，就完全解冻。

（4）脱水　解冻的豆腐，可先置入离心机里初步脱水，而后进烘房烘干。在烘干时，最初烘房的温度不宜太高，以免表面干燥而内部的水分不易排出散发。一般烘房的温度宜掌握在 50～60℃，风速 1～1.6m/s，空气相对湿度 70%～80% 较为适宜，待豆腐烘干至含水量为 17%～18% 时取出，然后自然通风干燥，干豆腐的含水量为 10%。

（5）包装　为使加水复原时膨大效果良好，可将豆腐置入密闭室内通以氨气，经数小时后取出，随即用玻璃纸包装，因干豆腐内含有游离氨，所以膨胀效果好，氨在加热调理时，会自行消失，所以不会影响食品卫生，但干豆腐经久存后氨气逐渐逸散，影响效果。每50kg大豆得干冻豆腐20～25kg。

4.成品质量标准

感官指标：色泽黄亮，不焦，块内呈海绵微孔，块整不碎；规格：一般掌握在每块50mm×50mm×20mm小方块。

九、内酯豆腐

1.原料配方

大豆50kg，葡萄糖酸内酯500～750g。

2.生产工艺流程

大豆浸泡→磨浆→滤浆→煮浆→冷却→熟浆、过滤→加凝固剂→灌装袋（盒）→二次加温→冷却→成品

3.操作要点

（1）制浆　制浆工艺与一般制浆工艺相同，由于"内酯"为凝固剂，因此制作出的豆腐是原浆豆腐，不流失黄泔水。对豆腐浆浓度用折光计测定在11％，这样大豆与豆浆的比率是1∶5。

（2）滤浆　与其他豆浆的滤浆工艺相同。

（3）煮浆和冷却　葡萄糖酸-δ-内酯被溶解后，其溶液在低于30℃时不会立即转变为葡萄糖酸，所以煮浆应采用热交换器，通过热交换器，豆浆可加热到105℃，冷却的目的主要是为下道工序添加凝固剂——葡萄糖酸-δ-内酯需要。

（4）熟浆、过滤　和普通豆腐生产中的过滤工艺相同。

（5）加凝固剂　凝固剂的耗用量为豆腐的0.2％左右，先把葡萄糖酸-δ-内酯溶于水中，然后将其溶液掺和到豆浆里，经搅拌均匀即可。

（6）灌装袋（盒）　应用葡萄糖酸-δ-内酯不会在低温时马上转化为葡萄糖酸的原理，争取在10min以内，通过机械或手工，把含有葡萄糖酸内酯的豆浆，灌装在袋内或盒内，灌装量的多少，可根据各地消费习惯而定，如上海现行的规格是每袋（盒）400g。

（7）二次加温　含有葡萄糖酸-δ-内酯的豆浆，一经灌装在袋（盒）里，要及时加温以便豆浆既快又好地凝固成豆腐，加温的温度要求开始时85℃，而后达90℃。加温时要求成品中心温度达到90℃，时间掌握在30～40min，加温的方法应采用水较为恰当，加温后，内酯当即转化为葡萄糖酸而对大豆蛋白质起凝固作用，袋（盒）内的豆腐即已制成。

（8）成品冷却　加热后的袋（盒）豆腐应通过冷却槽，冷却到30℃，以防止豆腐变质发酸。每50kg大豆能产内酯豆腐250kg。

4. 成品质量标准

（1）感官指标　色泽洁白，质地细腻，保水性好，挺而有劲，入口润滑，豆香气浓郁。

（2）理化指标　蛋白质≥4%，水分≤90%，砷（以As计）≤0.5mg/kg，铅（以Pb计）≤1mg/kg，食品添加剂符合GB 2760—2014之规定。

（3）微生物指标　细菌总数出厂时≤5万个/g，大肠菌群出厂时≤70个/100g，致病菌出厂或销售均不得检出。

十、豆粕内酯豆腐

1. 生产工艺

低温豆粕→浸泡→磨浆→滤浆→煮浆（加适量的凝固剂）→点浆→蹲脑→成品

2. 操作要点

（1）豆粕的浸泡　称取一定量的冷榨豆粕，按料液比为1∶4的比例浸泡于纯碱水溶液中，时间为12h，温度控制在14～18℃之间。

纯碱的用量以不超过1%为宜，如果用量小，豆粕中的固形物浸出率不高，豆粕的利用不充分，用量过高，则制得的内酯豆腐质地粗糙，脆性大。

（2）豆浆的制备　利用适量的盐酸水溶液调节上述浸泡豆粕溶液的pH值在7～8之间，然后进行磨浆、滤浆和煮浆。

磨浆过程中，其料液比为1:6.8；过滤采用80目筛；煮浆时间为5min。

（3）凝固成型　取一定量的豆浆，依次加入增稠剂、葡萄糖酸-δ-内酯和磷酸盐，在82℃的温度下保持15min，然后静置、冷却。

增稠剂（CMC）、葡萄糖酸-δ-内酯和磷酸盐（磷酸二氢钾）的用量分别为0.013%、0.3%和0.11%。

凝固的温度要特别注意，主要是因为葡萄糖酸-δ-内酯受热分解，当温度过高时，其分解速度快，促使豆腐的凝固速度过快，降低其持水能力，使制品的硬度增大，弹性不足；温度过低时，葡萄糖酸-δ-内酯分解速度慢，使豆浆中的蛋白质在温和的条件下发生凝固，从而导致制品质软、易碎，弹性不高。

说明：其他工序和普通内酯豆腐生产相同。

十一、包装豆腐

1. 原料配方

大豆100kg，硫酸钙0.4kg。

2. 生产工艺流程

豆浆→杀菌→冷却→添加凝固剂→充填包装→加热凝固→冷却→冷藏→包装→成品

3. 操作要点

（1）豆浆　豆浆的加工同嫩豆腐，要求含有11%大豆固形物。

（2）杀菌　采用超高温瞬时杀菌技术，把豆浆加热到121℃，停留3s左右即可。

（3）冷却　把豆浆冷却至10℃。

（4）添加凝固剂、充填包装　将豆浆和凝固剂混合后即可装袋。硫酸钙的添加量是1kg豆浆加4g，在使用250g装袋时，要添加1g硫酸钙和8~10mL水，在除泡沫的同时封口。

（5）加热凝固　封口后放在90℃的热水中保持40min，使之凝固，然后经过冷却、包装即为成品。

4. 成品质量标准

（1）感官指标 白色或淡黄色，有豆香味，无酸味；呈凝胶状，脱盒后不塌，细腻滑嫩；无肉眼可见外来杂质。

（2）理化指标 水分≤92.0%，蛋白质≥3.8%，添加剂按GB 2760—2011执行。

（3）微生物指标 散装时细菌总数≤10^5个/g，大肠菌群≤150个/100g；定型包装时细菌总数≤750个/g，大肠菌群≤40个/100g，致病菌不得检出。

十二、靖西姜黄豆腐

靖西姜黄豆腐又叫"金银白玉板"，是靖西民间一种味美可口的营养食品，每年黄豆登场，城郊化峒一带的壮族人民都喜欢制作以待客人。

1. 原料配方

大豆100kg，姜黄40kg。

2. 生产工艺流程

制豆腐花→压制→煮姜黄汤→煮豆腐块→烘烤→成品

3. 操作要点

（1）制豆腐花 将黄豆磨细、过滤，除去豆渣煮成豆腐花。

（2）压制 用10cm见方的小块布，把豆腐花一包一包地扎起来，放置在桌面上。最后盖上木板，以重物压之，挤出水分，制成软硬适度的豆腐块。

（3）煮姜黄汤 按100kg黄豆的豆腐，取新鲜姜黄40kg，洗净捣烂，加水160L煮沸，待呈金黄色即成。

（4）煮豆腐块 把豆腐块放入"姜黄汤"中，稍煮5min后捞起，放在竹算上。

（5）烘烤 以炭火烘烤10min即成成品。

4. 成品质量标准

（1）感官指标 无豆渣，无石膏脚，不红、不粗、不酸，表面光洁。

（2）**理化指标** 水分≤92%，蛋白质≥4%，砷≤0.5mg/kg，铅≤1mg/kg，食品添加剂按 GB 2760—2014 执行。

（3）**微生物指标** 散装时细菌总数≤10^5 个/g，大肠菌群≤150 个/100g；定型包装时细菌总数≤750 个/g，大肠菌群≤40 个/100g，致病菌不得检出。

十三、盐卤分散液豆腐

以盐卤分散液为凝固剂加工的豆腐，在风味、外观、质地以及保水性方面均优于石膏豆腐。

1. 原料配方

氯化镁 40～42g、水 10mL、食用油脂 25g、大豆磷脂 0.05g、甘油酯 0.05g、60℃以上热水 74.4mL。

2. 盐卤分散液制备

在天然盐卤（氯化镁）中添加少量水、食用油脂、乳化剂以及60℃以上的热水，搅拌均质后形成稳定的盐卤分散液。

3. 盐卤分散液制备要点及作用

制作盐卤分散液时添加食用油脂可提高豆腐的风味，增强表面的光泽，而且能延缓盐卤的凝固反应；添加乳化剂能防止油水分离；添加少量的稳定剂可使油脂、大豆磷脂、水处于稳定状态；添加 60℃以上的热水可使食用油脂保持 60℃左右的温度，促进乳化剂在油脂中的溶解，同时能生成稳定的盐卤分散液。制作豆乳时添加盐卤分散液，可排除豆乳中的脂肪，有利于豆乳所含物质的均匀分散与乳化，延缓凝固反应时间，促进盐卤与大豆蛋白溶为一体，简化盐卤豆腐的制作过程。

4. 盐卤分散液的使用方法

将 40g 盐卤配制成的盐卤分散液与 12.5kg 豆乳同时倒入容器内，放置 20min，蛋白质均匀凝固后将其搅碎，移入成型箱压榨成型，加工成普通硬豆腐（约 9.18kg）；将 40g 盐卤配制成的盐卤分散液装入容器中，与 11.25kg 豆乳，同时倒入成型箱，放置 20min 后蛋白质均匀凝固，加工成细嫩豆腐（约 9.18kg）；将 42g 盐卤配制成的盐卤分散液装入容器中，与12kg豆乳同时倒入成型箱，放置20min后蛋白质均匀凝固，加工成软豆腐（约9.18kg）。该技术还可以用于加工蜂蜜豆腐、芝麻豆腐、花生豆腐以及海藻豆腐等特色豆腐。

利用盐卤分散液制作豆腐，凝固反应时间长，可使盐卤与豆乳完全溶合，豆腐品质均匀；将盐卤分散液添加到豆乳中能形成稳定的乳化状态，同时豆乳中的有效成分能够均匀分散促进乳化，因此能够得到均质的蛋白凝乳，制得的豆腐风味圆润、苦味适度、柔软、体积大；盐卤分散液使用方便，只要与60℃以上的热水混合即可投料，不需要特殊的设备和技术经验。

十四、杀菌盐卤豆腐

制作各种豆腐都在开放状态下作业。在制作包装豆腐时，虽然采取力所能及的措施控制杂菌混入，但添加凝固剂时必须在开放状态下进行，不可能完全杜绝杂菌混入，因此豆腐的存贮和风味都不可避免地受到影响。该技术采用常规的盐卤豆腐制作方法，在不增添特殊的杀菌装置的情况下能取得良好的杀菌效果。

1. 生产工艺流程

豆乳→保温密闭、杀菌→凝固→保温密闭→杀菌盐卤豆腐

2. 操作要点

（1）豆乳制取　按常规的盐卤豆腐制作方法制取豆乳；豆糊用蒸煮锅煮沸，过滤得高温豆乳，料温为95～98℃。

（2）保温密闭、杀菌　将高温豆乳置于保温性密闭容器中自然放置，维持8～10min，豆乳料温降至85～90℃。在此期间，不但可以防止杂菌混入，同时可以杀死已混入的杂菌。

（3）凝固　打开密闭容器的顶部，将盐卤溶液滴入温度降至85～90℃的豆乳中，使之凝固；盐卤的凝固搅拌，用勺子只搅拌容器内上部的豆乳即可；当上部的豆乳出现芝麻粒大小的凝固块时，即可停止加盐卤，并停止搅拌。

（4）保温密闭　密闭容器在80℃下保温30～40min，既可防

止杂菌混入，又可进行低温杀菌、豆腐熟成。如果容器内料温低于80℃，需进行加热处理。经过凝固前的低温杀菌，菌落数已由1000个/g迅速减少到10个/g左右。滴入盐卤时，由于凝固剂、水及空气等污染，所生菌落数又会增加到100个/g左右。由于凝固后的杀菌温度较低，效果会低于凝固前的杀菌，所以凝固前的杀菌应尽可能在较高温度下进行。

该技术操作简单，不需复杂设备，而且制出的豆腐风味良好，耐保存。

十五、干燥豆腐

干燥豆腐是在豆乳中添加胶质和湿润剂，再按普通豆腐生产方法加工成豆腐，然后进行冷冻干燥加工而成的一种新型豆腐。干燥豆腐复水后能立即恢复新鲜豆腐所具有的形状和口感，又克服了普通豆腐因含水量高，而不耐贮存、易破碎、不便于携带等缺点，是一种新的方便食品。

1. 原料及配比

试验及实践证明，如将普通豆腐进行热风干燥或冷冻干燥均存在许多不足之处，如收缩变形、出现小孔、复水性及复原性较差等。而在豆腐生产时添加适量食用胶和湿润剂，再采用冷冻干燥技术即可生产品质优良的干燥豆腐。

可用的食用胶有：古柯豆胶、槐豆胶、角叉藻胶、汉生胶等。其用量因食用胶种类不同而异，但一般用量为豆乳中固形成分的0.05%～5.0%。若添加量低于0.05%效果不好；若超过5.0%有损于豆腐的口感。

在生产时添加适量湿润剂，可提高豆腐的强度。可用的湿润剂有：甘油、丙二醇等。其添加量为豆乳中固形物含量的1%～5%。

2. 实例

实例1：在30g豆腐粉中加入270g浓度为0.5%～1.0%的汉生胶水溶液，均质后煮沸，再加入豆腐粉重3%的内酯，溶化后倒入方型容器中，最后进行真空干燥，即得干燥豆腐。这种干燥豆腐在 80℃热水中复水后，口感细腻，表面无孔，且滑腻。

如果在添加豆乳固形成分重 0.5％汉生胶后，再添加豆乳固形成分重 3％的汉生胶后，还可进一步提高豆腐的强度，使其不易破碎。

实例 2：在脱脂大豆中添加 10 倍的水，调制成豆乳。在此豆乳中添加豆乳固形物含量 1％的角叉藻胶，均质后煮沸，再添加豆乳重量 0.3％的内酯，使之溶解，装入模箱后在常温下进行冷却，得脱脂豆腐。再将此脱脂豆腐进行冻结干燥即得干燥豆腐。这种豆腐复水后，形状和口感均与新鲜豆腐相同。

实例 3：在 1 份豆乳粉蛋白质中，添加 0.1～1.5 份固态蛋白、0.05～0.5 份酪蛋白及其盐类，混合后用普通方法加工成豆腐，再经冻结干燥，即成干燥豆腐。这种干燥豆腐复水后食感好，并且有一定的保存性。

实例 4：将用普通方法加工的豆乳冷却后，添加乳糖、葡萄糖、蔗糖、异构糖等低聚糖或山梨糖醇、麦芽糖醇等糖醇类，加温，使糖类完全溶解。然后加入凝固剂，放入成型器内成型，自然冷却，便得到豆腐。将这种豆腐放在托盘中，冷冻或预冷冻后真空干燥，即成干燥豆腐。此干燥豆腐具有较好的保存性和复原性，复水后食感、风味与新鲜豆腐无异。

十六、酸浆豆腐

本产品是用豆腐黄浆水发酵制备酸浆作为凝固剂生产的豆腐。

1. 生产工艺流程

选豆→除杂→称量→漂洗→泡豆→打浆→滤浆→煮浆→除渣→

　　　酸浆
　　　　↓
豆浆→降温→点脑→蹲脑→泼压→成品

2. 操作要点

（1）**酸浆制备**　以传统工艺制作的卤片豆腐黄浆水作为初级黄浆水，由其直接发酵制得一代酸浆。以一代酸浆作凝固剂制得二级豆腐黄浆水，再发酵制得二代酸浆。以二代酸浆作凝固剂制得三级豆腐黄浆水，三级豆腐黄浆水为发酵基质制取酸浆凝固剂和酸浆豆腐，酸浆制备的最佳条件：温度42℃，发酵时间30～35h，酸浆pH为3.3～3.5。

（2）选豆及预处理　要选用色浅、含油量低、蛋白质含量高、粒大皮薄、表皮无皱、有光泽的大豆为原料。将选好的大豆先除去各种杂质，经称量后利用清水进行漂洗，以除去轻型杂质。

（3）泡豆　将经上述处理后的大豆放入浸泡容器中进行浸泡，浸泡水温度为25℃，浸泡时间为10～16h。

（4）打浆　将浸泡好的大豆送入打浆机中进行打浆，料水比为1：8。

（5）滤浆、煮浆、除渣　将得到的浆液经过滤除去豆渣，得到的浆液进行煮浆，煮沸后持沸5min，然后再用尼龙筛布除渣并收集豆浆。

（6）降温、点脑　当豆浆温度降为90℃时，轻搅下徐徐加入制备好的酸浆，直至出现均匀脑花，酸浆的用量为22%。

（7）蹲脑、泼压　于90℃蹲脑20min，然后将尼龙筛布铺入模具内，小心转入豆脑，包严网布，覆平，上置不锈钢压板，在2091Pa的压力下压制40min，将豆脑压制成型即为成品。另外，此时收集黄浆水以用于制备酸浆。

3. 成品质量标准

（1）感官指标　色泽白中泛黄，有豆腐脑和酸乳特有的香气，滋味丰富，口感滑爽，组织细腻均匀，韧性好，且有一定弹性；无石膏豆腐、卤片豆腐的涩苦味，色香味形俱佳。

（2）理化指标　水分77.3%～82.5%，蛋白质9.4%～10.6%，砷≤0.5mg/kg，铅≤1mg/kg，食品添加剂按GB 2760—2014执行。

（3）微生物指标　细菌总数$3.6×10^5$个/g，大肠菌群未检出，致病菌未检出。

十七、食醋豆腐

本产品是以食醋为凝固剂生产的豆腐。

1. 生产工艺流程

选料→浸泡→磨浆→滤浆→煮浆→点脑（加食醋）→凝固→
成品

2. 操作要点

（1）浸泡　大豆与自来水比例约为 1：（2～3），水温 15～
20℃，时间 8～12h，浸泡后大豆断面无硬心，吸水后质量约为浸
泡前的 2.0～2.5 倍。

（2）磨浆　磨制时的加水量应为浸泡好的大豆质量的 2～3 倍，
取用 pH 值 5～7、温度 85℃的软化水最好。

（3）滤浆　用 80～100 目的滤网，加大豆质量 2～3 倍
的水。

（4）煮浆　煮浆温度应控制在 95℃以上，时间为 8～10min,
然后立即用 80～100 目的滤网过滤。

（5）点脑　采用倒浆法，以凝固剂为固定相，豆浆为流动相，
将豆浆温度降至 80～85℃，浓度 11～12°Bé，pH 值为 6～6.5，冲
入放有适量食醋的容器中，并加以充分搅拌。食醋添加量控制
在 2.0%。

（6）凝固、成品　与普通豆腐生产技术相同。应注意的是，此
过程要保温 15～20min，且不宜振动。

3. 成品质量指标

（1）感官指标　色泽：白色或淡黄色。滋味与气味：具有豆
腐脑和陈醋特有的香气，味正，略有陈醋酸味。组织状态：质地细
嫩，软硬适宜，有弹性，无杂质。

（2）理化指标　水分≤92%，蛋白质≥4%，砷（以 As
计）≤0.5mg/kg，铅（以 Pb 计）≤1.0mg/kg。

（3）微生物指标　细菌总数≤50000 个/g，大肠菌群数≤70
个/100g，致病菌不得检出。

十八、五巧豆腐加工法

山东省牟平县马家都村的曲立文，通过长期的实践，总结出了"五巧"豆腐技法。采用此技法生产出的豆腐（称为五巧豆腐或马尾提豆腐）洁白鲜嫩、味道纯正、耐煮。所谓五巧，即巧用水、巧撒石、巧用盐、巧点卤、巧加压。

1. 巧用水

将 9kg 大豆碾碎后去皮，用冷水 15L 浸泡 3～4h，然后用石磨或粉碎机磨成豆糊，磨糊时加水量因磨糊方法不同而异，用粉碎机磨糊需加水 30L，用石磨磨糊则只需加 15L 水。然后加水将豆糊稀释至 70L，稀释时切忌用冷水，以免影响豆浆提出率。稀释后即可过滤去渣，并要求用 10L 水将豆渣冲洗两遍。

2. 巧撒石

撒石即是在所得豆浆中撒入约 25g 面粉。通过撒石既可保证豆腐鲜嫩可口，又可使豆腐耐煮、筋性强。撒石可以在稀释前进行，即将面粉撒在豆糊上，用搅板搅匀，然后再稀释；也可在煮浆前进行，即将面粉撒在生豆浆上并搅拌均匀。

3. 巧用盐

即先在缸底放 400g 食盐，然后将煮后的熟豆浆加入缸内进行闷浆。闷浆期间不要搅到缸底，让食盐自然溶解。通过加盐，可加快蛋白质凝固，防止豆浆沉留缸底，还可使豆腐口感纯正，没有苦味。

4. 巧点卤

点卤的要求是："看温度，慢点卤，卤水不能一次足。"卤水用量为 250g，分 5 次使用。点卤要因气温不同掌握好浆温。当气温高于 15℃ 时，闷浆后，将浆温降至 85℃ 后开始点卤，以后每下降 10℃ 点卤一次，当浆温降至 45℃ 时要将 250g 卤水点完。当气温低于 15℃ 时，点卤应从 90℃ 开始，以后每降 5℃ 点卤一次，至浆温降至 65℃ 时，点完最后一道卤。每点一次卤水，用水瓢顺缸边慢慢推浆 5～7 圈。一般点完第五道卤水后，应立即开始压豆腐。如

第四章 豆腐生产新技术

果点浆时浆温和卤水温度掌握得不准确，可在点第四道和第五道卤水时，适当增减卤水量。点完第四道卤水时，可用水瓢从缸中舀起豆腐脑，如果凝块有鸡蛋大小，而且流到瓢沿有弹性，不易断开，证明浆已闷好；否则，要延长闷浆时间，并增加一次卤水量。

5. 巧加压

即压豆腐时，要做到快压、狠压。压力不能低于50kg，如掌握得好，可加大到150kg，以保证成块快，含水少。最好是压两次：第一次是在豆腐浇注入木箱后，系好包布，盖上加压，两人用手按压5min；然后，解开包布，再铺平，盖上压板，上加100kg左右的重物。夏天压20min，冬季压30min。压好的豆腐，放在通风处，凉透后即可。

十九、豆腐高产技术

1. 高产技术之一

中国人民解放军驻集宁某部在豆腐加工方面做了有效的尝试。他们用1kg大豆可平均生产4kg豆腐，最高可达4.5kg，而且所生产的豆腐洁白细腻，有弹性，块形整齐，软硬适宜。其做法如下。

（1）**原料豆处理**　清除杂质，剥去豆皮。

（2）**浸泡**　在浸泡大豆时，按5kg大豆加水15L的用水量加水。浸泡时间因气温不同而异：气温低于15℃时，浸泡6～7h；在20℃时，浸泡5.5h；在25～30℃时，浸泡5h。浸泡时间过长，会增加淀粉和蛋白质的损失量，而浸泡时间过短，则不利于磨浆，出浆少，影响出品率。

（3）**磨浆过滤**　为了多出浆，少出渣，提高出品率，他们采用磨两遍的方法，而且要求磨匀。在磨第一道时，边磨边加15L水，添豆加水要均匀，这样既可磨得细，下浆又快。在磨第二道时，边磨边加水7.5L。

如果用石磨或钢磨磨浆，为了滤浆快，滤得净，需加油脚消泡。即将20～30g油脚倒入5L50℃左右的温水中，搅拌均匀后倒入豆浆内，搅拌均匀，这样5～6min即可消除泡沫。在无油脚时，可用热食油 25～35g 倒入 5L60～70℃的温水中，搅拌均匀倒入豆浆。

滤浆要求滤细、滤净。把第一道磨下的豆浆滤完后，再用 15L 冷水分两次加入豆渣过滤。磨完第一道后，用 15L 冷水洗磨，再将洗磨水同豆浆一起过滤。此外，用 5～6L 冷水洗磨，留作点浆用。

在以上浸泡、磨浆、消泡、滤浆和洗磨等工序，要掌握好用水量和出浆、出渣率。总用水量应控制在 62.5L 左右为宜。用水过多，会使油脂、蛋白质、淀粉等流失过多，而且豆腐粗糙、发黑、松散，出品率低。用水量过少，不易于掌握点浆，且豆腐粘包。

（4）**煮浆**　煮浆时要用温火加热，不得用大火，以防煳锅、溢锅。用温火加热至全开后，保持 2～3min，用勺扬浆，以防溢锅，严禁加冷水。

（5）**点浆**　这是保证豆腐品质及出品率的重要一环。点嫩了，凝固不好，浆流失，点老了，出品率低，且豆腐发涩。

煮浆后，将熟浆倒入缸内加盖闷 8～10min，待浆温降至 80～90℃时即可点浆。点浆前先将 100～150g 熟石膏粉投入 3.5～4.0L 洗磨水中搅拌均匀，待 10min 后便可点浆。点浆时石膏水加入要缓慢，且要均匀一致，同时勤搅、轻搅豆浆，不得乱搅。待出现芝麻大的颗粒时，即要停止点浆和搅拌，然后加盖，静置 30～40min，待脑温降至 70℃左右时即可上包。

（6）**上包加压**　上包前先用 20～30℃温水洗包布。上包后要包严，加木盖用 35～40kg 压力，压 2h 左右。

（7）**拆包**　拆包后划成方块，洒上冷水，使豆腐温度下降后，再放在工具盒内用冷水浸泡。冷水要超过豆腐面，与空气隔绝。浸泡时间长短，根据所需软硬程度而定。

在豆腐生产中，除了要掌握好各项操作技术外，还要注意所用的水质、豆质，它们对豆腐质量及出品率均有较大影响。

2. 高产技术之二

山东省牟平县水道镇大疃村周洪玲，用 1kg 陈豆可制出 3.6kg

豆腐生产新技术

豆腐，而且豆腐鲜嫩可口，质地细密有韧劲。一块 250g 的豆腐，可用一根马鬃提起。其做法如下。

（1）**浸泡**　将精选去杂后的大豆投入 20℃ 左右的井水中浸泡 8～9h，直到用手掐无硬感为止。

（2）**磨浆**　在浸泡好的 10kg 大豆中，再加 115L 左右的水，然后带水将豆磨成很细的浆状。

（3）**煮浆**　将磨好的豆浆放入敞口锅内，充分搅拌均匀，然后用急火加热 1h，使浆液升温至 100℃。煮浆时，要每隔 10min 搅动 1 次，共搅动 5 次，以便受热均匀及防止煳锅。煮熟后，立即撤火。

（4）**挤浆**　将煮好的豆浆包入豆腐包里，挤出豆浆，要尽量挤净。

（5）**点卤**　当豆浆温度达 85℃ 时开始点卤，待浆温降至 20℃ 时停止。点卤过程约持续 1h，分 7 次进行，需用卤块 250g。点卤前先将 250g 卤块溶化成 500g 卤水。点卤要"先紧后松"，1～3 次，每隔 6min 点 1 次，卤水用量依次为 75mL、75mL 和 125mL，等 18min 后，进行第 4 次点卤，点卤量为 60mL，以后 3 次，每次相间 10min 左右，每次点卤水 50mL。每次点完卤，要安盖保温。点卤要"冬急夏缓"，冬天挤浆时就开始点卤，夏天等豆浆温度下降后再点卤。

（6）**压豆腐**　点卤后，等豆腐温度降至 65℃ 时，便开始压豆腐，用 60～65kg 力的压力，连续压 10min，要狠、要快。

3. 提高豆腐产量窍门四则

豆腐加工者为了多出豆腐，往往采用各种方法甚至掺假的手段，虽然产量提高了，但是质量降低了，影响了风味及口味。这里介绍几种在确保豆腐质量良好的前提下提高豆腐的产量的方法。

（1）**冷水冲浆**　用传统方法生产豆腐，1kg 黄豆只可生产豆腐 2.5kg，而用冷水冲浆法，产量可提高 30％ 以上。其方法是：将豆浆烧开，倒入圆木桶内，待豆浆冷却到不烫手时，立即倒入 1 桶冷水（磨 5kg 黄豆放 1 桶水），充分搅拌使浆温冷却均匀。倒入冷水后 8～10min，往豆浆里一次撒下 1 勺凝固剂，随之用勺子沿木桶周围的底部轻轻搅 1 圈。再过 6～7min，第 2 次撒凝固剂，用量与第 1 次相同。用勺子在豆浆的中部搅 1 圈，过 5min 后，第 3 次撒凝固剂，用量与前两次相同。这次只在豆浆的最上层搅 1 圈即可。10min 后，豆腐全部生成，进行压包即可。

（2）加碱面　大豆中不溶性粗蛋白质含量一般占粗蛋白质总量的 30%。这些不溶于水的粗蛋白质存在于豆浆中，点豆腐时却不能形成豆腐。若在浸泡黄豆时，按黄豆与碱面 263：1 的比例混合，便可将部分不溶性蛋白质转化为可溶性蛋白质。在点豆腐时凝固形成豆腐，较大程度地提高产量。

（3）以葡萄糖酸-δ-内酯作凝固剂　用半脱脂的豆粕即大豆冷榨取出部分油脂后的豆饼，或大豆加半脱脂豆粕作原料生产豆腐，成本低，产量高，品质好。采用葡萄糖酸-δ-内酯点浆，1kg 黄豆可生产 5～6kg 豆腐，做出的豆腐均匀鲜嫩，没有乳清液流出。其方法是在磨浆时加入 0.2%～0.3% 的纯碱拌匀，磨好后将豆浆加热至 95℃，滤浆分渣，将豆浆调至 2.6～2.8°Bé 时，用葡萄糖酸醋-δ-内酯点浆，可提高产量 20%。

（4）通电水浸泡　生产豆腐的关键技术是防止粗蛋白质过热变性，特别是在处理豆浆时要防止这种现象的发生。传统的方法使豆浆过热产生斑点而发生不均匀的粗蛋白质变性，凝固豆乳时使豆腐产生大片斑点，产品质量差，而且粗蛋白质含量很低。采用如下工艺能保证豆腐品质，提高粗蛋白质含量。具体做法：将大豆原料浸泡在水里，在其膨胀过程中，往水里通入 100～150V、1～2A 的直流电，即采用通电水浸泡处理法，加入温度 45～63℃ 的热水，进行磨浆，分离出豆浆和豆渣。最好采用自分离式钢磨，可降低劳动强度。在 63～121℃ 的温度下对豆浆进行 3s 的超高温杀菌处理，并急速冷却到 80℃，以防止粗蛋白质过热变性。然后按照常规方法进行凝固剂点浆，压包即得美味豆腐。

大豆浸泡液经过通电处理，防止了粗蛋白质凝胶的形成，而且使水萃取粗蛋白质的溶解度合适。经 45～63℃ 的低温处理，控制了配糖体的异味，避免了由高温处理引起的粗蛋白质过热变性和过度胶化问题。

二十、其他豆腐加工新技术

1. 提高豆粕豆腐质量的技术

用豆粕生产豆腐是综合利用大豆资源的重要途径之一，但采用普通方法生产的豆粕豆腐较为粗糙、硬。

有资料报道，在用蛋白质变性程度低的豆粕生产豆腐时，添加适量小麦粉、氢氧化钙或钙盐、含氧酸或含氧酸盐，可以使豆腐的质量大为改善。

（1）小麦粉的利用　在豆粕中添加粒度在10目以下的小麦粉，可加工出光滑细腻、筋道的豆腐，并能提高豆腐的保水力和风味。加工出的油炸豆腐的膨胀性明显增加。分析认为，在这里发挥作用的主要是面筋性蛋白质。小麦粉的添加量以豆粕重量的0.5%～2.5%为宜，若低于0.5%，几乎无效果，而超过2.5%，则会使豆腐稍带红色，且加工油炸豆腐时膨胀性差。

（2）氢氧化钙及钙盐的利用　在豆粕中添加氢氧化钙或钙盐，在煮沸时，它们会与大豆蛋白质缓慢结合，在添加凝固剂后，便可形成良好的组织，而且它们还能与小麦粉相互增效。氢氧化钙的添加量为豆粕的0.03%～0.04%。若要添加钙盐，则以氢氧化钙与弱酸的盐类为宜。

（3）含氧酸及含氧酸盐的利用　在豆粕中添加含氧酸及含氧酸盐，可起到与氢氧化钙相同的作用。可使用的含氧酸有乳酸、柠檬酸、酒石酸、苹果酸等。含氧酸及含氧酸盐的添加量为豆粕的0.07%～0.1%。使用磷酸盐时，以添加0.02%～0.2%的三聚磷酸钠为宜。

2. 无菌豆腐生产技术

（1）均质　将用普通方法制备的豆浆在29.5～39.3MPa的压力下进行均质处理。

（2）脱气　采用一般技术对均质后的豆浆进行减压脱气，其目的主要在于避免凝固时豆腐表面生成气泡。

（3）**点浆**　在豆浆中添加 0.2%～0.3% 的葡萄糖酸内酯进行点浆，再将豆浆装入用聚丙烯等耐热合成树脂制成的容器中，并密封。

（4）**加热**　用高频辐射加热，其辐射时间视容器的形状、容积而异。64mm × 64mm × 32mm 的聚丙烯容器，用 200W、2450MHz 的高频辐射，3min 后，豆浆温度升至 70℃ 左右。高频辐射后的豆浆凝成奶酪状，部分细菌已杀死。

（5）**灭菌**　加压加热灭菌的条件因容器形状和容积大小不同而异。通常温度为 120～140℃，压力为 98～365kPa，灭菌时间 10～40min，灭菌后即成无菌豆腐。

3. 耐贮豆腐加工技术

本法通过添加具有抑菌作用的脂肪酸甘油酯和具有抗氧化作用的维生素 E，使豆腐的贮藏性得以提高，而且此豆腐与采用传统方法生产的豆腐相比，无论在色泽、硬度等外观上，还是在口味、口感等方面均无明显差异。

（1）**原料配方**　新鲜大豆 9.3kg，含 60% 磷脂酰胆碱的大豆卵磷脂 30g，含 17.5% 脂肪酸甘油酯的乳化剂 50g，含天然维生素 E 40% 的乳化剂 40g，硫酸钙 240g。

（2）**生产方法**　将 10kg 新鲜大豆用 1.5 倍清水浸泡一夜后，与水一起磨碎，得豆糊 65kg，再用蒸汽加热到 90～110℃，立即进行分离除渣，得豆乳约 53kg。

先在一容器内依次加入大豆卵磷脂、脂肪酸甘油酯、维生素 E 乳化剂及 170mL 水，混合成均一的液体后，将其加入豆乳，边加边搅拌，得混合豆乳。然后用 0.8kg 水将硫酸钙溶解，再倾入温度为 60～80℃ 的混合豆乳中搅拌均匀，静置 10～20min，待豆乳中的蛋白质凝固后，将凝固物移入不锈钢模具中，从上方加压脱水，再用水漂洗，切成 400g 大小的豆腐块即可。

4. 壳聚糖豆腐加工技术

本技术是以壳聚糖和乙酸为凝固剂生产豆腐，其大致制作工艺如下。

采用熟浆工艺制备豆浆，将大豆进行筛选，室温20℃，浸泡8～12h，浸泡好的大豆无硬心，浸泡后质量为浸泡前大豆干质量的2～2.5倍。加水磨浆，使总用水量为干豆的6倍，95℃左右煮豆糊，保持5min，豆浆过滤先用80目过滤，后用100目过滤。豆浆冷却到设定的凝固温度80℃左右，将0.08％的壳聚糖和1.2％的乙酸作为凝固剂冲入装有豆浆的容器中，保温30min后破脑压榨，用豆腐模具敞开容器作为成型盒，在5kg压力下加压30min，即得豆腐成品。

第二节　豆腐干的制作

一、模型豆腐干

1. 原料配方

大豆50kg，25°Bé盐卤5kg，水400～500kg。

2. 生产工艺流程

大豆浸泡→磨浆→滤浆→煮浆→点浆→涨浆→板泔→抽泔→摊袋→浇制→压榨→划坯→出白→成品

3. 操作要点

（1）浸泡、磨浆、滤浆、煮浆　同豆腐操作。

（2）点浆　将25°Bé的浓盐卤，加水冲淡至15°Bé后作凝固剂。其点浆的操作程序与制盐卤老豆腐时相似，但在点浆时，速度要快些，卤条要粗一些，一般可掌握在像赤豆粒子那样大，铜勺的翻动也要适当快一些。当花缸内出现有蚕豆颗粒那样的豆腐花及到既看不到豆腐浆，又不见到沥出的黄泔水时，可停止点卤和翻动。最后在豆腐花上洒少量盐卤，俗称"盖缸面"。采用这种点浆的方法凝成的豆腐花，质地比较老，即网状结构比较紧密，被包在网眼中的水分比较少。

（3）涨浆（蹲脑）　涨浆时间掌握在15min左右。

（4）**板泔（破脑）** 用大铜勺，口对着豆腐花，略微倾斜，轻巧地插入豆腐脑里。一面插入，一面顺势将铜勺翻转，使豆腐花亦随之上下地翻转，连续两下即可，在操作时，要使劲有力，使豆腐花全面翻转，防止上下泄水程度不一，同时注意要轻巧顺势，不使豆腐花的组织严重破坏，以免使产品粗糙而影响质量。

（5）**抽泔** 将抽泔箕轻放在板泔后的豆腐花上，使泔水渐渐积在抽泔箕内，再用铜勺把泔水抽提出来，可边烧制豆腐干，边抽泔，抽泔时要落手轻快，不要碰动抽泔箕。

（6）**摊袋** 先放上一块竹编垫子，再放一只豆腐干的模型格子，然后，在模型格子上摊放好一块豆腐干包布，布要摊得平整和宽松，以使成品方正。

（7）**浇制** 用铜勺在花缸内舀豆腐花，舀时动作要轻快，不要使豆腐花动荡而引起破碎泄水，将豆腐花舀到豆腐干的模型格子里后，要尽可能使之呈平面状，待豆腐花高出模型格子 2～3mm 时，全面平整豆腐花，以使厚薄、高低一致，然后用包布的四角覆盖起来。

（8）**压榨** 把浇好的豆腐干，移入液压压榨床或机械榨床的榨位上，在开始的 3～4min 内，压力不要太大，待豆腐泔水适当排出，豆腐干表面略有结皮后，再逐级增加压力，继续排水，最后紧压约 15min，到豆腐干的含水量基本达到质量要求时，即可放压脱榨。如果开始受压太大，会使豆腐干的表面过早生皮，影响内部水分的排泄，使产品含水量过多，影响质量。

豆腐干的点浆、板泔、浇制和压榨这四个环节都有豆腐花的泄水问题，如果点浆点得老了，在板泔时要注意不能板得太足，点浆点得嫩了，板泔时就应适当板得足些。另外，在浇制和压榨时也应根据点浆和板泔的情况注意掌握泄水程度。

（9）**划坯** 先将豆腐干上面的盖布全部揭开，然后连同所垫的竹编一起翻在平方板上，再将模型格子取去，揭开包布后，用小刀先切去豆腐干边沿，再顺着模型的凹槽划开。

（10）**出白** 把豆腐干放在开水锅里，把水烧开用文火焖 5min

后取出，自然晾干。这个过程俗称"出白"，经出白可使豆腐干泔水在开水中进一步泄出，从而使豆腐干坚挺而干燥。按照上述工艺每 50kg 大豆能制模型豆腐干 1100 块左右。

4. 成品质量标准

（1）**感官指标**　不粗，表皮不毛，不胖，两面各斜切 11 刀，拉长至 120mm，干丝不断，成品每 10 块重 325～362.5g，外形四角方正，厚薄均匀。

（2）**理化指标**　水≤75％，蛋白质≥16％，砷（以 As 计）≤0.5mg/kg，铅（以 Pb 计）≤1mg/kg，食品添加剂按 GB 2760—2014 标准执行。

（3）**微生物指标**　细菌总数≤50000 个/g，大肠菌群≤70 个/100g，出厂或销售均不得检出致病菌。

二、布包豆腐干

1. 原料配方

大豆 50kg，25°Bé 盐卤 5kg，水 400～500kg。

2. 生产工艺流程

大豆浸泡→磨浆→滤浆→煮浆→点浆→涨浆→板泔→抽泔→摊袋→浇制→压榨→成品

3. 操作要点

布包豆腐干除成型是用手工包扎外，其他操作工艺过程和规格质量要求与模型豆腐干完全相仿。

（1）**浇制**　布包豆腐干是用 100mm 见方的小布一块一块地包起来的，浇制包布的方法：先用小铜勺把豆腐花舀到小布上，接着把布的一角翻起包在豆腐花上，再把布的对角复包在上面，而后顺序地把其余二只布角对折起来。包好后顺序排在平方板上，让其自然沥水。待全张平方板上已排满豆腐干，趁热再按浇制的先后顺序，一块一块地把布全面打开，再把四只布角整理收紧。

（2）**压榨**　把浇制好的豆腐干移入土法榨床的榨位后，先把撬棍拴上撬尾巴，压在豆腐干上面约 3～4min，使泔水适量排出，待豆腐干表面略有结皮，开始收缩榨距，增加压力直至紧撬，约15min后，即可放撬脱榨，取去布包即为成品。每50kg大豆能制布包豆腐干1000块左右。

4. 成品质量标准

同模型豆腐干。其理化指标中蛋白质≥17%，水分≤70%。

三、模型香豆腐干

1. 原料配方

大豆50kg，25°Bé盐卤5kg，水400～500kg。

2. 生产工艺流程

大豆浸泡→磨浆→滤浆→煮浆→点浆→涨浆→板泔→摊袋→浇制→压榨→煨汤→成品

3. 操作要点

（1）**点浆**　香豆腐干用盐卤的浓度与点浆方法和模型豆腐干相仿，但凝聚的豆腐花比豆腐干要适当嫩一些，这样有利于提高豆腐干的韧度。

（2）**涨浆**　同模型豆腐干。

（3）**板泔**　板泔的方法也与模型豆腐干相仿，但要板得足一些，使豆腐花翻动大，使豆腐花泄水多。应用点嫩板足的办法，使做成的香豆腐干质地坚韧，有拉劲，成品入口有嚼劲，达到香豆腐干坚韧的特色。

（4）**摊袋**　摊袋的方法同模型豆腐干。

（5）**浇制**　模型格子较模型豆腐干的薄，这样有利于在压榨时坯子泄水，提高香豆腐干质地坚韧和韧劲，浇制成型的方法与模型豆腐干基本相仿。

（6）**压榨**　香豆腐干能否达到坚韧，压榨是最后一环，它的压榨方法与模型豆腐干相仿，但要压榨得较为强烈，使其坯子有较大的出水，达到产品坚韧要求。

（7）**煨汤**　煨煮香豆腐干的料汤，系用茴香、桂皮及鲜汁配制而成，用料标准按每千克香豆腐干加盐100g、茴香25g、桂皮

75g、鲜汁 1000g 和水若干。料汤煮开后，把香豆腐干坯浸入在料汤内，先煮沸，然后用文火煨，煨汤时间最低不能少于 20min，有条件的，可以煨 1～2h，经过煨汤，香豆腐干色、香、味俱佳。煨汤时间越长，香豆腐干的色、香、味越佳。每 50kg 大豆能制模型香豆腐干 2800 块左右。

4. 成品质量标准

（1）感官指标 每十块重 200～325g，块形四角方正，厚薄均匀，不粗，表皮不毛，对角折而不断，色泽均匀。

（2）理化指标 含水量≤70％，蛋白质≥18％，砷（以 As 计）≤0.5mg/kg，铅（以 Pb 计）≤1mg/kg，食品添加剂按 GB 2760—2014 标准执行。

（3）微生物指标 细菌总数≤50000 个/g，大肠菌群≤70 个/100g，出厂或销售均不得检出致病菌。

四、布包香豆腐干

1. 原料配方

大豆 50kg，25°Bé 盐卤 5kg，水 400～500kg。

2. 生产工艺流程

大豆浸泡→磨浆→滤浆→煮浆→点浆→制坯→划块→包布→压榨→煨汤→成品

3. 操作要点

（1）点浆 与模型豆腐干相仿。

（2）制坯 把豆腐花包布摊放在香豆腐干坯子的大套圈里，舀入豆腐花把布拉平后，再把布的四角覆盖好，即往上榨加压，使一部分水分泄出去，所得的坯子较老豆腐老一些，但坯子含水量仍较高，含水量在 85％左右，然后把坯子翻出在平方板上。

（3）划坯 按香豆腐干的大小，划成块状，备布包。

（4）布包 用 100mm 见方的小布，把划好的坯子用布包按对角收紧包好后，然后顺序整齐排列于平方板上，准备上榨。

（5）压榨 压榨的方法与压榨豆腐干的方法相同，但要压得干一些，其水分要低于豆腐干，待符合要求后，放撬脱压，剥下包布即为香豆腐干白坯。

（6）煨汤 与模型豆腐干相同。每50kg大豆能制布包香豆腐干2500块左右。

4. 成品质量标准

同模型香豆腐干。

五、高弹性干豆腐

本成品是以新鲜大豆为主要原料，在传统干豆腐制作工艺基础上，主要采用超高压微射流均质预处理技术和蒸汽喷射煮浆系统生产出的弹性高、品质及感官好的干豆腐。

1. 生产工艺流程

新鲜大豆→清理→浸泡→热烫→磨浆→浆渣分离→生豆浆→超高压微射流均质→蒸汽喷射煮浆→点浆→凝固→压水→脱布→包装→干豆腐

2. 操作要点

（1）制浆 将新鲜的大豆原料清理后用纯水浸泡12h以上，浸泡好的大豆用开水烫漂10min，按豆水比1∶5的比例添加弱碱水进行磨浆，浆渣分离后得生豆浆。

（2）超高压微射流均质 先经过普通均质机，在20MPa预先均质混溶，再进行超高压微射流均质，其微射流均质的压力为120MPa。

（3）蒸汽喷射煮浆 将经上述处理的豆浆进行高压蒸汽喷射煮浆，蒸汽煮浆温度为110℃，蒸汽煮浆压力为0.25MPa。

（4）点浆、凝固、压水、脱布、包装 煮浆后加入适量的卤水进行点浆，边滴加边搅拌，点浆后静置一段时间使蛋白质完全凝固形成豆腐花，然后将豆腐花注入模具中压水、脱布后进行包装得到干豆腐。

3. 成品质量标准

色泽：呈均匀一致的白色或淡黄色，有光泽；成片性：片薄，形状好，薄厚均匀；口感：口感细腻；风味：豆香味浓郁，味道纯正清香；弹韧性：弹韧性好。

六、白豆腐干

1. 原料配方
大豆 50kg，盐卤 1.5kg。

2. 生产工艺流程
大豆→浸泡→磨浆→滤浆→煮浆→点浆→成型→压榨→切干（或包干）→成品

3. 操作要点
（1）**浸泡、磨浆**　同豆腐的操作。

（2）**滤浆**　滤浆过程中要添加 60℃的温水，可分次添加，总加水量为 200kg。

（3）**点浆**　每 50kg 大豆磨出的豆浆，在点脑时需要盐卤 1.5kg，加冷水 5kg 调制成卤水。具体操作时，卤水以细流加入，通过搅动使浆液（75～80℃）上下翻滚，以便使卤水和豆浆充分混合均匀。切记搅动不宜过猛，当浆液成脑后大约需要蹲脑 10min。

（4）**成型**　先将模型放在榨盘上，铺好包布，再将豆腐脑泼在包布上并摊开，然后将包布的四角叠起来包脑。重复上述操作，直至豆腐脑泼完为止。

（5）**压榨、切干（或包干）**　将模型放稳进行压榨，时间为 20min，除去大量的水分，使其成大块豆腐干。将压榨后的大块白豆腐干的包布揭开去除，按 6.5cm×6.5cm×1.2cm 的规格切成方块，即为白豆腐成品。每 50kg 大豆可生产出约 125 块成品。

4. 成品质量标准
（1）**感官指标**　色白，味道平淡，清香，品质柔软有劲。

（2）**理化指标**　水分≤75％，蛋白质≥14％，砷（以 As 计）≤0.5mg/kg，铅（以 Pb 计）≤1mg/kg，食品添加剂按 GB 2760—2014 标准执行。

（3）**微生物指标**　细菌总数≤50000 个/g，大肠菌群≤70 个/

100g，出厂或销售均不得检出致病菌。

七、蒲包豆腐干

蒲包豆腐干是以蒲包代替包布或模型制成的产品，其形状呈圆形。根据蒲包的大小，可分为大圆、二圆、三圆三个规格。现在市场上供应的一般是二圆，制作技术上点浆、涨浆、板泔和抽泔与豆腐干相仿，但浇制以后有所不同。

1. 原料配方

大豆 50kg，25°Bé 盐卤 5kg，水 400～500kg。

2. 生产工艺流程

大豆浸泡→磨浆→滤浆→煮浆→点浆→涨浆→板泔→抽泔→浇制→压榨→出白→成品

3. 操作要点

（1）浇制　在浇制前，需先把蒲包浸在热的豆腐下脚泔水里，使蒲包的温度提高，以免浇入的豆腐花很快冷却，然后用特制的长嘴小簸箕那样的铜勺，把需要量的豆腐花舀入蒲包内，然后把蒲包上沿往同一方向旋转，旋紧，压紧袋内的豆腐花。再把上口翻剥下来压盖在旋转点上面，使蒲包固定形状，并依次放在平方板上，让其自然沥水，待平方板放满后趁热按先后次序整理收紧蒲包。在旋紧蒲包时，如果蒲包内的豆腐花过多就取出些，少了就补足。然后第二次把蒲包中间旋转旋紧，同样把蒲包口翻剥下来盖在蒲包上，并依次排列在平方板上。整个操作过程要快速，要使豆腐花保持一定的温度，否则用冷豆腐花是做不好产品的。

（2）压榨　与制豆腐干基本相仿，但由于蒲包孔眼较之棉布稀松，所以豆腐花很容易泄水，上榨加压要适当，以免过度，影响含水量的要求。

（3）出白　由于蒲包豆腐干泄水较多，含水量低，产品坚实，所以在出白的开水锅里可以加极微量的碱，这样经出白加工后的蒲包豆腐干表面微小毛粒在弱碱作用下剥落，所以一经晾晒，产品就带有明显的光亮度，色泽很理想。每 50kg 大豆能制蒲包豆腐干

120 块左右。

4. 成品质量标准

（1）感官指标　每 10 块重 525～575g，大小均匀，质地坚韧，切丝不断，表皮不毛，发光，四周无裂缝。

（2）理化指标　水分≤38％，蛋白质≥20％，砷（以 As 计）≤0.5mg/kg，铅（以 Pb 计）≤1mg/kg，食品添加剂按 GB 2760—2014 标准执行。

（3）微生物指标　细菌总数≤50000 个/g，大肠菌群≤70 个/100g，出厂或销售均不得检出致病菌。

八、猪血豆腐干

它是一种在传统猪血丸子的基础上，采用现代工业方法，通过改进工艺研制而成的一种富含铁质、风味独特的新型豆腐干制品。猪血豆腐干成品为深褐色干制品，带有肉制品及豆制品的烤香，风味独特，质地软硬适中，最终含水量为 10％左右。

1. 工艺流程

选料→泡料→磨碎制浆→煮浆→点脑→蹲脑→初压→混合（猪血、调料）→压榨成型→干制→成品

2. 操作要点

（1）豆腐料制作　选颗粒饱满、无虫蛀大豆，根据季节的不同，春秋季浸泡 12～14h、夏季 6～8h、冬季 14～16h。夏季浸泡至九成开，搓开豆瓣中间稍有凹心，中心色泽略暗；冬季泡至十成开，搓开豆瓣呈乳白色，中心浅黄色，pH 值为 6。浸泡好的大豆要进行水选或水洗，然后淋干水分进行磨浆，加入沸水进行搅拌，豆∶水为 1∶8，以加速蛋白质的逸出，最后离心过滤，得到豆乳。把豆乳加热至沸腾，保持 2～3min，使蛋白质变性，同时起到灭酶、杀菌作用。用卤水进行点脑，一般先打耙后下卤，卤水量先大后小，脑花出现 80％停止下卤、点脑，然后静置 20～25min，蹲脑，开缸放浆上榨，压榨时间为 20min 左右，压力为 60kg，制成含水量较低的豆腐料。

（2）**猪血预处理** 把鲜猪血通过细滤过滤，然后加入 0.8％的氯化钠，放入冰箱（或冷库）待用。

（3）**调料处理** 先把精瘦肉、生姜、香葱分别捣成浆，加入食盐、味精、五香粉等配料，搅拌均匀备用。

（4）**混合** 把制好的豆腐料、猪血、调料一起加入配料缸搅拌，使之混合均匀。

（5）**压榨成型** 混合均匀的原料，上榨进行压榨，并按花格模印顺缝打刀，切为整齐的小块。

（6）**烘干** 把豆腐块放入烘箱中进行烘干，一般采用热风干燥，干燥温度为 50～60℃，时间为 8～10h。

九、可保藏全豆豆腐干

这里介绍的是一种把大豆全部利用做成富含膳食纤维豆制品的生产技术。

1. 生产工艺流程

鲜豆渣→脱水→干燥→膨化→粉碎→过筛→膨化豆渣粉→加水冲调

大豆→筛选→漂洗→浸泡→磨浆分离（分离出鲜豆渣）→生豆浆→混合

煮浆→滤浆→冷却→点浆→打包→压榨成型→煮制调味→晾干→二次煮制→真空包装→杀菌→成品

2. 操作要点

（1）**选料、筛选、漂洗** 选用无虫蛀、无霉烂、色泽光亮、子粒饱满的大豆。先通过筛分去除一部分杂质，再经过漂洗去除大豆表面的杂质。

（2）**浸泡** 将漂洗后的大豆加入 2.5 倍的清水，室温下浸泡 8～12h。

（3）**磨浆分离** 用多功能磨浆机进行磨浆，磨浆时加入大豆重 3～4 倍的清水，分离出豆渣。

（4）**鲜豆渣处理** 先经离心脱水，然后经温度 80～100℃，空气流速 2～4m／s，时间 4～5h 的热风干燥，使水分降低到 15％～

17%，再均匀地送入螺杆挤压机进行膨化处理，膨化温度150～170℃，膨化后经冷却、粉碎，过80目筛成膨化豆渣粉。

（5）煮浆　膨化豆渣粉加入5倍的水调成浆与生豆浆混匀煮制。在明火直热容器中煮制要防止火势过猛造成糊底，有条件的可把蒸汽导入浆缸内直接用蒸汽加热。煮浆时不停搅拌，加入1.0%左右的蒸馏脂肪酸甘油酯以消除泡沫，煮沸5min后，滤入其他缸冷却点浆。

（6）点浆　冷却到85℃时，加入温水化开的适量凝固剂（石膏），提动提子均匀混合，使凝固剂与大豆蛋白充分反应，当上层有养花出现后再轻轻提动几次即可，防止破坏已结合的蛋白网络结构，静置7～10min后上层出现大量水俗称卤水，下层生成凝固蛋白俗称豆腐脑，温度降到50℃上下时开始打包成型。

凝固剂用量，以100kg大豆用2.2～2.8kg为宜，过多则制品有苦涩味，不足则蛋白不能完全凝固。

（7）打包成型　舀取适量豆腐脑用15cm²的布片包成4cm²的块状于平木板间压榨成型。榨出大部分水分，成品豆腐干每块30～40g。

（8）调味　把调料包先在夹层锅中煮开30min，加入水量2.5%的食盐，然后加入豆腐干，煮开后微火加热，保持在95～100℃，30min后轻轻捞出，于阴凉通风处晾透，再如此浸煮30min晾透即可。

调料包的配制：水100kg，大茴香、小茴香各60g，桂皮80g，月桂叶、花椒各30g，山奈、良姜各40g，白蔻25g，生姜200g。可根据不同习惯对豆腐干的色泽、口味的要求适当加入酱油、辣椒等。

（9）真空包装、杀菌　将上述制得的产品经真空包装后，利用微波加热杀菌（频率2450Hz、功率50W），杀菌后即为成品。

十、卤煮豆腐干

1. 生产工艺流程

大豆→浸泡→磨浆→滤浆→煮浆→点浆→蹲脑→破脑→浇制→

压榨→切片→炸煮→包装→杀菌→成品

2. 操作要点

（1）**浸泡** 将大豆经除杂、计量倒入浸泡容器中进行浸泡。浸泡的条件同普通豆腐生产。

（2）**磨浆** 用磨浆机进行磨浆，磨浆时加入大豆重4倍左右的清水。

（3）**滤浆** 把磨好的糊浆送入离心机后，加少量水，搅拌均匀，开机离心，再加水，再离心，反复3～4次，直至用手捏豆渣感到不粘也散即可。滤浆时应注意水量和水温。加水量少，影响蛋白质抽提率；加水过多，影响点脑成型，黄浆增多，营养成分散失多。一般1kg大豆加水4kg左右，滤浆时再加水约4kg，水温控制在50℃左右。

（4）**煮浆** 煮浆温度达到95～98℃，并沸腾3～5min，升温时间不超过15min。沸腾后要注意止沸，或降低温度，防止溢锅或煳锅。不得将生浆或冷水加入。煮浆后，用80～100目的铜纱滤网过滤，再进入点浆工序。

（5）**点浆**

① 凝固剂用量及配制 每20kg大豆用1.5～2.0kg的盐卤水，点浆时温度控制在80℃，上下不超过5℃。盐卤浓度为25°Bé。大约1kg盐卤对水4kg即可。

② 凝固剂的添加方法 使用点浆的方法，上下搅拌熟浆，使浆从缸底向上翻滚，然后将凝固剂慢慢加入，边加边搅。当缸内出现50%芝麻粒大小的碎脑时，搅动逐渐放慢，出现80%碎脑时，停止搅拌使其凝固。搅拌时方向一致，不能忽正忽反，更不能乱搅。

（6）**蹲脑** 点浆后豆浆就转变成豆腐脑。等待凝固完毕的过程叫蹲脑，是蛋白质与凝固剂充分作用的过程。此时缸不能受震动，以免影响凝固。

（7）**破脑** 把豆腐脑适当打碎，排出包在蛋白质周围的黄浆水，要求破碎程度较大。

（8）浇制　先用煮沸的碱水将包布煮一段时间，以达到消毒的目的，再用清水洗净。将包布错角铺在铝制方框内，方框高大约为 5cm，再将豆脑快速轻轻地舀入包布上，然后对角拢好包布，即可上榨。

（9）压榨　把装好的模型框移入榨位，层层重叠，放 5～8 层，最上一层铺压一块平板，将旋板旋压下，到黄浆水不再排出时即可下榨，大约 15～20min。

（10）切片　下榨后的模型框反放在消毒后的铝板上，用细线将成型的豆腐割成上下两层，然后再用井字形框线将豆腐切成豆腐片。切割时注意每次下切的速度要快，这样豆腐干后的形状较光滑，成品外形美观。

（11）炸煮　炸煮过程是决定豆腐风味的主要过程。

① 炸制　采用的油是棕榈油或棕榈油与猪油的混合油，为防止油在高温过程的变质，及豆腐片浮出油面，可采用连续密闭式油炸设备。油温控制在 150～180℃，炸制时间约 2min。

② 卤煮　豆腐干滋味的形成通过卤煮完成。下面是适合北方地区口味的卤煮配方：炸制后的豆腐片 5kg、酱油 1.5kg、盐 0.5kg、白酒 0.5kg、桂皮 75g、大茴香 100g、花椒 100g、生姜 200g、白糖 0.5kg、陈面酱 250g。如果销往南方，可适量增加白糖用量，同时可添加橘汁、牛奶等，生产出风味各异的豆腐干。

卤煮时用电热敞口锅即可。加入配好的料液，倒入炸制过的豆腐干，料液没过豆腐干，煮制到料液耗尽时，倒锅重新加好料液，使原来上面的豆腐干没到下面，再煮一次，出锅即可。

（12）包装杀菌　包装使用聚乙烯薄膜真空包装。杀菌利用微波加热杀菌，频率 2450Hz、功率 50W。

3. 成品质量标准

（1）感官指标　咸甜适口，香味浓郁，块形完整，质地坚韧，颜色均匀，不苦、不酸、不碜。

（2）理化指标　水分＜68％，氯化钠＜5％，蛋白质≥14％。

（3）微生物指标　细菌总数≤50000 个/g，大肠菌群≤70 个/

100g，出厂或销售均不得检出致病菌。

十一、五香豆腐干

1. 生产工艺流程

大豆→制浆→煮浆→点浆→浇制→压榨→制坯→卤煮→成品

2. 操作要点

（1）**磨浆**　用大豆 50kg，全大料（八角、花椒、小茴香、陈皮、桂皮等）0.5kg，把这些配料和浸泡好的黄豆一起上磨，加水磨成豆浆并煮熟。

（2）**点浆**　做豆腐干时常用卤水点浆，卤水浓度为 25°Bé，0.5kg 卤水对 2kg 清水，然后装进卤壶里，点浆时一手把住壶，一手把住勺子，将卤水缓缓地点入浆内，勺子在浆里不停地搅动，使豆浆上下翻动，视浆花凝结程度掌握点浆的多少，点浆后的豆腐花在缸内静置 15～25min，使其充分凝集。

（3）**浇制**　将豆腐干木制方框模型放在模型石板上，再在模型方框上铺好包布，把豆腐花快速轻轻舀入模型框内，再把包布的四角盖在"舀入"的豆腐花表面上。

（4）**压榨**　把浇制好的模型框逐一搬到木制"千斤闸"架的石板上，移入榨位，将模型框层层叠放，共放 5～8 层，在最上层的模型框上压一块面板，使豆腐闸的撬棍头正对面板，再把撬棍另一端拴在撬尾巴上，然后踩压撬棍，撬头就压榨面板，使豆腐花内的黄浆排出，过一段时间再踩压一次，不断收缩撬距，直至撬紧，黄浆水不断流泄出来，大约压榨 15～20min，就可放撬脱榨。

（5）**制坯**　将模型框子逐一取下，揭开包布，底朝上翻在操作台板上，去掉模型框，揭去包布，成型的豆腐干坯即脱胎出来，用刀修去坯边，再把豆腐坯按 5cm×5cm 大小用刀切成整齐的小方块。

（6）**卤煮**　切成小块的小豆腐干放进盛有卤汤（卤汤的配料为每 1000 块豆腐干，用食盐 100g、酱色 75g、五香粉 50g，加适量水）的锅里卤煮，卤煮时间每次不得少于 20min，煮后晒（或晾）干，这样反复煮晒 3 次即成五香豆腐干制品。

3. 成品质量标准

（1）感官指标 块形整齐，色泽深褐，质地坚实，味道芳香。

（2）理化指标 水分≤75%，蛋白质≥14%，砷（以 As 计）≤0.5mg/kg，铅（以 Pb 计）≤1mg/kg，食品添加剂按 GB 2760—2014 标准执行。

（3）微生物指标 细菌总数≤50000 个/g，大肠菌群≤70 个/100g，出厂或销售均不得检出致病菌。

十二、软包装汀州五香豆腐干

1. 生产工艺流程

大豆→浸泡→磨浆→过滤→煮浆→冷却→点浆→保温凝固→压榨成型→脱布切片→卤制→烘烤→冷却→内包装→杀菌→冷却→外包装→成品

2. 操作要点

（1）大豆筛选、浸泡 选择色泽光亮、子粒饱满、无虫蛀和无霉变的新鲜大豆为原料。将大豆除杂后进行浸泡，浸泡温度为 20℃左右，不可超过 30℃，时间 10～15h。

（2）磨浆、过滤 利用磨浆机进行磨浆，加入泡好大豆 5 倍 95℃的水，磨浆时间 4～6min。要求磨浆后浆汁粗细要均匀、细腻，磨制的粒度应在 3μm 以下。磨浆后趁热用 60 目纱布过滤。制得豆浆的浓度为 12%，pH 为 7.5。

（3）煮浆、冷却、点浆 煮浆至沸腾持续 5min，防止溢锅。将浆液冷却到 30℃，加入 0.25%的葡萄糖酸-δ-内酯（葡萄糖酸-δ-内酯与豆浆混合前，用少量凉开水或凉热浆溶后混合均匀，以免添加不均）。

（4）保温凝固、压榨成型 将混合液加入铺好包布的木制带格板（格子长宽 12cm×12cm 规格）方框内，然后在 80℃进行保温凝固 30min。取出后立即推入冷却间快速降温成型。然后包好布上架进行压榨，以 35g/cm² 强度（3.43kPa 的压力）进行压榨，压榨时间为35min，松榨后按格子印划开。

（5）**卤制** 将香辛料用纱布包扎好，加适量水放入夹层锅中加热至沸，冷却后投入白糖、食盐、味精和酱油，再将刚划好的豆腐块投入卤汁中浸制使其上味，总的卤制时间为2.5h。捞出滤干摊筛。卤汁配方（50kg豆腐块）：甘草65g、大小茴香各85g、肉桂45g、公丁60g、桂皮48g、香苏35g、白糖200g、食盐1.5kg、酱油75g、味精40g、栀子80g。

（6）**烘烤、冷却、内包装** 选择较低的烘烤强度进行烘干，温度为60℃，烘烤时间为3.5h。而后直接放入预冷间预冷，用清洁的空气机强制冷却，然后对成品进行内包装。

（7）**杀菌、冷却、外包装** 采用高压杀菌，反压冷却，其杀菌公式为：$10'—15'—10'/121℃$，杀菌结束后冷却至常温再进行外包装即为成品。

3. 成品质量标准

（1）**感官指标** 色泽均一，呈咖啡色，半透明状，且质韧耐嚼，食之使人感到甜、香、甘、咸四味俱全，回味悠长。

（2）**理化指标** 水分≤25%，蛋白质≥30%，脂肪≥10%，灰分≥0.3%。

（3）**微生物指标** 细菌总数≤50000个/g，大肠菌群≤70个/100g，致病菌不得检出。

十三、四川南溪豆腐干

南溪豆腐干是以南溪县得天独厚的纯天然原材料，加以历史传承的传统生产工艺，配合现代新技术，生产出的新一代豆制品休闲小食品。该产品具有色泽光亮、质地密实、有弹性、形状均匀、滋味细腻、咸淡适口、细韧耐嚼等特点。

1. 生产工艺流程

原料选择→浸泡→磨浆→滤浆→煮浆→过滤→点浆→蹲脑→压榨→加压成型→白坯冷却→造型→过碱→清洗→卤制→烘烤→拌料调味→真空包装→杀菌→冷却→产品

2. 操作要点

（1）原材料选择　选择水分含量小于8%、具豆香味、金黄色、有光泽的优质黄豆。

（2）浸泡　把选好的黄豆分别倒入泡豆池里，每一池大约放黄豆250kg，然后加水泡豆，黄豆和水的比例一般为1：6。泡豆时间一般为5～12h，夏天以5～8h为宜，冬天以8～12h为宜。泡豆期间，每隔2h搅拌1次。

（3）磨浆、滤浆、煮浆　把泡好的黄豆放到磨浆机里磨豆浆。黄豆和水的比例是1：6。磨出的豆浆要经过3次离心处理，把豆渣和豆浆经过3次分离，才能做出优质的豆浆。第3次离心以后，分离出的豆浆要经过煮浆处理，煮豆浆的温度为90～110℃，气压0.3MPa，煮制5～15min。煮浆以后要经过滤将残渣去除制得优质豆浆。

（4）过滤、点浆　把经过筛浆处理后的豆浆通过管道输送到点浆桶里，同时用筛网把豆浆再次过滤。用卤水（氯化镁水溶液，一般1kg氯化镁对4kg水）点浆，用卤水点浆时豆浆的最佳温度为80℃。点浆时边搅动边均匀点入卤水，点至熟浆呈现出豆花时为止，一般卤水和豆浆的比例是1：500的用量。

（5）蹲脑　豆浆凝固后，需静置5min左右，组织结构才能稳固，待豆浆中的蛋白质完全胶结、凝聚、沉淀，形成了豆花，把豆花上的水滤出。

（6）压榨　用打豆花器把豆花打碎，同时把包豆花的包布铺好，用勺子把豆花舀进已铺好包布的托盘里，铺平以后，用包布将豆花包起，盖上木板。每一块规格是42cm×43cm，重量大约1100g，现在生产的豆腐干一般厚度为3～5cm，每一桶豆花一般可以包31～32层。

（7）加压成型　把包好的豆花放到压榨机的中心，四面对齐，压榨时压力要适宜，一般31～32板豆腐花施加压力11.76～17.64kPa，保持20～25min。待包布内无水滴流出，而且豆腐坯呈绵软而有弹性，即可停止施加压力，这样制作出来的是白坯豆腐干。

（8）白坯冷却　将厚薄均匀的豆腐坯与榨板一一取下，剥去外面包裹的包布，把豆腐坯倒在另一块板上。再把白坯豆腐干放到传送带上，传送带上方的吹风机会把白坯吹凉，然后把冷却的白坯收起，等待造型。

（9）白坯造型　无论用人工或机械切片，都要求切成厚薄均匀、片形整齐的豆腐干。切好的豆腐干水分含量应在60%以下。

（10）过碱　1kg食用碱加水150kg，把碱水烧开，将经过造型后的白坯豆腐干倒入碱水中，搅拌5～8min，经过过碱处理后，可以使豆腐干更细嫩、光滑。

（11）清洗　将过碱后的豆腐干捞出后放到簸箕里，倒清水清洗，要把留在豆腐干表面的碱水充分洗净，需要反复清洗5min。

（12）卤制　首先制作卤汁，把八角、胡椒、丁香、茴香、桂皮、香果、红蔻、白蔻、纯天然名贵中药等配料一起放入150kg水里，再加入1kg盐进行熬制，先加大蒸汽压力把水烧开，然后减压熬制2h，把调料捞出，剩下的就是卤制豆腐干的卤汁了。把豆腐干放到卤汁里卤制30min，卤制过程中要不停地搅拌，30min后捞出。

（13）烘烤　将卤好的豆腐干捞出，码放在烤盘里，豆腐干之间不要有重叠，摆放也不要太靠边，以免受热不均。把码好豆腐干的烤盘放到烘烤车上，上下烤盘之间距离8cm左右，烤盘放好后，把烘烤车推进烤箱里，用80～100℃的温度烤15min左右即可。在烘烤过程中，每隔5min就要把烤盘换一下位置。烘烤完毕，把烘烤车从烤箱里拉出，冷却20min，然后倒入贮物箱里，放进冷藏室冷藏6～10h，送入拌料车间。

（14）拌料调味　配制各种辅料，辅料中要加入油、花椒粉、盐、糖、辣椒，口味不同，配料也不同，用量根据需要确定。每次把50kg的豆腐干放到搅拌机里，再放上调好的调味料，充分搅拌，混合均匀，到封装车间进行装袋。

（15）真空包装、杀菌　按照不同规格把豆腐干装入内包装袋。

包装后的产品在 120℃下杀菌 35min，再保温 35min，冷却 10min，杀菌之后再经冷却即为成品。

十四、豆片

豆片是一种薄如卷帕的片状品，利用豆片可以加工出多种产品。

1. 工艺流程

点浆→蹲脑→打花→浇制→压制→揭片→切制→成品

2. 操作要点

（1）点浆　用盐卤为凝固剂，盐卤水质量分数为 12%，豆浆质量分数控制在 7.5%～8%。加适量冷水将煮沸后的豆浆温度降到 85℃时点浆。

（2）蹲脑　点浆后蹲脑 10～12min，然后开缸，用葫芦深入缸内搅动 1～2 次，静止 3～5min 后适量吸出黄浆水，即可打花。

（3）打花　把打花机头插入缸内转动，将豆脑打成米粒大小时就可以浇制。手工浇片时不用打花。

（4）浇制　浇片时要把缸内的豆脑不停地转动和搅动，不使豆脑沉淀阻塞管道口。随着浇片机的转动，把浇豆片的底布和上面的盖布同时输入豆片机的钢丝网带上。豆脑通过管道和刮板均匀地浇在底布上，随后上布自动盖上，浇制豆脑的厚度为 5～6mm。浇好的豆脑经过自然脱水，放上压盖和重物预压。

（5）压制　首先在特制箱套内预压，预压的目的是使豆片基本定型，加压时不会跑脑、变形。预压时间 5～8min，压力为 10kg。预压后取走箱套，放在压榨机内加压，加压时间约 15min。

（6）揭片　压好的豆片都粘在片布上，需要用专用揭片机把豆片揭下，并把上、下面布卷在小轴上，以便再用。

（7）切制　豆片经揭片机揭下后要进行人工整理，去掉软边切成长×宽为 55cm×40cm 的整齐的豆片，根据产品的需要再切成各种丝、条。

第三节　油豆腐的制作

一、油豆腐

油豆腐也称为三角油豆腐、大方油豆腐、油条子、细油条子等。其特色：油炸类豆制品的外表，色泽金黄，气味清香，内心呈海绵状，富有弹性，口味油糯。

油豆腐可以煮肉，也可以烧菜或做炒素、荤菜的配菜。还可以塞肉加香料红烧，三角油豆腐塞肉馅红烧滋味可口，食用方便。适宜于伙食团、饮食店使用。油条子可做炒菜用，如油条子炒塔菜、油条子炒黄豆芽、油条子炒菜等都是家庭中的大众菜。在素食馆里，油炸豆制品的使用范围就更广泛了。

1. 原料配方

大豆 50kg，25°Bé 盐卤 5kg，食油 6kg 左右，水 500kg。

2. 生产工艺流程

大豆浸泡→磨浆→滤浆→煮浆→点浆→涨浆→板沺→抽沺→浇制→压榨→划坯→油炸→成品

3. 操作要点

（1）点浆　制油豆腐的豆浆比其他成品的豆浆淡一些，一般 100kg 大豆可制豆浆 1000kg。为促进油豆腐的发泡，可在熟浆中加入 10% 的冷水，点浆时豆浆温度宜掌握在 85℃ 左右，凝固剂宜用 25°Bé 盐卤用水稀释到 10°Bé，点浆的方法同豆腐干。

（2）涨浆　涨浆时间不要太长，控制在 5～10min。

（3）板沺或汰沺　板沺的方法与豆腐干相同，但一定要把板插入花缸底部，要板两下，要板足，使豆腐花翻得彻底。只要把豆腐花点足、板足，会使油豆腐发得透、发得足。汰沺就是在盐卤点浆成熟后，虽盐卤停止点入豆浆，但铜勺仍应继续不停地左右搅动，使豆腐花继续上下翻动，使沺水大量泄出，豆腐花全面下沉为止，这个工艺俗称"汰沺"。相比之下，采用"汰沺"工艺制作的油豆腐比"板泔"法的产品发得透、发得足，但得率略低些。

（4）**抽泔**　方法与豆腐干相同。

（5）**浇制**　先在油豆腐套圈内摊好布，浇制的方法同豆腐干。

（6）**压榨**　油豆腐坯子浇好后，应移入榨床，加压受榨 15min 左右即可，油豆腐坯子不宜榨得太干，太干油豆腐发得不透，太嫩，水分太多，油炸时不宜结皮，耗油多，油豆腐坯子的老嫩程度应介于豆腐干和老豆腐之间。采用汰泔工艺的油豆腐坯子浇好后，不必上榨，只要坯子压坯子就可以了。

（7）**划坯**　划坯应在坯子热时进行，坯子冷却后，刀口会引起毛粒，油炸时要增加耗油量，坯子可根据需要划成小方块、三角形、大方块及粗细的条子等各种形状。

（8）**油炸**　待坯子冷透后进行。油温高低应根据坯子的老嫩而定，坯子嫩的，油温要高，掌握在 155～160℃，坯子老的，油温要低，可掌握在 145～150℃，一般油炸 7～8min 即成熟。每 100kg 大豆能制油豆腐 110kg 左右。

（9）**做好油豆腐的注意要点**

① 坯子的老嫩程度要掌握好。太老要使油货不发，太嫩会使油货不结皮或爆裂，增加耗油量。

② 炸得太老，油豆腐结皮过硬，既耗油又不适口。

③ 炸得太嫩要瘪下去，泡不开，也不好吃。当坯子炸了 7～8min 将成熟时，可以先取几只放在灶边观察，如果还要瘪下去，应再炸一些时间。

④ 油温太高，坯子下陷，马上结皮不发，应采取紧急措施，迅速抑制炉火，降低炉温，并把坯子用笊篱捞出，在油豆腐上洒水，一直洒到坯子发软，再油炸，可使油豆腐发透发足。

4. 成品质量标准

（1）**感官指标**　皮薄软糯，不实心（油豆腐、三角油豆腐、油条子均相同）。规格：油豆腐 140～160 只/kg，大小均匀；三角油豆腐 40～50 只/kg，大小均匀；油条子，条长 67～70mm，220～260 根/kg，长短大小均匀。

（2）**理化指标** 油豆腐水分≤60％，蛋白质≥22％。三角油豆腐水分≤68％，蛋白质≥20％。油条子水分≤50％，蛋白质≥25％。砷（以 As 计）≤0.5mg/kg，铅（以 Pb 计）≤1mg/kg，食品添加剂按 GB 2760—2014 标准执行。

（3）**微生物指标** 细菌总数≤50000 个/g，大肠菌群≤70 个/100g，出厂或销售均不得检出致病菌。

二、油方（即水油豆腐）

油方的特点是含水量比较高，口味肥嫩，油香软糯。它的食法有配荤素食品烧煮作菜、做油方粉丝汤。由于口味肥嫩、油香、软糯别具风味，是深受人们喜爱的小吃。

1. 原料配方

大豆 100kg，25°Bé 盐卤 10kg，食油 10kg，水约 1000kg。

2. 生产工艺流程

大豆→制浆→点浆→涨浆→浇制→压榨→成品

3. 操作要点

（1）**大豆制浆** 同油豆腐。

（2）**点浆** 将 25°Bé 的盐卤用水冲淡到 10～12°Bé 作凝固剂。点卤时，卤条要细，像绿豆般粗，铜勺搅动要缓慢，但一定要使豆腐花上下翻转方行，待翻上来的豆腐花全部凝集呈豆粒状，渐渐看不到豆腐浆时，就可停止点卤和翻动，并在缸面上稍微洒些盐卤即可。

（3）**涨浆** 一般需要涨浆约 20min。

（4）**浇制** 先把豆腐包布摊在划方坯子的套圈上，然后浇豆腐花，浇豆腐花时，可先把缸面的豆腐用铜勺撒几下，使豆腐花有微量的出水（俗称"开缸面"），就可浇制，浇制时落手要轻快灵活，减少豆腐花的破碎泄水，以免影响成品的质量和口味。

（5）**压榨** 当油划方一板一板往上浇制时，下面受压的即自行排出水分，待全部浇完时，再按顺序将上面逐板放在下面，通过这样上下翻转，坯子压坯子，可达到排水的要求。每 100kg 大豆能制油方 150kg 左右。

4. 成品质量标准

（1）**感官指标**　60～80 只/kg，大小均匀，各面结皮，不花皮，不碎。

（2）**理化指标**　水分 82%，蛋白质 10%，铅（以 Pb 计）≤1mg/kg，食品添加剂按 GB 2760—2014 标准执行。

（3）**微生物指标**　细菌总数≤50000 个/g，大肠菌群≤70 个/100g，出厂或销售均不得检出致病菌。

三、优质油豆腐

1. 生产工艺流程

选料→脱壳→浸泡→清洗→打浆→滤浆→煮浆→点浆→包压→冷却→炸制→成品

2. 操作要点

（1）**选料**　选择当年采收子粒饱满、无虫口的黄豆为原料。

（2）**脱壳**　采用小钢磨脱壳法，把钢磨的活动页门打开，夹一块适当厚度的纸品，把门的螺丝拧紧，在出料口捆上一个布袋。把干黄豆慢慢加入进料口，加工完毕去除豆壳（皮）即可。

（3）**浸泡**　将黄豆投入其 2～3 倍重量的清水中浸泡，夏季浸5～6h，冬季浸 8～10h，以黄豆发胀透心为宜。

（4）**清洗**　将浸泡好的黄豆利用清水反复清洗，除去异味及泥沙等杂质。

（5）**打浆**　将泡好的黄豆加 2 倍重的温水，磨浆 2 次。

（6）**滤浆**　把磨好的浆倒入滤布框架内，用沸水过滤，直到无浑浊的水为止。

（7）**煮浆**　将过滤好的豆浆倒入容器内，烧开后迅速离火，避免浆液流出。这时需将泡沫去除（也可加入适量的消泡剂）。

（8）**点浆**　把石膏粉用水溶解，石膏粉占水的比例为 3%。当豆浆温度为 80℃时进行点浆，用瓢子盛着石膏溶液从高往低冲下，均匀地冲到每个部位，直到泛起豆花似云状时为止。

（9）**包压**　迅速将豆花舀入豆腐框架内，用筷子划散块状进行包装压榨。在模板上压 15～20kg 的重物。

（10）**冷却**　把起好包的豆腐切成若干块，进行冷却。

（11）**炸制**　将油加热至 120～130℃，根据各地习惯按规格切好方块，放入油锅以小火油炸。豆腐会自动翻转，如不翻转可用手工助翻。炸到出现硬壳即离火，捞出，沥干油即为成品。

3.产品特点

乒乓球状，色泽金黄，半透明，味道香脆，富有弹性。

第五章 新型豆腐的生产

第一节 新型大豆豆腐

一、番茄黄瓜菜汁豆腐

1. 生产工艺流程

黄瓜、番茄→预处理→打浆、过滤→番茄汁和黄瓜汁→高温瞬时灭菌

大豆→筛选→水选→浸泡→冲洗→磨浆→过滤→煮浆→调温→点浆→蹲脑→压制成型→成品

2. 操作要点

（1）原料选择

① 黄瓜 选择品种优良、新鲜、无腐烂、色泽深绿的黄瓜。

② 大豆 大豆豆脐（豆眉）色浅，含油量低，含蛋白质高，以白眉大豆为最好。清除陈豆和坏豆，选用粒大皮薄、粒重饱满、表皮无皱、有光泽的大豆。

③ 番茄 选择品种优良、成熟适度、新鲜、无腐烂、果皮及果肉富有弹性及强韧性、具有鲜红的颜色、pH4.2～4.3的番茄为宜。

（2）菜汁制备 将黄瓜和番茄利用清水洗净，然后用刀切块，

送入打浆机进行打浆，所得浆液经过过滤后，采用高温瞬时灭菌，即 86～93℃进行 30s 杀菌，得到菜汁。

（3）**浸泡** 将大豆浸泡于 3 倍的水中，泡豆的水温一般控制在 20℃，可控制大豆浸泡时的呼吸作用，促使大豆中各种酶的活性显著地降低，对应的泡豆时间为 12h。浸泡好的大豆应达到如下要求：大豆吸水量约为 1∶1.2，大豆重量增至 1.8～2.5 倍，容积增至 1.7～2.5 倍。大豆表面光滑，无皱皮，豆皮不会轻易脱落豆瓣，手感有劲。豆瓣的内表面稍有塌坑，手指掐之易断，断面已浸透无硬心。

（4）**磨制** 用大豆干重 5 倍的水进行磨浆，磨出的豆糊重量应为浸泡好的大豆重量的 4.7 倍左右。优质豆糊的要求：豆糊呈洁白色，磨成的豆糊粗细粒度要适当并且均匀，不粗糙，外形呈片状。

（5）**滤浆** 利用 100 目尼龙绸过滤，再用大豆干重 3 倍的 50～60℃的水洗渣。

（6）**煮浆** 豆浆在 95～100℃下煮沸 3～6min。

（7）**点脑** 先将热豆浆降温至 80～84℃，添加灭菌后的菜汁，豆浆与黄瓜汁之比为 200∶60，豆浆与番茄汁之比为 200∶26。点脑要快慢适宜，点脑时先要用勺将豆浆翻动起来，随后要一边适度晃勺一边均匀添加蔬菜汁，并注意成脑情况，在即将成脑时，要减速减量，当浆全部形成凝胶状后方可停勺，然后再用少量蔬菜汁轻轻地洒在豆腐脑面上，使其表面凝固得更好，并且有一定的保水性，做到制品柔软有劲。

（8）**蹲脑** 豆浆经点脑成豆腐脑后，还需在 80℃下保温 30min，等待凝固完全。

（9）**上脑（上箱）** 根据豆腐制品的具体要求，将豆腐脑注入模型中进行造型。

（10）**加压成型** 使豆腐脑内部分散的蛋白质凝胶更好地接近及黏合，使制品内部组织紧密。同时迫使豆腐脑内部的水通过包布溢出。

（11）**冷却** 刚出模型的豆腐制品温度较高，要立即降温及迅速散发制品表面的多余水分，以达到豆腐制品新鲜、控制微生物繁殖生长、防止豆腐制品过早变质的目的，还起到定型和组织冷却稳定的作用。

3. 成品质量指标

（1）感官指标　色泽：淡绿色；滋味及气味：具有纯正的豆香味和黄瓜的清香味，无异味；组织状态：块形完整，软硬适宜，质地细嫩，富有弹性，无肉眼可见外来杂质及异物。

（2）理化指标　水分≤90%，蛋白质≥5%，抗坏血酸5.72mg/100g，胡萝卜素0.23mg/100g，核黄素0.05mg/100g，硫胺素 0.09mg/100g，烟酸 0.49mg/100g，砷（以 As 计）≤0.5mg/kg，铅（以 Pb 计）≤1.0mg/kg。

（3）微生物指标　细菌总数＜50000 个/g，大肠菌群≤70 个/100g，致病菌不得检出。

二、果蔬复合营养方便豆腐

果蔬复合营养方便豆腐是对大豆先进行脱腥，然后制豆浆，并且在豆浆中加入果蔬汁和调味品一并进行高压均质处理制成的口感滑爽，有奶香味和各种天然水果、蔬菜的清香味的一种新型豆腐，可作为点心、冷饮或菜肴直接食用。

1. 生产工艺流程

原料选择及处理→豆浆制备→果蔬汁制备→烧浆调味→凝固成型→包装→杀菌→成品

2. 操作要点

（1）原料选择及处理

① 大豆　为市售当年产新鲜大豆，去除杂质，无霉变，子粒饱满的黄色种皮大豆。

② 蔬菜　为市售新鲜蔬菜，不腐烂，色泽正常。常用的蔬菜有绿叶类青菜、芹菜、香菜等；果菜类有南瓜、番茄等；块根、块茎类有胡萝卜、马铃薯和鳞茎类洋葱等。叶菜类去除根和黄叶，南瓜去除皮和种子，马铃薯去皮，洋葱去除外部干枯鳞片。

③ 水果　为市售新鲜水果，无腐烂变质，色泽正常。可利用的水果有苹果、梨、柑橘、香蕉、草莓、西瓜等，除草莓去花萼外，其余均去皮及果柄和种子。

④ 食用调味品　为市售普通烹调用的食用调味品，如食盐、蔗糖、味精等。

（2）豆浆制备　将去除杂质和霉变子粒的大豆用清洁水进行浸泡，使豆粒充分吸水膨胀，浸泡时间随温度不同而异，在室温20℃的条件下浸泡 10～12h，夏季高温时缩短些，冬季低温时适当延长一些，磨浆前将吸水膨胀的大豆用 95℃ 以上的热水处理 6～8min，然后用高速捣碎机或砂轮磨磨碎，并用 80 目以上滤网过滤去渣，得到的豆浆利用高压均质机在 15～20MPa 的条件下进行均质处理，豆浆的重量为大豆干重的 5.5～6.0 倍。

通过高温处理，大豆中的脂肪酸氧化酶就可失活，磨浆过程中基本上不产生豆腥味，这种方法较简单易行，成本也较低。

（3）果蔬汁制备　水果先清洗干净，去除腐烂、残次果并去皮、去核，打浆前先切片，并在沸水中煮一下，以防褐变。蔬菜洗净，去根并剔除枯黄叶，瓜类和块根块茎类蔬菜去皮、切块并在沸水中煮 2～3min。绿叶菜放到沸水中煮一下，并立即和豆浆一起放到高速捣碎机或打浆机中粉碎成菜汁。其余水果或蔬菜经预处理后适当加水捣碎打浆，然后用粗纱布过滤，去除种子和纤维残渣。最后，将果蔬汁放到高压均质机中在同豆浆相同的条件下进行均质处理。

（4）烧浆调味　将已制备好的豆浆和果蔬汁，根据不同产品的不同要求进行混合，一般是先将豆浆煮沸后再加果蔬汁，以尽可能减少维生素的破坏。果蔬汁的加入量约为豆浆总量的1/10～1/5。同时在烧浆过程中加入调味料，达到所需要的口味。

（5）凝固包装　烧浆调味结束后加入复合凝固剂，搅拌均匀并注入容器，静置数分钟即凝固成可直接食用的果蔬复合营养方便豆腐。

（6）包装及杀菌　由于本产品是直接食用的，所以卫生要求较高，微生物指标必须达到食品卫生规定的要求。包装可采用旋盖玻璃瓶进行包装，也可采用其他耐热材料进行包装。包装时将浆体煮沸后注入经沸水蒸煮过的瓶中，并立即旋紧瓶盖，待自然冷却后形成一定的真空度，生产出的产品在20℃的条件下，保质期10d左右，在冷藏条件下保质期可达2周。

三、水果风味豆腐

1. 原料配方

豆浆（固形物10%～12%）1kg、果汁14～35mL或果皮汁液适量。

2. 生产工艺流程

果汁或果皮汁液
↓
大豆→豆浆→混合→入容器→杀菌→冷却→成品

3. 操作要点

（1）制果汁　选用成熟度和新鲜度合适的橘子、柚子、金橘、柠檬及葡萄等具有独特风味、酸度适中的水果进行榨汁，得到水果汁。

（2）果皮汁液制备　方法有两种，一种是将剥离的水果皮压榨或浸泡在温水中，提取表皮中的成分，浓缩成汁液。另一种是在果皮压榨时，将沉积在榨汁下面的沉积物和浮在果汁表面的浮游物过滤后得到的汁液。

（3）水果风味豆腐的制作

① 混合　制作水果风味豆腐可单独使用果汁与温度低于30℃的豆浆混合，为了使果汁起到凝固作用，应将果汁的pH值控制在2.3～2.9，酸度3.5%～6.5%，最佳果汁添加量应为1kg豆浆中加14～35mL。当豆浆浓度越高或温度越低，而且果汁pH值越高，酸度越低时，则需要添加果汁越多。若果汁添加量低于10mL，则豆浆凝固速度较慢，成品易粉碎，不易成型，导致商品价值降低；若果汁添加量超过40mL，则不仅降低豆腐成品率，还

会使豆腐产生粗糙感，从而影响了商品价值。为了强化本品的风味，可将果汁和以果皮中得到汁液并用。一般汁液的添加量可控制在果汁的 5%～30% 范围内。制作水果风味豆腐也可以用果汁和葡萄糖酸-δ-内酯相混合作为凝固剂，其混合比例为果汁 100 份、葡萄糖酸-δ-内酯 5 份。单独使用葡萄糖酸-δ-内酯作为凝固剂时，1kg 豆浆可加入 0.3～1.5g 葡萄糖酸-δ-内酯。

② 入容器　将加入凝固剂并混合好的豆浆按照要求灌入容器内并密封。

③ 杀菌　将果汁风味半成品豆腐置于 80～90℃ 下杀菌，当内容物温度超过 50℃ 时便开始凝固成水果风味豆腐。

四、环保型豆腐

1. 生产工艺流程

大豆→清选→脱皮→浸泡→磨浆→胶体磨处理→普通均质→纳米均质→煮浆→加凝固剂→成型→检验→成品

2. 操作要点

（1）**大豆清选**　豆腐的好坏在很大程度上取决于原料的品质，一般无霉变或未经热变性处理的大豆，均可用于制作豆腐（但刚刚收获的大豆不宜使用，应存放 1～2 个月再用）。采用筛选或风选，清除原料中的石块、土块及其他杂质，除去已变质、不饱满和有虫蛀的大豆。

（2）**大豆脱皮**　脱皮是环保型豆腐制作过程中关键的工序之一，通过脱皮可以减少土壤中带来的耐热性细菌，缩短脂肪氧化酶钝化所需要的加热时间，同时还可以大大降低豆腐的粗糙口感，增强其凝固性。脱皮工序要求脱皮率高，脱皮损失要小，蛋白质变性率要低。大豆脱皮效果与其含水量有关，水分最好控制在 9%～10%，含水量过高或过低脱皮效果均不理想。如果大豆含水量过高，可采用旋风干燥器脱水。大豆脱皮率应控制在 90% 以上。

（3）**浸泡**　浸泡的目的是使豆粒吸水膨胀，以利于大豆的粉碎以及养分的溶出。大豆的浸泡因季节、室温以及大豆本身的含水量而异，具体和普通豆腐生产中的浸泡相同。

（4）**磨浆** 采用砂轮磨磨浆，磨浆时回收泡豆水，此时要严格计量磨浆时的全部用水。将磨好的豆浆先用胶体磨处理，然后用普通均质机处理，最后采用纳米均质机处理，使豆浆的颗粒达到工艺上的最佳要求。考虑到生产成本和生产难度，选取豆浆颗粒直径 $30\mu m$ 为豆腐生产的上限，采用纳米均质机以 100MPa 的压力进行处理，均质一次即可达到工艺要求。

（5）**凝固成型** 大豆蛋白质经热变性，在凝固剂的作用下由溶胶状态变成凝胶状态。环保型豆腐生产工艺要求无废渣、无废水，采用单一的凝固剂很难达到理想的凝固效果，所以采用复合凝固剂，其用量为 0.4%，凝固温度为 80℃。复合凝固剂主要由葡萄糖酸内酯、石膏、盐卤组成，其最佳比例为 1∶0.2∶0.2，采用此复合凝固剂不但凝固性好，没有水分析出，而且风味与传统豆腐无大区别。另外，在豆浆中可适当地加入一定量的面粉和食盐。面粉在煮浆前加入，其加入量为干豆质量的 0.2%～0.5%；食盐需在煮浆后加入，加入量为干豆质量的 0.5%～1.0%。

3. 成品质量标准

（1）**感官指标** 色泽白或淡黄色，软硬适宜，富有弹性，质地细嫩，无蜂窝，无杂质，块形完整，有特殊的豆香气。

（2）**理化指标和微生物指标** 同普通豆腐。

4. 环保豆腐的优点

（1）采用上述方法生产的无废渣、无废水的环保型豆腐，其纤维素、异黄酮、低聚糖等功能因子含量明显增加，不仅提高了豆腐的保健性，同时对环境不会造成污染。

（2）与传统豆腐的生产方法相比，大大提高了原料利用率，且口味、颜色、质地与传统豆腐无差异。该项技术也可以广泛用于豆浆、豆腐脑、盒豆腐以及其他豆制品的生产。

（3）利用此法加工的环保豆腐不产生豆渣，不需要过滤设备，也省去豆渣清理工序。与传统加工方法相比，豆腐得率增加了 5%～8%，成本大为降低。

五、蛋香豆腐

用盐卤或石膏点浆法制作的豆腐有一个缺点，即豆腐不耐咀嚼，弹性、余味不足，切成细丝、薄片、小块后易碎、易断。如采用植物凝聚素做凝固剂来代替化学凝固剂，则可克服上述缺点。现介绍一种植物凝聚素做凝固剂的蛋香豆腐的加工技术。

1. 生产工艺流程

选料→浸泡→磨浆→过滤去渣→煮浆→点浆→蛋香豆腐的生产→成品

2. 操作要点

（1）**植物凝固剂的制备** 按小麦粉（大米粉、甘薯粉、小米粉均可）与水之比为1：2的比例混合搅拌均匀，在高温下自然发酵，直到用精密pH试纸测得其pH值为4～5时，即为植物凝固剂，备用。

（2）**选料** 选用不霉烂、蛋白质含量高的大豆为原料，过筛去杂质。

（3）**泡豆磨浆** 将干净的大豆先粗粉碎再用20℃的水浸泡6～8h，按20kg大豆加入236kg水的比例，用打浆机磨成细豆浆。

（4）**过滤去渣** 用装有100目尼龙滤布的离心筛离心过滤豆浆，豆渣中加水多遍，搅拌、过滤，得滤浆液即为生豆浆，滤渣可作为饲料用。

（5）**煮浆** 先将豆浆移入锅内，加热煮沸3～5min，得熟豆浆。

（6）**点浆** 按每千克生大豆制取的熟豆浆加0.5kg pH值为4～5的植物凝固剂的比例点浆，再将豆腐脑浇注到适当的豆腐模中，压榨泄水，得软豆腐，用刀把软豆腐切成15cm×10cm×0.7cm的豆腐块，摊在竹片上风干，得硬豆腐。

（7）**蛋香豆腐的生产** 向油锅中加入适量的花生油，当油温达到120℃时，加入上述制备的硬豆腐，炸至硬豆腐呈金黄色时，捞出，沥去残油，然后再将其加入到2%左右的烧碱溶液中，室温下浸泡 8～9h，捞出，放入清水中浸泡 15h 左右，用精密 pH 试纸或 pH 计测得溶液的 pH 值为 7 时捞出，沥去水分即为蛋香豆腐。

六、高铁血豆腐

高铁血豆腐是用现代工艺将猪血和其他配料加入豆腐，使之成为含铁量高、营养丰富、口感良好的新型豆腐。

1. 生产工艺流程

猪血和调料
↓

选料→浸泡→磨浆→煮浆→点脑与蹲脑→初压→混合→压榨成型

2. 操作要点

（1）制豆腐料

① 选料　选颗粒饱满、无虫蛀大豆为原料。

② 浸泡　根据季节的不同，春秋季浸泡 12～14h，夏季 6～8h，冬季 14～16h。夏季浸泡至九成开，搓开豆瓣中间稍有凹心，中心色泽略暗；冬季浸泡至十成开，搓开豆瓣呈乳白色，中心浅黄色，pH 值为 6。

③ 磨浆　浸泡好的大豆上磨前进行水选或水洗，随后沥水，下料进行磨浆，接着加入沸水进行搅拌。豆水比例为 1∶8，然后离心过滤，得到豆乳。

④ 煮浆　把豆乳加热至沸 2～3min，使蛋白质变性，同时起灭酶、杀菌的作用。

⑤ 点脑和蹲脑　利用卤水进行点脑，一般先打耙后下卤，卤水量先大后小，脑花出现 80% 停止下卤。点脑后静置 20～25min 进行蹲脑。

⑥ 初压　蹲脑后开缸放浆上榨，压榨时间为 20min 左右，压榨的压力为 60kg，制成含水量较低的豆腐料。

（2）猪血处理　把新鲜的猪血通过细纱布过滤，然后加入 0.8% 的食盐，放入冰箱或冷库中贮存备用。

（3）调料制备　先把精瘦肉、生姜、香葱分别捣成浆，然后加入食盐、味精、五香粉等配料，搅拌均匀备用。

（4）混合　将制备好的豆腐料、猪血和各种调料一起加入调料缸内，搅拌使之混合均匀。

（5）压榨成型　混合均匀的各种原料，上榨进行压榨，并按花格模印，顺缝用刀切成整齐的小块即为成品。

七、钙强化豆腐

1. 钙强化剂的选择

钙是人体不可缺少的矿物元素之一，而大豆中钙的含量相对较少，不能满足人体对钙的需要，因此，人们已开发出了多种钙强化食品，以增加人体对钙的摄入。但单纯使用钙制剂不能起到良好的强化钙的作用，而要达到良好的强化效果，还需增加胶原质和黏多糖，因为胶原质能形成骨质部的纤维，使骨骼具有弹性；黏多糖是骨骼中无机成分的黏结剂，使骨骼坚固。此外，还要考虑钙与胶原质及黏多糖的配比，一般钙与胶原质的比例约为12:1；钙与黏多糖的比例为2:1。

基于上述理论，在豆腐加工中，添加适当含胶原的钙，使之分散于豆腐中，从而生产出钙强化豆腐，食用这种豆腐对强化骨骼组织及牙齿具有良好的作用。

此外，在豆腐生产中添加适量的含胶原的钙，还可以起到消泡剂和凝固剂的作用。因为所用的含胶原的钙多是牛骨粉，而牛骨粉中还含有牛骨骼及造血细胞，所以，用牛骨粉作为钙强化剂，可以同时取得多方面的强化效果。

2. 实例

实例1：将30g胶原钙和90mL菜籽油混合，并充分搅拌，作为消泡剂添加到可生产38.4kg豆腐的煮后的熟豆浆（约60℃）中，煮沸后压榨过滤去渣。

再将10g硫酸钙加水混合，作为凝固剂添加到豆浆中，搅拌后静置，使之凝固。然后除去表面浮水，移入带孔的四方形箱内，加压脱水。将脱水后的豆腐切成一定大小的豆腐块浸入冷水中。

用此法加工的豆腐表面光滑，与嫩豆腐相似，而且没有蜂眼，口感好，营养价值高。每100g豆腐含0.22g胶原质和钙。

实例2：在90mL菜籽油中添加10g胶原钙、10g硫酸钙，混合后加入能生产38.4kg豆腐的破碎大豆煮沸液中，充分搅拌后添加消泡剂，煮沸后过滤。

再在豆乳中添加5g胶原钙和15g硫酸钙组成的凝固剂，搅拌后静置，使之凝固，便可制得用于生产油炸豆腐的原料豆腐。

用此法加工的豆腐，每100g豆腐中含0.15g胶原质和钙。

八、翡翠米豆腐

翡翠米豆腐是以大米、青豆、油麦菜等为主料，石灰水、豆浆消泡剂和豆腐凝固剂为辅料加工而成的一种新型豆腐。成品具有色泽碧绿、口感滑爽的特点，可用于制作菜肴和小吃。

1. 生产工艺流程

原料→浸泡→磨浆→煮浆→成型→成品

2. 操作要点

（1）浸泡　将大米淘洗干净，装入木桶或钢桶中，掺入清水，再加入石灰水（1kg大米加石灰水15g），搅拌均匀后，浸泡约3～4h，至大米变成浅黄色且略带苦涩味时，取出用清水淘洗干净。将青豆洗净，油麦菜择好洗净。

（2）磨浆　将大米、青豆、油麦菜按2:1.5:1的比例混合均匀，加入适量清水，用石磨或粉碎机磨成浆状。注意磨浆时要把原料中未磨碎的油麦菜筋捞出。

（3）煮浆　将磨好的浆汁倒入干净的锅中（如浆汁太浓稠可加入适量清水），用大火煮沸，边煮边用木棒搅动，浆汁煮至半熟时，改用小火并继续搅动，此时可加入少许豆浆消泡剂，以消除青豆产生的泡沫。

（4）成型　煮至浆汁全熟时，加入豆腐凝固剂，搅拌均匀后，起锅倒入垫有纱布的方形容器内，厚度以3cm左右为宜，待浆汁冷却凝固后，用刀划成块状即可。

3.注意事项

（1）只能选用籼米，不能选用粳米或糯米，否则难以制作。

（2）煮浆时，锅不可沾油、盐或酸性物质。

（3）做好的米豆腐只能做凉菜，不能做热菜，否则米豆腐会熔化。

九、新型脆豆腐

1.设备及原料

设备有浆渣分离磨浆机、水缸、蓄水池、大铁锅、水箱（压豆腐用）、鼓风机等；原料有黄豆（大豆）、点浆水（卤水或熟石膏粉均可，任选一种）、食用卫生油、氢氧化钠（火碱）、消泡剂（可用食用油的隔年油根代替）、水。

2.生产工艺流程

大豆→泡豆→磨浆→杀沫→滤浆→煮浆→点浆→压豆腐→切片、晒干→油炸→成品泡制

3.操作要点

（1）泡豆　把挑选好的 5kg 大豆粉碎去皮（亦可直接浸泡），加冷水 15L 浸泡。室内温度 15℃ 以下，浸泡 6～7h；室内温度 20℃ 左右，浸泡 5～5.5h；室内温度 25～30℃，浸泡 4～5h。

（2）磨浆　用浆渣分离机进行磨浆，浆要磨二三遍，要求磨细磨均匀；磨第一遍时，边磨边加水 4L（注意磨第二遍或第三遍时，将水加入豆渣中搅拌均匀直接磨浆）。

（3）杀沫　用 20～30g 食用油泥（食用油隔年油根）加入 2kg 50℃ 的热水中，搅拌均匀，倒入豆浆中，待 5～6min 豆沫自然消失。使用消泡剂杀沫时，待豆浆加热到 40℃ 时，用 2.5L 热水将 15g 消泡剂化开，倒入豆浆中 3～5min 即可杀沫。

（4）滤浆　把磨好的豆浆过滤完后，用 10L 冷水冲洗磨浆机，洗磨水加入磨浆后的豆浆内洗渣过滤，留作点浆用。

（5）煮浆　把杀沫后的豆浆倒入大铁锅内加热煮沸 2～3min 后，用勺扬浆，防止煳锅、溢锅。严禁再向锅内放冷水。

（6）点浆　方法有两种：一种是卤水点浆法，另一种是熟石膏点浆法。卤水可用1∶10米醋和水配制，或者用1∶30的醋精和水配制作为引子，以后点浆时就使用压豆腐流出的卤水点浆，这种卤水可入缸内反复使用，不断添加新的卤水，夏季3～5d要清洗一次卤水缸，换一次新卤水。用卤水点浆的最佳温度（豆腐的温度）为80℃。所谓熟石膏点浆法，就是将熟石膏用洗磨水洗渣水化开搅拌均匀，静置3～5min。把石膏溶液倒入水缸内，把石膏沉淀物倒掉，再将煮好的豆浆倒入石膏缸内，轻轻搅拌均匀，盖缸闷浆20min，待温度降到70℃时压包（注意：5kg大豆所用熟石膏为250g，250g熟石膏用3.5～4L水或洗磨水溶解）。

（7）压豆腐　将成型后的豆腐脑上面浮出的水倒掉，用温水冲洗包布，将包布铺在水箱内，然后将豆腐舀到包布的水箱内，以包布包好豆腐脑，手压平整，加盖木板，慢压重压。每15kg大豆压力不能低于150kg；掌握得好，可加大到180kg，以保证成品豆腐的重量和质量，含水量要少。夏季压4～5h，春、冬季压3h左右。压好的豆腐放在通风处晾10min即可开刀切片。加工脆豆腐时，一定要压力大，压得水分越少越好。一般每10kg大豆加工出12kg豆腐为好，晒干得7kg半成品即符合标准。

（8）豆腐切片、晒干　切片规格一般长10cm、宽6cm、厚0.8cm。做好的干豆腐一定要整齐。然后将豆腐片晾晒，每隔2～3h将豆腐片翻动一次。第二天豆腐片开始出油，3d可完全干燥，即成为颜色金黄的半成品脆豆腐。将它装入塑料袋内，放在阴凉干燥通风处可存放1～6个月不变质。

注意事项：如果遇到阴天下雨，刚切好的豆腐片要放在室内用电风扇吹干，或以火炉烘干，否则容易发霉变质而影响产品质量。

（9）油炸半成品脆豆腐　将食用油（菜籽油、棉籽油、豆油等任选一种）放入铁锅加热到150℃（勿烧开），油开始冒烟即可。将半成品脆豆腐片放入油锅炸至膨胀。油炸过程中要不断翻动，直到豆腐片完全膨胀，两面呈金黄色为合格。最后用漏勺捞出豆腐片，沥油后待用（注：豆腐片在晾晒时已经出油，故油炸时耗油量很少，一般 50kg 半成品豆腐片实际耗油约 1kg）。

（10）发胀剂的配制 把干净的自来水放入大塑料盆或水缸中（不可使用金属容器），加入氢氧化钠（火碱），搅拌均匀至氢氧化钠完全溶解化开即为发胀剂。

（11）成品的泡制 把油炸好的半成品豆腐放入发胀剂中浸泡，用木板盖住压上砖块，使豆腐片完全浸泡在发胀剂中不上浮。一般浸泡 15h，用手捏富有弹性、无硬心后捞出，用清水冲洗一遍，再用清水浸泡 1～2h，最后再换水继续浸泡 1h。最后一次换水时用五香佐料、食盐水浸泡，即成五香豆腐。发胀剂可反复多次使用，一般夏、秋季每 2～3d 更换一次，春、冬季每 5～7d 更换一次。

十、夹层（心）豆腐

1. 基本构想

我国传统的豆腐制品尽管已有千百年的历史，但是，众所周知，其品种单调，味道平淡，多数豆腐食品易破碎。

本工艺提供了一种具有各式口味的食物馅心、疏松多孔、不易破碎的夹心（层）海绵豆腐的加工方法。选用各种风味的馅心作为夹层、夹心，增添了豆腐的花色品种，丰富了豆腐的营养，而且，使豆腐在携带、烹调时不易破碎。

基本方案是使豆腐先发泡成类似海绵状的海绵豆腐，其质地疏松多孔，富有弹性，同时，也增强了豆腐的韧性和强度。另外，在两块以上（含两块）豆腐的夹层间放入馅心，形成夹层海绵豆腐；或者在海绵豆腐中放有馅心，形成夹心海绵豆腐。

加工夹层海绵豆腐的工艺流程是豆腐先发泡成海绵状的海绵豆腐，再在两块以上（含两块）海绵豆腐中间放入馅心并合拢成夹层海绵豆腐；或者先在两块以上（含两块）豆腐中间放入馅心合拢成夹层豆腐，再将夹层豆腐发泡成夹层海绵豆腐。

加工夹心海绵豆腐的工艺流程是把即将成型（约七八成即可）的豆腐倒入模具内，将馅心放入模具里的豆腐中央并重压成型为夹心豆腐，再将夹心豆腐发泡成夹心海绵豆腐。

豆腐馅心采用适合各种需要的配比的食物或药物，例如鱼虾、肉类、禽蛋、蔬菜、水果、糖料、奶油等食品或中草药物，最好带有胶黏性，以增加豆腐与馅心的胶黏性，为此，可以加入淀粉或糖料或明胶或琼脂或者其混合物。

制作夹心海绵豆腐的模具形状是长方体或正方体或圆球体或椭圆球体，相应成型的夹心海绵豆腐可以是豆腐块或豆腐团或豆腐丸等。

2. 具体实施

（1）实例1："芝麻豆腐"的加工方法

① 馅心配料。麦芽糖80％～90％、芝麻10％～20％（配料所占质量百分数，下同）。

② 将麦芽糖放入锅里，微火熔化，再将炒熟的芝麻加入，边加温边搅拌，至胶融态。

③ 先将豆腐制好，后将豆腐发泡制成"海绵豆腐"。

④ 将"海绵豆腐"切成厚度为1cm左右、长宽任意的豆腐片，每两片中间涂抹上0.3～0.5cm的胶融态的芝麻麦芽糖，合拢起来，即可。

（2）实例2："奶油豆腐"的加工方法

先将豆腐制成"海绵豆腐"，然后，将"海绵豆腐"切成厚度为0.5～1.0cm长宽任意的豆腐片，每三四片中间涂抹上0.1～0.2cm厚度的奶油，合拢起来，制成一块总厚度2～4cm的"奶油夹层豆腐"。

（3）实例3："开胃（健脾）豆腐"的加工方法

① 馅心配料。山楂15％、谷芽15％、麦芽15％、神曲15％、薄荷10％、麦芽糖30％～40％。

② 将山楂等混合、粉碎成粉末，然后与麦芽糖放入锅里，微火熔化，边加温边搅拌，至胶融态。

③ 将豆腐制成厚度1cm左右的"海绵豆腐"，然后，将胶融态的山楂麦芽糖涂抹在两片豆腐中间，合拢。

特点：由于山楂等中草药具有开胃健脾、化食消积之功能，因此，在膳食中（特别是酒宴上）可起帮助消化、开胃解酒的作用。

（4）实例4："水果豆腐"的加工方法

① 馅心配料。苹果（或梨子、菠萝等）；蜂蜜40％～60％、饴糖40％～60％。

② 将苹果削皮，弃核，切成0.1～0.5cm的小碎块。条件：选择像苹果、梨子、菠萝等切碎时可成碎块却不易流果汁的水果。

③ 蜂蜜、饴糖放入锅里，微火搅拌融合，然后，脱离炉火，冷却。

④ 将豆腐制成厚1cm左右的"海绵豆腐"，然后将蜂蜜、饴糖混合液涂抹在豆腐中间，再撒上苹果碎块，合拢起来。

（5）实例5："肉丸豆腐"的加工方法

① 将肉剁成肉泥，加入适量淀粉，搅拌均匀。

② 制作一套模具，模具的底部、四周密布针孔大的微孔，模具的内侧有若干个等距离的槽沟，槽沟内安放可自由取落的活动框格，活动框格"十"字交叉间隔成正方体或长方体或圆球体或椭圆球体的空间。模具、活动框格的材料可为塑料、不锈钢、铝合金等。

③ 在模具内侧铺上一层薄布，安上活动框格，把即将成型的豆腐倒入模具内，形成了若干个小豆腐丸，再往每块豆腐丸中央放入直径0.5cm左右的肉馅，模具上方铺上薄布，压上沙袋，至成型。

④ 取下沙袋、薄布，进行发泡，发泡后，取出活动框格，即可。

（6）实例6："汤圆豆腐"的加工方法与实例5基本相同，只是馅心用汤圆心（糖、芝麻等）。

（7）实例7："鸡蛋豆腐"的加工方法

① 制作一套模具，活动框格"十"字交叉成若干个长轴6～8cm、短轴4cm左右的椭圆球体空间。

② 将鸡蛋蒸熟，然后剥去蛋壳，取出蛋黄，蛋黄的外表涂抹

上黄色的食用色素。

③ 把即将成型的豆腐倒入模具内，往每块豆腐丸中央放入蛋黄，铺上薄布，压上沙袋，至成型。

④ 取下薄布、沙袋，进行发泡。

特点：豆腐为椭圆外形，而且，隐隐约约可见黄色的蛋黄，仿如一个鸡蛋。

（8）**实例 8**："仿真鸡蛋豆腐"的加工方法。本实例与实例 7 相似，只是馅心用料不同。可选用动物性食品（如肉、鱼虾）或植物性食品（如蔬菜、瓜果）作为馅心的配料。对于不宜生吃的食品，须先煮熟后再加入配料。生产过程如下。

① 将明胶放入锅里，加入少许水，微火加温，然后将配料加入锅里，并加入少许黄色食用色素，边加温边搅拌。把馅心揉成蛋黄大小的圆球，放入豆腐丸中央。

② 然后，再照实例 7 的第三、第四步骤连续实施。

特点：豆腐为椭圆外形，隐约可见蛋黄，仿佛一个鸡蛋，但是风味不同。

（9）**实例 9**："奶油鸡蛋豆腐"的加工方法。本实例与实例 7 相似，只是馅心的用料采用固体奶油。

特点：固体奶油遇热融化，食用时黄色的奶油溢出，仿佛生鸡蛋的蛋黄。

（10）**实例 10**："彩珠豆腐"的加工方法

① 选馅料。选择品质、色彩差异较大的配料，例如肉、虾仁、绿豆、黑枣、莲子仁等。

② 将选出的配料分别剁烂、蒸熟，将明胶放入五个锅里，加入少许水，微火加温，分别加入配料，边加温边搅拌，至胶融态，然后分别搓成 0.2～0.3cm 的小圆珠，混合起来。

③ 制作模具。把即将成型的豆腐与小圆珠倒入模具内，铺上薄布，压上沙袋，至成型。

④ 取下沙袋、薄布，进行冷冻发泡即可。

特点：外观上五彩缤纷，食用时味道丰富。

（11）实例 11："塑像豆腐"的加工方法

① 制作一套"豆腐模具"，活动框格"十"字交叉成若干个方体空间；制作另一套"馅心模具"，模具用于塑造动物（如十二生肖）、字体（如"爱"、"福"、"寿"）等造型的馅心。

② 馅心配料。肉 85％～95％、明胶 5％～15％、调味品少许。

③ 将肉剁成肉泥，蒸熟；将明胶放入锅里，加入少许水，微火熔化，然后加入肉泥、调味品，至胶融态。

④ 将胶融态的肉泥倒入"馅心模具"，待冷却后取出。

⑤ 把即将成型的豆腐倒入"豆腐模具"，馅心放入豆腐中央，铺上薄布，压上沙袋，至成型。

⑥ 取下沙袋、薄布，进行发泡，即可。

说明：显而易见，本工艺不仅使豆腐携带、烹调不易破碎，而且像海绵一样疏松多孔，富有弹性；另外，选用各种风味的馅心作为夹心（层），增添了豆腐的花色品种，丰富了豆腐的营养，使豆腐这一中国传统食品得以发扬光大；同时，本方法的工艺和设备简单，适宜专业和个体户长年四季生产。这一技术已在国内近 20 家企业、个体户实施，取得了较好的经济、社会效益。

十一、大豆花生豆腐

本产品是以大豆、花生、青豆为原料生产的不同风味的豆腐。

1. 生产工艺流程

花生→除杂→漂洗→浸泡→磨碎
              ↓
黄豆（青豆）→除杂→漂洗→浸泡→称量→去腥→磨碎→混合→加防腐剂→煮熟（称量）→调味→包装→杀菌→冷却→成品→贮藏

2. 操作要点

（1）选料与除杂 选择颗粒饱满、色泽光亮的大豆、青豆、花生，除去虫蛀、霉变、异色颗粒等杂质，尤其是未熟颗粒，防止浸泡后没有吸水膨胀而无法捣碎影响产品质量。

（2）浸泡 为了防止酸败和浸泡不透，浸泡水温一般为 15～

20℃为宜，因原料吸水率等不同，要将原料分别浸泡，浸泡后的黄豆、青豆的体积约为原来体积的2～3倍，吸水量约为原料的1～1.3倍。花生膨胀后体积约为原来的1.5～2倍，吸水量约为原料的0.6倍。浸泡用水量一般为原料的2～2.5倍，每3～4h换一次水。浸泡后仍需进行挑选，去除没有吸水膨胀的死粒。

（3）去腥　浸泡后的原料以热烫法去腥。将浸泡后的大豆放在80～85℃的水中煮20～30min，注意控制温度，不断搅拌。

（4）磨碎　浸泡后的原料用捣碎机进行磨碎，要求达到细腻、无渣、均一状态，粒度约为100目。

（5）混合　将磨好的原料按黄豆45%、花生40%、青豆15%的比例混合，并充分搅拌至均匀，使色泽均匀。

（6）防腐剂的添加　添加0.2%的天然防腐剂（取茶叶100g，用1L水浸泡12h，取其滤液用超滤膜-沉淀法提取其有效成分，作为保鲜剂）。

（7）煮熟　混合好的原料放在锅中文火加热进行煮制，并不断搅拌，炉火不要过热，防止糊底，直至豆腐完全煮熟，散发出原料的香气为止。

（8）调味　按照不同消费者的口味需求，制作四种口味的产品，分别是咸、甜、五香、辣味豆腐。使之能够开罐即食，满足各种需求。

①　咸味豆腐。向煮熟后的豆腐中加入1%的食盐，搅拌使其均匀地溶入其中，即得口味佳的咸味豆腐。

②　甜味豆腐。向煮熟后的豆腐中加入4.5%的蔗糖，充分搅拌使其均匀地溶入其中。

③　五香豆腐。向煮熟后的豆腐中添加0.2%的五香粉，搅拌均匀。

④　辣味豆腐。向煮熟后的豆腐中添加0.1%的辣椒粉，搅拌均匀，产品辣味适中。

（9）包装　把经过调味的豆腐产品趁热灌入耐热、无毒聚乙烯塑料杯中，用封口机封口，并检验是否漏气，合格即为半成品。

（10）杀菌　将经过包装后的豆腐产品放于85℃热水中进行杀菌，控制其温度在80～90℃，5～10min后取出。杀菌中注意观察产品包装，若发现包装有过度膨胀状态，立即取出，防止因加热而使杯内气压过大包装胀破。

（11）冷却贮藏　将杀菌后的产品置于冷水下冲淋，迅速冷却至室温。并将冷却后的豆腐成品放置0～4℃下贮藏。

十二、苦荞豆腐

苦荞豆腐以豆腐为载体，将苦荞麦中功能性成分富集融合，使其成为一种口感佳、无苦味、无异味、营养丰富的保健功能性食品。其中，将苦荞粉经浸泡、洗脱、去淀粉、发酵产酸等工艺制备成酸性豆腐凝固剂，最后经传统豆腐加工工艺生产成苦荞豆腐，其营养丰富、清香爽口，既保持了传统豆腐的风味，又富集了丰富的维生素，是中老年人、糖尿病及高血压等病患者的食疗佳品。

1. 生产工艺流程

苦荞粉→浸泡→洗脱→静置去沉淀→灭菌→发酵→凝固剂

　　　　　　　　　　　　　　　　　　　　　　　　　　↓

　　　　　　　大豆→制浆→点浆→凝固→
分装成型→成品

2. 操作要点

（1）苦荞酸性凝固剂的制备　为了确保苦荞成分有效地被利用和避免维生素类营养成分的破坏，采用高效产酸菌来发酵。具体操作如下：先将苦荞粉制浆后充分浸泡，反复洗脱（目的是将营养成分尽可能地利用，同时除去苦荞中的淀粉），高温瞬间杀菌后接种酵母菌，32℃发酵4～6h，最后，再接种乳酸菌和醋酸菌，36℃发酵6～8h，当发酵液pH值达到4时，成为生产用酸性凝固剂。

（2）点浆　豆腐生产过程中，点浆是关键。点浆量过大，不仅豆腐的酸度高，而且口感、风味、成品产量都受影响；点浆量过小，则豆腐嫩度高，不易成型，也同样影响成品品质。生产苦荞豆腐对点浆要求更高，掌握不好，造成苦荞营养成分在豆腐中分布不均匀，同时，也降低了利用率。因此，采用沥浆法，将豆浆加入到苦荞凝固剂中来完成点浆过程，并充分搅拌，效果很好。

3. 成品特点

苦荞豆腐产品的质量标准为色泽均一，微黄或淡青色，触感有弹性；表面光滑平整，切分无散碎，切面细腻光亮；具有传统豆腐风味，无苦味、异味及肉眼可见杂质。

十三、姜汁鱼肉水豆腐

本产品是在传统豆腐工艺基础上，添加了姜汁和鱼浆而生产出的一种新型豆腐。

1. 生产工艺流程

鱼浆＋生姜汁

↓

选豆→去杂→浸泡→磨浆→滤浆→煮浆→料液混合→凝固→成型

2. 操作要点

（1）**大豆选择**　选择子粒饱满、无虫蚀、无霉变的大豆，加冷水浸泡 11h，至豆粒增重约一倍。

（2）**磨浆**　将浸泡好的大豆清洗 1～2 次后，采用豆浆机进行磨浆。豆浆浓度为 6.9％（质量分数）。

（3）**煮浆**　粗浆经先粗滤后细滤，将所得的滤浆进行煮浆，煮浆时先文火后急火，煮浆过程中要不断搅拌，第 2 次浮泡沫时，加入消泡剂（油脚）。

（4）**姜汁的制备**　选择香味浓郁、容易取汁的生姜，剔除霉烂、病虫部位，经清洗、榨汁后加热得到备用的姜汁。本产品所得的姜汁浓度为 33％。

（5）**鱼浆的制备**　将鱼经去杂、剔骨、切块清洗，放入 10％氯化钙和 1％盐酸混合溶液中浸泡 10min 左右，取出、清洗后粉碎，再加一定量的水倒进胶体磨内，进行鱼糜的制作，得到备用的鱼浆。本产品所得的鱼浆浓度为 50％。

（6）**料液混合**　将预先制备好的鱼浆和生姜汁加入到煮浆后

的豆浆中混匀。加入比例为：50kg 大豆制得的豆浆加 20kg 鱼浆、15L 生姜汁。

（7）凝固　凝固由点脑和蹲脑两道工序完成。点脑：混合料液冷却到 60～85℃，加入氯化钙，并剧烈搅拌，以减少凝固剂使用量，加快凝固速度，当出现雪花状现象时立即停止；蹲脑：将点脑后的豆浆静置 20～25min，此过程宜静不宜动，否则会破坏已经形成的凝胶网络结构。

（8）成型　将蹲脑后的豆脑均匀地倒入成型箱内，加压 15～20min 成型即得成品。

十四、南瓜豆腐

本产品是以大豆、南瓜为原料，添加复合凝固剂制成的呈金黄色、质地细腻、弹性好、具有南瓜独特香味的豆腐。

1. 生产工艺流程

南瓜→洗清→打浆→过筛→南瓜汁
　　　　　　　　　　　　↓
大豆→清理→浸泡→磨煮浆→冷却→点浆→保温定型→冷却→成品

2. 操作要点

（1）清理　选择无虫、无霉变、子粒饱满的大豆，去除泥沙、石子和杂质。

（2）浸泡　浸泡前用清水清洗大豆；浸泡时，夏、秋季可直接用自来水，春、冬季采用 30℃ 的水，时间 8～9h，待大豆膨胀至干豆的 2～2.5 倍后，滤水，另加入干豆重 7 倍的水磨浆。

（3）南瓜汁的制作　将红瓤南瓜洗清去籽，切成小块，加入 2 倍的水磨浆，过 40 目滤网，南瓜进行反复打浆、过滤，直至过滤后残渣低于 6%。取汁加入豆浆中，混合均匀，再煮浆。南瓜的用量为南瓜∶大豆为 1∶1。

（4）复合凝固剂配制　以熟石膏为基础，先进行熟石膏单一成分的添加，确定最佳量，然后逐渐降低熟石膏量，增加葡萄糖酸-δ-内酯用量，以豆浆在 10～20min 内凝固为时间段，豆腐凝固后表面光洁、无浆水为标准，可得熟石膏与葡萄糖酸内酯质量比4∶1为最佳。

（5）煮浆和点浆　将原豆浆或混有南瓜汁的豆浆煮沸后，保温 7～9min 后冷却至 80～90℃点浆。凝固剂的添加量为干豆重的2.8%；严格控制点浆温度，点浆温度过高，凝固后豆腐表面有水层；温度过低，凝固时易产生豆花现象。

（6）保温定型　在室温下，蹲脑约 10～20min 后，豆腐凝固成表面光洁如镜的固体，表面、周围没有游离浆水，凝固温度85℃，凝固时间 15min。豆腐凝固成型后冷却至室温即可。

十五、南瓜风味小豆腐

以大豆、南瓜为原料制作的深受人们喜爱的民间传统食品——小豆腐，既保留了大豆的全部有益成分，又增加了南瓜的独特营养价值。产品豆味浓郁，清香可口，绵软适中，色香味形俱佳。

1. 生产工艺流程

南瓜→切块→捣碎

黄豆→除杂→浸泡→煮熟→磨碎→混合→脱气→灌装→杀菌→成品

调味料

2. 操作要点

（1）南瓜预处理　将南瓜清洗干净后，除去皮、籽、斑点，切成 2cm×1cm 的南瓜条，浸入 1% 食盐水中护色。然后捞出、沥水，按南瓜∶水＝1∶2 置于组织捣碎机中捣成泥状。

（2）大豆预处理　选择无霉变、无破损、无虫眼、色泽光亮、子粒饱满的大豆，去除杂质。按料水比 1∶4，于室温下（20℃）浸泡 12h。使浸泡后的大豆用手能掰成两半，手指掐之易断，断面无硬心为宜。然后煮熟至无豆腥味。

（3）磨碎　将调味料、预处理后的大豆置于胶体磨中，按料水比 1∶5 加水磨碎，达到细腻、无粗粒、均一状态，粒度为 60 目左右。然后按 3∶1 与南瓜泥混合、真空脱气，即为南瓜风味小豆腐。

（4）包装杀菌　选择耐高温透明蒸煮袋，每袋装入 200g 小豆腐，采用温度 200℃、真空度 0.09MPa、热封时间 15s 进行真空封口。然后采用温度 115℃、时间 15min、反压压力 0.14MPa 进行反压杀菌。冷却后即为成品。

3. 成品质量标准

（1）感官指标　产品呈乳白色与黄绿色均匀相间的黏稠态，无气泡，无分层现象；具有浓郁的大豆香味和清纯的南瓜香味，口感细腻润滑。

（2）微生物指标　将成品在 25℃存放 7d 后进行检验，细菌总数≤750 个/g，大肠菌群≤40 个/100g，致病菌未检出。

十六、核桃（杏仁）豆腐

核桃豆腐、杏仁豆腐主要有两种。第一种是在大豆乳中混配核桃乳或杏仁乳后加工而成的凝胶食品，这里称之为甲种核桃豆腐、杏仁豆腐。第二种是以核桃或杏仁为基料加工而成的凝胶食品，这里称之为乙种核桃豆腐、杏仁豆腐。

1. 原料配方

大豆用量以 100 计，核桃乳或杏仁乳 20%～25%，凝固剂最好选盐卤分散液，也可用天然盐卤硫酸钙、葡萄糖酸-δ-内酯等人工凝固剂，用量与常规加工方法相同。

2. 生产工艺流程

① 大豆→大豆乳；②核桃仁→核桃乳；③杏仁→杏仁乳。

①＋②＋③→混合→均质→凝固→后续按常规加工豆腐方法进行→核桃豆腐（杏仁豆腐）

3. 操作要点

（1）大豆乳制备　按常规方法加工，大豆粉碎用水的比率，即溶解浓度大致为 1∶3～1∶7。

（2）核桃乳或杏仁乳制备　将核桃仁或杏仁放入水中浸泡

24h，加水（水温 90℃）磨浆，用胶体磨微细化处理后进行过滤，将滤渣复洗 1～2 次，滤液合并。料水（总用水量）比与大豆相同，也可取其中 2%～2.5% 的核桃仁或杏仁炒熟后与生核桃仁或杏仁一起浸泡，以增添制品的核桃仁或杏仁的香味。

（3）混合、均质、凝固 将大豆乳和核桃仁乳或杏仁乳倒入带搅拌叶的混合机中充分混合后，用均质机进行均质处理（也可用高剪切混合轧乳化机处理）。

（4）凝固及其后续加工 按常规加工豆腐方法作业，也可加工核桃内酯豆腐、杏仁内酯豆腐。

4. 成品特点

与普通豆腐相比，该制品具有核桃仁或杏仁的香味和滋味，兼有大豆与核桃仁或杏仁的营养价值与生理功效。

十七、紫薯保健豆腐

本产品是以黄豆和紫薯为主要原料，通过传统豆腐工艺加工制作的新型豆腐。

1. 原料配方

黄豆 50kg，紫薯 25kg，石膏粉 350g。

2. 生产工艺流程

原料紫薯→清洗→切碎→加水煮汁→过滤→紫薯汁
↓
原料黄豆→清洗→浸泡→黄豆冲洗→加水磨浆→滤浆→煮浆→豆汁→混合→

加入石膏→静置→脱水成型→成品

3. 操作要点

（1）原材料处理 按配方称取黄豆和紫薯。黄豆利用清水清洗后，用水浸泡 4h 以上，浸泡后用于磨浆；紫薯经清洗、削皮切成小粒状，加 4 倍的水进行煮汁，然后将其进行过滤即为紫薯汁。

（2）磨浆 将浸泡好的大豆加 2 倍的水进行磨浆。若要生产硬豆腐，每千克大豆出豆浆需控制在 5.5~6kg 左右，使豆浆浓度在 14~15°Bé；若要生产软豆腐，每千克大豆出豆浆可达 8~9kg 左右，使豆浆浓度在 9~10°Bé。浓度太低，产品过软，甚至不能成型；浓度太高，磨浆、滤浆困难，豆渣中残留蛋白质多，产品得率低。

（3）滤浆 采用 80~100 目的滤袋过滤，用乳汁计测量豆浆浓度。

（4）煮浆 煮浆一定要完全煮沸，使豆浆温度达到 98~100℃，至少要保持 5min 煮沸状态。

（5）混合 将紫薯汁与豆浆汁按 1∶6 的比例进行混合并充分混匀，然后进行点浆。

（6）点浆、静置、脱水成型 在 85℃的温度中加入石膏粉进行点浆，静置 1.5h，形成豆腐花形状，按照常规方式进行脱水成型即为成品豆腐。

4. 成品质量标准

色泽：均匀一致，有点淡紫色；表面状况：平整，无起泡及严重凹底现象；气味和滋味：无异味；口感：爽滑；组织结构：无孔洞。

十八、发芽大豆豆腐

本产品是以适当发芽的大豆为原料制成的豆腐，营养丰富，口感和风味较佳，利于人体消化吸收。

1. 生产工艺流程

大豆→清洗→浸泡→发芽→加水磨浆→滤浆→煮浆→点浆→静置→加压脱水成型→成品

2. 操作要点

（1）大豆发芽 选择饱满成熟、没有破损的大豆，用清水冲洗 2 遍，然后用 4 倍于大豆质量的水在 30℃下浸泡 8h，浸泡后的豆子洗净后放在有滤纸的托盘上，大豆表面覆盖纱布，在避光、25℃条件下发芽，大豆每天淋水 2 次。发芽适度的标准是芽长 4mm。

（2）**豆腐制作**　将发芽大豆用清水冲洗 2 遍后，按大豆与水 1∶4 的比例加水进行磨浆，将所得豆浆用 120 目筛过滤，将所得生豆浆加热至沸，同时加入 0.1％大豆质量的消泡剂以防止豆浆的假沸。豆浆在 95～100℃下煮沸 5min。待豆浆冷却至 80℃时，添加氯化镁溶液（氯化镁用量为 0.53％），80℃下保温 20min，然后将其破脑，进行压榨。用 10cm×10cm×6cm（长×宽×高）的敞口容器，先在 3.73kPa 压力下加压 10min，然后在 7.45kPa 压力下加压 40min 后得豆腐成品。

十九、菠菜彩色豆腐

1. 生产工艺流程

菠菜→榨汁

选豆→浸泡→磨浆→生浆过滤→加热混料→点浆→压制→冷却→成品

2. 操作要点

（1）**选豆、浸泡**　选择新鲜、无虫眼、无霉烂的大豆，清洗干净，加入 3～4 倍清水，在室温下浸泡 8～10h。

（2）**磨浆**　浸泡好的大豆按 1∶8 比例加入清水中，用豆浆机打成细豆浆。

（3）**生浆过滤**　磨好的豆浆用 100 目筛过滤。

（4）**菠菜榨汁**　取菠菜切成小块，用榨汁机榨成汁，过滤备用。

（5）**加热混料**　将磨好的豆浆过滤后，边搅拌边加热至 95～100℃，微沸 3min，按豆浆与菠菜汁 4∶1 的比例加入菠菜汁，充分搅拌，混合均匀，微沸 2min。

（6）**点浆**　按氯化镁和水的质量比为 1∶4 的比例，用 60℃以上的热水将氯化镁溶解，待浆温降至 80～90℃时，按 4％的比例将氯化镁水溶液点入豆浆中，点浆后放置 20～30min。

（7）压制　将干净纱布铺在豆腐盒里，把絮状豆花全部盛入豆腐盒内，上面用纱布包好，压上重物，2～3h后成型。

二十、乳酸钙充填豆腐

本产品是以鸡蛋壳制备的乳酸钙为凝固剂生产的豆腐。

1. 生产工艺流程

大豆→筛选→洗涤→浸泡→磨浆→过滤→煮浆→过滤→冷却→点浆→蹲脑→冷却、成型→成品

2. 操作要点

（1）原料选择　挑选无虫蛀、无霉变、颗粒饱满的大豆，用水冲洗 3 次，去除豆粒上附着的灰尘等杂物。

（2）浸泡　将洗涤好的大豆在20℃水温下浸泡10～12h，使大豆膨胀松软，充分吸水，浸泡要有足够的水量，大豆吸水后的重量是浸泡前的 2.0～2.5 倍。

（3）磨浆、过滤、煮浆　浸泡好的大豆用清水冲洗 3 次，以去除漂浮的豆皮杂质，大豆与水以 1∶6 的配比进行磨浆，过滤去渣，豆浆加热煮至 70～80℃ 时加入消泡剂，在 95～100℃ 下煮 5min，稍微冷却后趁热过滤，然后冷却到30℃以下。

（4）点浆与蹲脑　按豆浆的体积称取 0.2％鸡蛋壳乳酸钙，用少许蒸馏水溶解后加入豆浆中，混匀，在 90℃ 水浴中保温凝固，时间为 30min。

（5）冷却、成型　保温凝固的豆腐取出后，立即放入冷水中快速降温，冷却成型，即得豆腐成品。

3. 成品质量标准

淡黄色或白色，断面光滑细腻，外形整齐，有弹性，品尝有香味，无涩味。

二十一、新型酸凝豆腐

本产品是基于酸豆奶的生产工艺和豆腐酸凝固的原理，通过在豆浆中接种乳酸菌发酵产酸进行凝乳，并同时添加食用胶增加其持

水性，制成酸凝豆腐。该豆腐洁白细嫩、富有弹性、切而不散，改善了内酯豆腐偏软、卤水豆腐保水性差的缺点，将成为人们日常生活中常吃的豆腐，开拓豆腐的消费市场，具有重要的应用价值和广阔的发展前景。

1. 生产工艺流程

原料选择→去杂→洗涤→浸泡→磨浆→煮浆→凝乳→产品

2. 操作要点

（1）原料选择及处理 选择颗粒饱满、无霉变、无病斑的大豆，去除杂质后，利用清水洗涤干净。

（2）浸泡 定量称取大豆，按豆水比为 1∶3 左右加水浸泡。浸泡水的水温以 25℃为宜，浸泡 8～10h，浸豆结束的标准是豆胀后不露水面，两瓣劈开成平板，水面有少量气泡，浸泡后的大豆用清水冲洗干净即可磨豆。

（3）磨浆 大豆与磨浆水量的质量比为 1∶6，大豆与水同时缓慢加入到分离式磨浆机中，磨完之后再将豆浆和豆渣缓慢加入到分离式磨浆机中重复 2 次。

（4）煮浆 煮浆时，要求 20min 内达到 100℃，最多不应超过 30min，在 98～100℃沸腾 5min 左右，煮浆必须一次性煮熟，严禁复煮。煮后的豆浆可溶性固形物要求达到 12.5％。

（5）凝乳 待豆浆冷却后，加入 1.4％的卡拉胶和占豆浆体积 4.0％的乳酸菌（菌种为 CYY-122 与 SVV-21 的比例为 1∶2），充分搅拌均匀，在 39℃左右的恒温条件下发酵 5h，保温、成型。

（6）成品 将凝结好的豆腐进行包装，即为成品。

3. 成品质量标准

（1）感官指标 色泽：呈淡黄色，光泽光亮均一；风味：浓郁的豆香味，无馊味、异味；口感：口感细腻，有弹性，无颗粒感；组织状态：光滑完整且均匀，韧性较好，无上清液。

（2）理化指标 水分 84.34％，蛋白质 6.67％。

（3）微生物指标 符合 GB/T 22106—2008 标准。

二十二、沙棘营养豆腐

本产品是以沙棘果汁为凝固剂生产营养豆腐，其特点是在点浆工艺环节利用沙棘中天然酸性成分作为凝固剂，天然果汁代替传统工艺中的石膏或盐卤，从而减少食品的安全风险，同时增加了豆腐中维生素C含量，既保持了大豆的豆香味，又增加了沙棘的营养价值，是一种创新型绿色食品。

1. 生产工艺流程

沙棘果 → 选料 → 清洗 → 去杂质 → 打浆 → 过滤 → 调pH值 → 加热 → 二次过滤 → 用沙棘果汁

大豆 → 选料 → 清洗 → 浸泡 → 去杂质 → 磨浆 → 一次煮浆 → 滤浆 → 二次煮浆 → 滤浆 → 点浆 →

保温 → 蹲脑 → 摊布 → 浇制 → 压榨 → 成型 → 产品

2. 操作要点

（1）**大豆原料预处理**　选择粒形均匀、饱满、色泽呈黄色、无虫蛀、无发霉变质、品质好的大豆，并挑除石头及杂质。

（2）**沙棘果处理**　将沙棘果洗净后将其放入打浆机中，并按沙棘果与水为1∶4（质量体积分数）的比例加入纯净水进行打浆，最后经过120目纱布过滤后即得橘黄色沙棘原汁。然后，调节沙棘原汁的pH值为3.0备用。

（3）**原料浸泡**　浸泡用水应符合生活饮用水卫生标准，豆水比按1∶4（质量体积分数）比例进行浸泡，根据季节的不同，选择不同的浸泡时间，春秋季一般浸泡理想水温20℃，时间10.5h左右，浸泡后大豆表面光亮，无明显皱皮，豆皮不轻易脱落，断面无硬心，吸水后约为浸泡前质量的2～2.2倍。

（4）**磨浆**　磨浆时加水量应为干豆质量的8倍，将其磨碎成浆状，得到乳白色浆液。

（5）**豆渣加入**　将滤浆分离出的豆渣加入到豆浆中，搅拌均匀。其目的是将豆浆与豆渣一起进行煮沸，这样生产出的豆浆豆香味浓郁，口感醇厚，蛋白质含量高。

（6）**第一次煮浆**　将豆浆与豆渣一起进行煮沸，煮浆温度应控制在95℃，并保温3～5min。得到熟豆浆应有浓郁的豆香味，无豆腥味和烧焦味。

（7）**滤浆**　用120目纱布制成滤网进行多次过滤，使其浆渣分离。

（8）**第二次煮浆**　豆浆加热至75℃维持5min，然后再加热至95℃，维持8min。煮浆完成后，用管道过滤器再次分离浆渣。

（9）**点浆、保温蹲脑**　以豆浆为固定相，热沙棘果汁为流动相，将热沙棘果汁逐渐加入其中，沙棘果汁添加量为45%，充分搅拌后放入70℃的恒温水浴中静置30～35min进行蹲脑。

（10）**压榨及成型**　将豆腐凝胶加入压榨框压榨，压力为392Pa，时间为25～30min，保温凝固好的豆腐取出后降温，切记不宜振动。压榨成型后即为成品。

3. 成品质量标准

凝胶效果：凝胶性较好，弹性强；颜色：稍带橘黄色；质地：表面光滑、细腻、有韧性；风味：豆香浓，无豆腥味，沙棘味浓。

第二节　新型大豆内酯豆腐

一、薏米内酯豆腐

1. 生产工艺流程

原料选择→清洗→浸泡→磨浆→过滤→煮浆→点浆→凝固→成品

2. 操作要点

（1）**原料选择及清洗**　精选大豆、薏米，大豆挑选颗粒饱满、无虫蛀、无霉变的；薏米挑选颗粒饱满、质硬、有光泽的，色泽均匀呈白色或黄色、无怪味或异味的为佳。将选好的大豆和薏米分别利用清水清洗干净，然后进行浸泡。

（2）浸泡　大豆和薏米要分别进行浸泡，大豆在 10℃ 左右水中浸泡 10～12h；薏米浸泡时间可短些，但时间至少为 4～5h。大豆和薏米的用量按 4：1 的比例。

（3）磨浆　取出泡好的大豆和薏米放入磨浆机中加入 8 倍的水磨浆，若一遍磨浆不够细腻可再磨一遍，并过滤。

（4）煮浆　将过滤好的薏米豆浆加热煮沸至浆面泡沫破裂，即得热豆浆。注意一边煮浆一边要撇去豆浆表面浮着的泡沫，煮浆温度尽量保持在 90～110℃，煮沸后保持沸腾 5min。

（5）点浆　采用葡萄糖酸-δ-内酯为凝固剂，其用量为 0.25%，使用前用不超过 40℃ 的温水溶解，待煮沸的豆浆冷却后，边搅动薏米豆浆边慢慢加入凝固剂，直至薏米豆浆中出现玉米大小的豆腐花时停止搅动，盖上盖子保温 5～10min。注意凝固剂加入时要确保薏米豆浆温度稍稍冷却不能太高，否则凝固剂与热豆浆接触的瞬间就会凝固，导致凝固不完全、不均匀和黄浆水的产生。

（6）凝固　在薏米豆腐花凝固约 20min 内（凝固温度为85℃），将豆腐花用勺子轻轻舀进铺好包布的豆腐模具中，盛满后用布包好，盖上盖子，并在盖子上放适当重物以挤压包裹好的薏米豆腐中的水分，待凝固 30min 后置于冷水中迅速冷却，即可得薏米内酯豆腐。

3. 成品质量标准

凝固状态：凝固好，硬度适中，弹性、回复性好；质地：细腻、均匀，断面光滑，内部无孔隙，内部组织无塌陷；口感：细腻、滑嫩，咀嚼性好；风味及色泽：豆香味浓，具有薏米独特风味，无酸味，米黄色，有光泽。

二、木耳内酯豆腐

1. 生产工艺流程

```
            木耳→粉碎→浸泡
                        ↓
大豆→清理→浸泡→打浆→磨浆→煮浆→冲浆→保温成型→成品
```

2. 操作要点

（1）木耳处理　将清理干净的木耳进行干燥，然后放入粉碎机中进行初步粉碎。将粉碎后的木耳加 15 倍质量、50℃左右的水浸泡 30min 以上，备用。

（2）选豆　选择品质优良的大豆，要求子粒饱满、形状圆润、颜色淡黄、无霉变、无虫蛀，同时筛除杂质成分。

（3）洗豆　去除豆粒表面的泥土等杂质，进一步清理大豆。

（4）浸泡　洗净后的大豆应充分浸泡。浸泡水的质量应为大豆质量的 2.3 倍以上。冷水浸泡时间为 8～10h，若采用热水则仅需 3～4h（判断浸泡达到要求的标准：豆瓣断面浸透无硬心）。浸泡时可在水中添加一定量的 Na_2CO_3，以提高蛋白质的溶解度，提高出浆率。

（5）打浆　用 80℃左右的热水打浆，加水量为干豆质量的 5 倍，打浆 2 次。同时应注意，磨浆时应采用较好的浆渣分离机，以使得做出的豆腐光滑、细腻。

（6）磨浆　称取一定量的豆浆，按 5%（质量分数）的比例加入木耳，然后过胶体磨 2 次。

（7）煮浆　将过胶体磨后的混合液进行煮沸，煮浆时加入少量的消泡剂以免产生大量的泡沫，同时还要不断搅拌防止煳锅。

（8）冲浆、保温成型　将预先称量好的 0.3% 的葡萄糖酸-δ-内酯放入事先灭菌的保温容器中，将煮沸的混合液趁热倒入容器中，迅速搅匀后静置 10～15min 即得成品。

3. 成品质量标准

凝固状态：凝固状态好，凝胶均匀，外形完整，光滑；质地：软硬适宜，有较强的弹性；风味：口味适中，无明显酸味，豆浆味适中；口感：口感爽滑，无粗糙感。

三、绿茶内酯豆腐

本产品是以大豆、干茶叶为主要原料，以葡萄糖酸-δ-内酯为凝固剂生产的一种新型豆腐。

1. 生产工艺流程

茶叶→挑选→热水浸泡

大豆→筛选→洗涤→浸泡→磨浆→煮浆→过滤→冷却→加茶汁→加凝固剂→保温凝固→冷却、定型

2. 操作要点

（1）泡豆　按豆水质量体积比为1：3加水浸泡，水质以纯水、软水为佳。春秋季水温10～20℃时，浸泡12～18h，夏季水温30℃时，浸泡6～8h，冬季水温5℃时，浸泡24h。泡好的大豆要求豆粒饱满、裂开一线。如浸泡时间过长或过短均会影响出浆率。

（2）磨浆、煮浆　按大豆和水1：5的比例加水磨浆，浆料煮沸20min后，过滤，冷却。

（3）绿茶汁制备　将挑选后无杂质的茶叶准确称取一定量，按1：100的比例添加定量比例的沸水，浸泡20min，用双层纱布过滤，制得绿茶水备用。

（4）加茶汁、加凝固剂　按豆浆和绿茶汁8：2比例加入茶汁，然后加入凝固剂葡萄糖酸-δ-内酯，其用量为0.20%。内酯与豆浆的混合须在30℃以下进行，如果豆浆温度过高，内酯与豆浆一接触就会水解胶凝，导致最终产品组织粗糙、松散，甚至不成型。另外内酯与豆浆混合之前，必须用少量凉开水或凉熟浆将内酯溶化后再加入混匀。混合均匀后，将其装入塑料盒中，封口。

（5）加热保温、冷却成型　将塑料盒置于水浴中加热至90℃，保持20～25min即凝固成型。加热完毕后，应尽快将其冷却，产品经冷却后即为成品。

3. 成品质量标准

色泽：呈浅黄色，有光泽；弹性：凝固效果好，弹性强；口感：爽滑柔嫩，没有豆腥味；气味：豆香味浓郁，有绿茶特有的香味；组织状态：表面光滑，呈块状，质地细嫩，气孔小且均匀。

四、芹菜内酯豆腐

1. 生产工艺流程

芹菜汁、凝固剂
↓

大豆→挑选→洗涤→浸泡→磨浆→过滤→煮浆→冷却→点浆→
保温凝固→冷却定型→成品

2. 操作要点

（1）芹菜汁制备　挑选新鲜水嫩的芹菜，将其去叶、洗净，
切成 2～3cm 小段；在 100℃ 的水中烫漂 10s，捞出，使芹菜进行
杀菌并软化，再向其中添加 0.1% 的抗坏血酸护色，搅拌混匀，以
保持芹菜鲜绿的色泽；然后将芹菜段放入高速组织捣碎机中打碎成
浆，经过 60 目纱布过滤后即得鲜绿色的芹菜汁。

（2）大豆挑选、洗涤　挑选颗粒饱满、色泽光亮、无虫蛀、无
霉变的大豆，用水冲洗几次，以去除豆粒表面的异物、灰尘、微生
物等。

（3）浸泡　在 15～30℃ 水温下浸泡 10～15h，使大豆膨润松
软，充分吸水，并每隔 30min 换水 1 次，要防止其发芽，降低营
养成分，浸泡要有足够的水量。检验大豆是否浸泡好的方法：大豆
吸水后质量为浸泡前的 3 倍或者把浸泡后的大豆扭成两瓣，以豆瓣
内表面基本成平面，略有塌坑，手指掐之易断，断面无硬心为宜。

（4）磨浆、过滤、煮浆、冷却　磨浆时加入泡好大豆 5 倍的
水，使用自动分离磨浆机，磨浆、过滤同时完成。过滤后的豆浆在
98～100℃ 的温度下煮沸 5min，防止溢锅，然后冷却至 30℃ 以下。

（5）点浆　在 30℃ 的豆浆中添加制备好的芹菜汁，其用量为
豆浆量的 25%（豆浆与芹菜汁之比为 4：1），同时按豆浆量
0.27% 的比例称取葡萄糖酸-δ-内酯，用少量凉开水溶解后加入豆
浆中混匀。

（6）保温凝固　将豆浆、芹菜、葡萄糖酸-δ-内酯混合装盒密
封后，在 90℃ 的恒温水浴中加热保温凝固，时间为 30min。

（7）冷却定型 保温凝固的豆腐取出后立即放入冷水中快速降温，冷却成型。

3. 成品质量标准

（1）感官指标 浅绿色，呈块状，质地细腻滑润，弹性好，保水性好，具有纯正的豆腐味和芹菜味。

（2）理化指标 水分≤92%，蛋白质≥5%。

（3）微生物指标 细菌总数<50000个/g，大肠杆菌个数<30个/100g，致病菌不得检出。

五、芹菜鱼肉豆腐

1. 生产工艺流程

鱼浆、芹菜汁
↓
选豆→去杂→清洗→浸泡→磨浆→滤浆→煮浆→料液混合→凝固→成型

2. 操作要点

（1）原料挑选、预处理 选用色浅、无霉变、无虫蛀、粒大皮薄、表皮无皱且有光泽的大豆。选出的大豆用清水清洗2～3遍，清洗过后浸泡打浆。

（2）浸泡 将清洗后的大豆装入容器中，加清水浸泡。浸泡时换水3次，浸泡时用水量一般为干大豆质量的3倍。带皮大豆在春季需浸泡8～10h。浸泡好的大豆要求豆瓣饱满，裂开一条小线，豆瓣表面有塌坑，手指掐之易断。注意大豆的浸泡时间不能过长，否则会影响出浆率。

（3）磨浆、滤浆 将浸泡好的大豆与水按照1∶6的比例加入豆浆机中磨浆，在磨浆过程中为了使大豆充分释放出蛋白质，要磨3遍。第1次粗磨时加水为总加水量的30%；第2次细磨，加水量为总加水量的30%；第3次细磨的加水量为总加水量的40%。磨完后，将豆浆装入容器。磨浆过程中加水量的多少决定成品豆腐的老嫩。磨好后的豆浆用80目的滤布过滤，一般过滤两次。在第二

豆腐生产新技术

次过滤时，加入适量的冷水冲洗滤布上面的豆渣，使豆浆充分分离出来。

（4）**煮浆**　将过滤好的豆浆一次性加入加热容器中，先用文火后用急火加热，待豆浆第二次起泡时在豆浆中加入 0.3％的食用消泡剂，直至泡沫完全消失为止。之后继续使豆浆加热，豆浆煮开保持 2～4min 即可。同时也要在加热过程中不断搅拌，以免产生煳味，最终影响豆腐的品质。

（5）**制取芹菜汁与鱼糜**　选用新鲜的芹菜，去掉芹菜叶选用芹菜梗，清洗干净后，用榨汁机榨汁，得到芹菜汁的浓度为 30％。选取新鲜、少刺的鱼。经去皮、除刺后在研磨体内按照水与鱼肉的比例为 1∶1 进行研磨，得到浓度为 50％的鱼浆。

（6）**点浆、凝固、成型**　在豆浆煮开 2～4min 后，在豆浆中加入制作好的芹菜汁与鱼浆，芹菜汁用量占豆浆的 1.6％、鱼浆占2.7％。待温度冷却到 85℃时，在豆浆中加入浓度为 10％的葡萄糖酸-δ-内酯溶液 1.6％。将葡萄糖酸-δ-内酯用一定量的清水溶解后，倒入 85℃豆浆中，迅速搅匀，豆浆中出现雪花状的凝固物时就立即停止搅动。此时，豆浆适宜静置，以免破坏刚形成的豆腐结构。待豆浆静置 20～30min 便凝固成豆腐。

3. 成品质量标准

色泽：豆腐呈浅绿，富有光泽；口味：豆腐除了有大豆独特的香味外，还有鱼肉香味和芹菜香味，且没有鱼腥味；质地：豆腐表面光滑，口感细腻，有较好的弹性与韧性；凝固效果：豆腐形状好、不易碎。

六、乳清粉营养豆腐

乳清粉是由牛奶加工干酪、凝乳酪或酪蛋白过程产生的非常有价值的副产物，主要成分是乳糖、乳蛋白和矿物质。乳清粉豆腐属于强化蛋白质豆腐，是在豆腐的加工过程中添加乳清粉来提高豆腐中蛋白质的含量，使豆腐具有营养功效，并保持良好的食用品质。

1. 生产工艺流程

豆渣　乳清粉　消泡剂　凝固剂

大豆→精选→浸泡→清洗→磨浆→滤浆→豆浆→煮浆→冷却混合→点脑→蹲脑→上脑→成品

2. 操作要点

（1）**精选**　挑选子粒大小均匀饱满、无瘪粒、脐色浅、皮薄、有光泽、含蛋白质量高且水分在 13% 以下的大豆。去除原料中的杂质和变质、破损的大豆。

（2）**浸泡**　浸泡使大豆吸收水分膨胀，从而能最大限度提取大豆破碎后的蛋白质。浸泡的大豆约为原干豆重量的 10 倍。

（3）**清洗**　泡好的大豆清洗 1～2 次，去除漂浮的豆皮，降低泡豆的酸度。

（4）**磨浆**　用豆浆机粗磨、细磨 2～3 次，尽可能提高蛋白质的提取率。一般磨浆的颗粒直径在 2～3μm，用手指捻可感觉到豆浆细滑。磨浆的温度要适宜，温度过高，使蛋白部分变性，降低出品率。

（5）**滤浆**　是把磨浆后的沫糊进行浆、渣分离，为了充分提取沫糊中的蛋白质，过滤时静置 30min。

（6）**乳清粉添加**　将 9% 的乳清粉先溶于少量豆浆中，待全部溶化后加入到滤好的豆浆中。

（7）**煮浆**　将豆浆边加热边搅拌，避免豆浆煳底。当温度加热至 60～70℃ 时放入 1% 的食用消泡剂，把加热过程中产生的泡完全消掉为止。继续加热豆浆，温度控制在 96～100℃，浆沸腾后保持 2～3min 把浆煮透。

（8）**混合凝固**　煮沸的豆浆静置 2～3min 后，将溶解好的 0.4% 的葡萄糖酸-δ-内酯加入豆浆中，搅拌均匀。

（9）**蹲脑**　又称养花，是大豆蛋白凝固过程的继续。蹲脑过程不宜过长，一般静置 20min，凝固温度控制在 85℃。

（10）**上脑**　将破碎的豆腐脑装入带有豆腐包的豆腐箱中。豆腐箱在压制时起固定外形和支撑的作用。

3. 成品质量标准

结构状态：块形完整，软硬适度，富有一定的弹性，质地细嫩，结构均匀，无杂质；气味：具有奶味和豆腐特有的香味；滋味：口感细腻，豆香浓郁，无明显酸涩味；色泽：呈均匀的乳白色或淡红色，稍有光泽。

七、苦杏仁保健内酯豆腐

1. 生产工艺流程

杏仁→杏仁露　凝固剂

大豆→浸泡→制豆乳→混匀————→加热→保温→杏仁豆腐

2. 操作要点

（1）**苦杏仁的选择与处理**　挑选干燥、无虫蛀及霉变、颗粒饱满的杏仁，放入沸水中煮 1～2min，捞入冷水中冷却，用手工方法去皮，然后用 60℃左右的水浸泡 7d，并坚持每天换水 2 次，将浸泡苦杏仁的水收集起来进行污水处理。

（2）**杏仁露的制备**　将经过上述处理过的苦杏仁在 80℃的热水中预煮 10～15min，然后在砂轮磨中粗磨，粗磨时添加 3 倍 80℃的热水，磨制成均匀浆状时，送入胶体磨中进行精磨，精磨时加入 1%的焦亚磷酸钠和亚硫酸钠的混合液，以防变色，用 150 目的滤布进行过滤，滤液即为杏仁露。

（3）**大豆浸泡**　挑选干燥无虫蛀、颗粒饱满的大豆，洗净后，在 20～30℃的水温下浸泡 9～11h，使大豆充分吸水，并且每 20～30min 换水 1 次，防止大豆发芽。大豆充分吸水后重量为干重的 2.0～2.2 倍。

（4）**磨浆**　采用胶体磨进行磨浆，调好间隙，弃去浸泡大豆用的陈水，加入大豆干重 5 倍的水进行磨浆，备用。

（5）**过滤、煮浆、冷却**　将豆浆先用纱布过滤，再用 100 目尼龙筛过滤，加入苦杏仁露充分混合均匀，煮沸 3～5min，然后冷却到 30℃以下。苦杏仁露的添加量为豆浆的 6%。

（6）加凝固剂、加热保温、冷却成型　在 25～30℃ 的温度下加入凝固剂（葡萄糖酸-δ-内酯），其加入量为豆浆的 0.25%。添加后混合均匀并进行装盒，封口，于水浴中加热至 85～90℃ 保持 20～30min，立即降温冷却成型即为成品豆腐。

3. 成品质量标准

（1）感官指标　乳白色，均一稳定；细腻均匀，无分层及沉淀现象；具有杏仁露及豆乳的混合香气，无苦、涩等异味，口感细腻润滑，质地细嫩，硬度适中。

（2）理化指标　水分≤90%，蛋白质≥4.0%，砷（以 As 计）≤0.5mg/kg，铅（以 Pb 计）≤0.1mg/kg，食品添加剂符合 GB 2760—2014 之规定。

（3）微生物指标　菌落总数≤50000 个/g，大肠菌群≤70 个/100g，致病菌不得检出。

八、山药保健豆腐

1. 生产工艺流程

鲜山药→挑选→清洗→去皮→切块→护色→打碎
　　　　　　　　　　　　　　　　　　　　　　↓
大豆→挑选→洗涤→浸泡→磨浆→过滤→煮浆→冷却→加山药泥、混匀→点浆→保温、凝固→冷却→定型→成品

2. 操作要点

（1）山药泥的制备　挑选直顺、无霉的山药，用清水洗去其表面的泥土、灰尘等杂物。利用不锈钢刀轻轻削去山药表皮，切成小块，再向其中添加 0.1% 的抗坏血酸护色，搅拌混匀，以保持山药色泽，防止褐变，然后将山药块放入高速组织捣碎机中打碎成泥。

（2）大豆挑选、洗涤　挑选无虫蛀、无霉变、粒大皮薄、颗粒饱满的大豆，用水冲洗几次，以去除豆粒上附着的灰尘等杂物。

（3）浸泡　在 20～30℃ 水温下浸泡 10～13h，使大豆膨润松

软，充分吸水，并每隔 20～30min 换水一次，要防止其发芽，降低营养成分。浸泡要有足够的水量，大豆吸水后重量为浸泡前的 2.0～2.5 倍。

（4）磨浆、过滤、煮浆、冷却　浸泡好的大豆用水冲洗几次，以除去漂浮的豆皮和杂质等。用干豆 5 倍的水磨浆，即可制得浓度为 1：5 的豆浆。使用自动分离磨浆机，磨浆、过滤同时完成。过滤后的豆浆在 98～100℃的温度下煮沸 5 分钟，然后冷却到 30℃以下。

（5）加山药泥、混合　在豆浆中加入山药泥，豆浆和山药泥的具体比例为 10：（2～3）。充分搅拌混合后再经过胶体磨处理，以使其混合均匀一致。

（6）点浆　按豆浆量 0.24%～0.27%的比例称取葡萄糖酸-δ-内酯，用蒸馏水溶解后加入豆浆中混合均匀，加热并于 90℃保温 30min。

（7）冷却、定型　保温凝固的豆腐取出后立即放入冷水中快速降温，冷却成型。

3. 成品质量标准

（1）感官指标　呈光亮白色；块状，质地细嫩，弹性好；具有纯正的豆香味和山药味；无肉眼可见外来杂质。

（2）理化指标　水分≤90%，蛋白质≥4.0%，砷（以 As 计）≤0.5mg/kg，铅（以 Pb 计）≤0.1mg/kg。

（3）微生物指标　菌落总数≤50000 个/g，大肠菌群≤70 个/g，致病菌不得检出。

九、姜汁保健豆腐

1. 生产工艺流程

鲜姜→浸泡→清洗→切片→热烫→冷却→捣碎→榨汁→过滤→姜汁
　　　　　　　　　　　　　　　　　　　　　　　　　　　　　　↓
　　大豆→挑选→洗涤→浸泡→磨浆→煮浆→过滤→冷却→加入定量姜汁搅拌→加入凝固剂→加热保温→冷却→成型

2. 操作要点

（1）姜汁的制备　鲜姜浸泡（姜水比例为2∶1）洗净后，切成 1.5～2.5cm 宽的姜片，然后在沸水中热烫 2min，以灭酶杀菌，冷却后榨汁，利用 400 目滤布进行过滤，得姜汁备用。

（2）大豆浸泡　大豆洗净后，在 20～30℃的水温下浸泡 9～11h，使大豆胀润松软，充分吸水，并每隔 20～30min 换水 1 次，要防止其发芽，降低营养成分。大豆充分吸水后重量为干重的 2.0～2.5 倍。

（3）磨浆　采用胶体磨进行磨浆，调好间隙，弃去浸豆的陈水，加入豆干重 5 倍的水进行磨浆。

（4）煮浆、过滤、冷却　将豆乳煮沸 3～5min，先用纱布过滤，再用 100 目尼龙筛过滤，将得到的豆浆冷却到 30℃以下。

（5）混合物　将过滤后的姜汁按比例加入豆浆中。姜汁与豆浆之比为 1.5∶6，在此比例时，豆腐凝固效果好，质地细嫩，色泽口味适宜，既体现了豆浆的浓郁芳香，又包含着姜的浓香。

（6）加入凝固剂、加热保温、冷却成型　在 25～30℃的温度条件下，加入凝固剂（葡萄糖酸-δ-内酯），其用量为 0.25%～0.30%。混匀后装瓶或装盒，封口，于水浴中加热 85～90℃，保持 20～30min，然后立即降温，冷却成型。

3. 成品质量标准

（1）感官指标　块状，呈淡黄色；质地细嫩，有弹性；具有纯正豆香和一定姜香，味正无异味；无肉眼可见外来杂质。

（2）理化指标　水分≤91%，蛋白质≥4.0%，砷（以 As 计）≤0.5mg/kg，铅（以 Pb 计）≤0.1mg/kg，食品添加剂符合 GB 2760—2014 之规定。

（3）微生物指标　菌落总数≤50000 个/g，大肠菌群≤70 个/100g，致病菌不得检出。

十、茶汁豆腐

此产品是以新鲜茶汁替代部分水制作出的内酯豆腐。

1. 生产工艺流程

茶汁制备→原料处理→成型→成品

2. 操作要点

（1）茶汁制备　选用新鲜的茶叶，利用清水洗净后，80℃进行杀青，时间为9s，再经过沥干、切碎，将茶叶和水按1：3.5的比例混合打浆，过滤（300目）后得到茶汁。

（2）原料处理　选取颗粒饱满、无虫蛀、霉变的大豆，夏季浸泡12～14h，冬季浸泡18～24h，大豆吸水后重量为浸泡前的2.0～2.5倍，然后用大豆干重4倍的水进行磨浆，将过滤得到的豆浆放入锅中煮沸，要求不断搅拌，以防煳锅。煮沸1min，冷却到30℃时，先用洁净的纱布过滤，再用100目绢布过滤，除掉豆渣。

（3）成型　过滤后的豆浆按4：1的比例加入茶汁，搅拌均匀后，加入0.3%的葡萄糖酸-δ-内酯，搅拌均匀，装盒或装瓶，封口，于水浴中加热至80℃，保持20～25min，即凝固成型。加热完毕后应尽快冷却，经冷却后即为成品茶汁豆腐。

十一、海藻营养豆腐

海藻营养豆腐，具有清新的海藻风味，色泽为浅绿色，具有较高的食疗作用，是一种大众化的绿色功能食品。

1. 生产工艺流程

裙带菜→浸泡→洗净→切碎→打浆→过滤→海藻汁
↓
大豆→挑选→洗涤→浸泡→磨浆→煮浆→过滤→冷却→混合→
均质→点浆→保温→冷却→定型→成品

2. 操作要点

（1）原料处理　裙带菜由于是干品，所以先洗净，然后浸泡，使其完全复水。大豆在25℃水温下浸泡12h，大豆吸水后为浸泡前重量的2倍左右。

（2）打浆　将泡开的裙带菜先切碎，然后用组织捣碎机打成浆，加1倍的水。将泡开的大豆加5倍的水磨成浆。

（3）过滤、冷却　将裙带菜打成浆后，先用纱布过滤，然后利用离心机进行离心过滤，滤液则为海藻汁。

大豆磨成浆后，先煮沸 5min，然后用纱布过滤，再用 100 目尼龙筛过滤，然后冷却到 30℃以下为豆浆。

（4）混合　将海藻汁和豆浆按 2：4 的比例进行混合。

（5）均质　均质是进一步微粒化处理，使两种物料分散稳定，目的是使产品口感更细腻、质地均一。利用 40MPa 的压力进行均质。

（6）点浆、保温　点浆就是加入 0.2%的葡萄糖酸-δ-内酯。先将葡萄糖酸内酯用少量温水溶解，放入容器中，混合浆液用猛火煮沸，去除上层的泡沫，冷却到 90℃时，迅速并且均匀地将葡萄糖酸内酯沿容器内壁倒入容器中，加盖，保温 30min。

（7）冷却、成型　保温之后，快速进行冷却，使其成型。

3. 成品质量标准

（1）感官指标　成品呈淡绿色，具有纯正的豆香味和清新的海藻香味，无其他异味，质地细嫩，弹性好，无杂质。

（2）理化指标　水分≤90%，蛋白质≥4.0%，砷（以 As 计）≤0.5mg/kg，铅（以 Pb 计）≤0.1mg/kg，食品添加剂符合 GB 2760—2014 之规定。

（3）微生物指标　菌落总数≤50000 个/g，大肠菌群≤70 个/100g，致病菌不得检出。

十二、风味快餐豆腐

快餐豆腐与传统豆腐相比，其色泽和风味有了很大改变，由白色变为多种颜色，由一种风味变为多种风味，增加了豆腐的营养成分，能广泛适应人们不同的爱好和口味，具有广阔的市场前景。

1. 生产工艺流程

大豆→去杂→浸泡→去皮→脱腥→磨浆→煮浆→点浆（加配料）→成型

2. 操作要点

（1）制备豆浆　取新鲜饱满的大豆去除杂质，用清水浸泡，使豆粒充分吸水膨胀。浸泡时间因季节不同而异，一般夏季6～8h，春秋季10～12h，冬季更长一些。浸泡好的大豆经水洗、脱去外皮，然后进行脱腥处理。传统豆腐中往往含有豆腥味，这是由于大豆中的脂肪酸氧化酶在磨浆时接触氧气而产生的。为避免产生豆腥味，使快餐豆腐的风味更纯正，采用热水烫煮法脱腥，即将浸泡好的大豆放入沸水中加热6～8min，使大豆中的脂肪酸氧化酶失活。将经过脱腥处理的大豆按1∶4的比例加水磨浆。

（2）调制配料 配料的种类有多种多样，可根据需要调配。调制配料的一般原则是：配料在豆腐中占的比例不要超过20%，对有可能影响豆腐凝固的配料的加入量和加入方法应先进行试验。

配料的一般加工方法是：

果蔬类原料有青菜、青椒、芹菜、香菜、胡萝卜、洋葱、番茄、苹果、梨、柑橘、草莓、西瓜等，洗净切成细丁或小块，在沸水中焯一下即可使用。

虾仁、扇贝等海鲜煮熟后即可使用。

火腿等熟肉制品切成适当的小块，在沸水中焯一下即可使用。

食盐、味精、糖等调味品可在煮浆时加入，也可在点浆时与凝固剂一起加入。酱油、醋、香油、辣椒油、麻辣酱等调味品最好成型后浇在豆腐上，过早加入会影响豆腐的凝固质量。

果、菜汁应在煮浆时加入。

（3）点浆成型 将磨好的豆浆加热煮沸。煮浆的方法与加工普通豆腐相同，只是要掌握好煮沸的时间。点浆用葡萄糖酸-δ-内酯作为凝固剂，用量约为豆浆的0.2%。点浆时先将凝固剂（还可加适量的食盐、味精、糖等）放入容器中，然后倒入煮好的豆浆，豆浆的温度控制在85～95℃，然后加入热的配料加盖放置凝固。点浆后，大豆蛋白质在凝固剂作用下凝固成型，凝固时间一般为20min左右，与豆浆的浓度和凝固剂加入的量有关。待豆浆完全凝固后，即可食用。

3. 应用实例

取洁净的快餐杯，内壁涂一层香油（以防粘壁），加0.5g葡萄糖酸-δ-内酯，味精少许，浇入250g煮好的豆浆，稍后加入10只热虾仁、30g熟青豆及少许香菜，加盖放置凝固，待完全凝固后，将豆腐扣入盘中，即可得到一份红、绿、白相间，光滑细腻、味道鲜美的快餐豆腐。

十三、鸡蛋豆腐

鸡蛋豆腐是以鸡蛋、大豆为主要原料，用葡萄糖酸内酯作为凝固剂，将浆料直接灌入包装盒内，通过加热定型而制成的。它质地细嫩，味道纯正，鲜美可口，且兼有鸡蛋和大豆的双重营养，是一种卫生好吃、营养丰富的方便食品。

1. 原料配方

大豆 100kg，鸡蛋 40kg，葡萄糖酸-δ-内酯 300g，消泡剂 200g。

2. 生产工艺流程

原料选择及处理→浸泡→水洗→磨浆→分离→添加鸡蛋→煮浆→点浆→灌装→加热→冷却成型

3. 操作要点

（1）原料选择及处理　应选择颗粒整齐、无虫眼、无霉变的新大豆为原料。为了提高加工产品的质量，必须对原料进行筛选，以清除杂物如砂石等。一般可采用机械筛选机、电磁筛选机、风力除尘器、比重去石机等进行筛选。

（2）浸泡　大豆浸泡要掌握好水量、水温和浸泡时间。通常大豆吸水量为大豆量的 1.1 倍左右，泡豆水要按每千克大豆添加 2～2.5kg 冷水的比例添加。泡豆水的温度一般控制在 17～25℃，水温过高就要及时换水。泡豆水的 pH 值要求在 6.5 以上，若酸度过高，也应及时换水。泡豆时间要根据季节和室温灵活掌握，春秋季需12～14h，夏季需 6～8h，冬季需 14～16h。通常应选用不小于 3m³ 的泡豆容器。泡好的大豆表面光亮，没有皱皮，有弹性，豆皮也不易脱掉，豆瓣呈乳白色，稍有凹心，容易掐断。

（3）水洗　浸泡好的大豆要进行水洗，以除去脱离的豆皮和酸性的泡豆水，提高产品质量。

（4）磨浆　将泡好的大豆用石磨或砂轮磨磨浆，为了使大豆充分释放蛋白质，应磨两遍。磨第一遍时，边投料边加水，磨成较稠的糊状物。磨浆时的加水量一般是大豆质量的 2 倍，不宜过多或过少。大豆磨浆后不宜停留，要迅速加入适量的 50℃ 的热水稀释，以控制蛋白质的分解和杂菌的繁殖，使大豆的蛋白质溶解在水中，以利于提取。加热水的同时还要加入一定量的消泡剂。方法是：取约占大豆质量 0.3%～0.5% 的植物油放入容器中，加入 50～60℃ 的热水 10L，搅拌后倒入豆浆中，即可消除豆浆的泡沫。

（5）分离　磨浆后进行浆渣分离。为了充分提取其中的蛋白质，一般要进行 3 次分离。第一次分离用 80～100 目分离筛，第二次和第三次分离用 60～80 目分离筛。每次分离后都要加入 50℃ 左右的热水冲洗豆渣，使蛋白质从豆渣中充分溶解出来后进行下一次分离。最终使豆渣中的蛋白质含量不超过 2.5%。

（6）添加鸡蛋　挑选新鲜的鸡蛋，去壳、搅匀，按配方比例加入豆浆中，混合均匀。

（7）煮浆　添加鸡蛋后要迅速煮沸，使豆浆的豆腥味和苦味消失，增加豆香味，为点浆创造必要的前提条件。将过滤好的豆浆倒入容器中，盖好盖，烧开后再煮 2～3min。注意不要烧得太猛，且要一边加热一边用勺子扬浆，防止煳锅。若采用板式热交换器，则加热速度更快，产品质量更好。加热温度要求在 95～98℃，保持 2～4min。豆浆经过加热以后，要冷却到 30℃ 以下。

（8）点浆　葡萄糖酸内酯在添加前要先加 1.5 倍的温水溶解，然后将其迅速加入降温到 30℃ 的豆浆中，并混匀。

（9）灌装　采用灌装机将混合好的豆浆混合物灌入成品盒（袋）中，并进行真空封装。

（10）加热　灌装好的豆浆采用水浴或蒸汽加热，温度为 90～95℃，保持 15～20min。

（11）冷却成型　采用冷水冷却和自然冷却，随着温度的降低，豆浆即形成细嫩、洁白的豆腐。

十四、牛奶豆腐

以大豆为主要原料，添加奶粉、核黄素等原料，可加工成金黄色（或浅黄色）的牛奶豆腐。牛奶豆腐营养丰富，能增加日常菜肴的种类，具有良好的保健作用。

1. 原料配方

大豆 1.5kg，全脂甜奶粉 150mg，凝固剂（葡萄糖酸-δ-内酯）19.5mg，适量加入碳酸氢钠、核黄素及饮用水。

2. 生产工艺流程

大豆→浸泡→脱皮→磨浆→过滤→煮浆→添加奶粉→添加凝固剂与核黄素→加至豆浆中搅拌均匀→入包装盒→蒸汽加热（或隔水加热）→成品

3. 操作要点

（1）灭酶　大豆含有脂肪氧化酶等成分，易产生豆腥等异味，浸泡清洗后，必须进行加热处理，使酶失去活性，以消除豆腥味。采用快速蒸汽加热至 120～150℃（约 3min），或蒸汽锅中放少量茶油，可减少或防止烧焦出现豆腥味。

（2）脱皮　为不影响产品色泽、细度等，对灭酶后的大豆要进行脱皮处理。可采用脱皮机进行脱皮。

（3）磨浆分离　磨浆时按大豆与水的比例为 1∶（5～8），所得豆浆用纱布进行过滤去渣。

（4）调配、包装、加热　在上述豆浆中，首先加碳酸氢钠，增加蛋白的吸收凝固，再煮沸豆浆与全脂奶粉以 1∶10 的比例相混搅拌，待冷却到 40℃以下，再放葡萄糖酸-δ-内酯，并添加核黄素溶解在少量水中，再添加到豆浆中，灌装入食品盒（袋），再进行蒸汽加热（或隔水加热），85℃左右约 10min 即成。

十五、苦瓜豆腐（一）

1. 生产工艺流程

大豆→浸泡→磨浆→煮浆→过滤→冷却→加入苦瓜汁→胶体磨胶磨→加入凝固剂→加热保温→冷却成型

2. 操作要点

（1）苦瓜汁制备　将选好的苦瓜称重，清洗切块后，以一定比例与水混合打浆，经 80 目筛过滤后得苦瓜汁。

（2）选料、浸泡　选取颗粒饱满、无虫蛀、无霉变的大豆，夏季浸泡 12～14h，冬季浸泡 18～24h，大豆吸水后质量为浸泡前的 2.0～2.5 倍。

（3）磨浆、煮浆、过滤　用大豆干重的 6 倍水磨浆，得到的豆浆经称重后倒入锅内煮沸，期间要不断搅拌，防止锅底结焦。煮沸 2～3min 后用砂布过滤。

（4）混合、加凝固剂　过滤后的豆浆按比例加入苦瓜汁，豆浆苦瓜汁体积比为 6∶2，将两者混合均匀，再用胶体磨胶磨 2 遍，加入 0.25% 的葡萄糖酸-δ-内酯，搅拌均匀，装盒封口，于水浴中加热至 85℃，保持 20～25min 即凝固成型，再经冷却后即为成品。

十六、苦瓜豆腐（二）

1. 生产工艺流程

苦瓜片→磨粉→打浆混匀

大豆→挑选、清洗→浸泡→磨浆→豆浆→混合→煮浆→灌装→加热凝固→冷却→成品

2. 操作要点

（1）原料选择及处理　选择含油量低、粒大皮薄、粒重饱满、表皮无皱而有光泽的大豆。通过筛选和洗涤，除去大豆中的杂物及坏粒。

（2）浸泡　将清选后的大豆装入容器内，然后倒入清水。浸泡中换水 3 次，换水时要搅拌大豆，进一步清除杂质，使 pH 值达到中性，防止蛋白质酸变。浸泡时用水量一般为大豆质量的 3 倍。浸泡好的大豆应达到如下要求：大豆增重为 1.8～2.5 倍；大豆表面光滑，无皱皮；豆皮不会轻易脱落豆瓣，手感有劲；豆瓣的内表面稍有塌坑，手指掐之易断，断面已浸透无硬心。

（3）磨浆　将浸泡好的大豆进行磨浆，加水比例为 1∶6。为了使大豆充分释放蛋白质，要磨 3 遍。第 1 次粗磨时加水量为总加

水量的 30％，第 2 次细磨，加水量为总加水量的 30％，第 3 次细磨的加水量为总加水量的 40％。

（4）过滤　利用 80 目的过滤袋。一般要过滤 2 次，边过滤边搅动。第 2 次过滤时，须加入适量冷水，将豆渣进行冲洗，使豆浆充分从豆渣中分离出来。

（5）苦瓜干磨粉　往磨粉机中加入适量苦瓜干，开启磨粉机开始打磨，边打磨边往磨粉机中添加苦瓜干，注意防止磨粉机出现干打现象。

（6）苦瓜粉添加　取用适量过滤好的豆浆和 0.6％的苦瓜粉放入打浆机重新搅打混匀，充分混匀后再与剩下的豆浆混合加热。

（7）煮浆　将混匀好的苦瓜粉、豆浆混合液 1 次倒入加热容器内，进行加热煮浆，此过程控制在 95～100℃下煮沸 5min，使蛋白质热变性较彻底，使凝血素和胰蛋白酶阻碍因子失去活性，增进大豆的香味和提高蛋白质的消化率，消除大豆的豆腥味并灭菌，保证产品的卫生。

（8）混合　苦瓜粉、豆浆混合液冷却到 30℃左右时，取葡萄糖酸-δ-内酯按浆液质量的 0.30％，溶于适量水中后，迅速将其加入苦瓜粉豆浆混合液，并用勺子向同一方向搅拌均匀，准备灌装。

（9）灌装　在灌装过程中，注意灌装不得过满，要与盒口有一定距离，且尽量减少气泡的产生，以免影响成品外观质量。

（10）加热、冷却　将灌装好的豆浆放入水浴中加热 25min，控制温度在 85℃之间，切勿超过 90℃。然后冷却，将初步凝固的产品放置于室温环境中进行冷却处理，随着温度降低，即形成细嫩的苦瓜内酯豆腐。

3.成品质量标准

（1）感官指标　形态：外形完整，光滑，厚薄均匀一致；色泽：呈淡黄色，色泽均匀；风味与口感：能品出凉瓜茶的特殊香味，无凝固剂酸味，无苦涩感，香味协调，口感细腻；组织：组织均匀细密，无大孔洞，无杂质，无沉淀。

（2）理化指标　凝胶强度 37.61g/m²，失水率 19.64％，水分

87.59g/100g，蛋白质 4.03g/100g。

（3）微生物指标　符合 GB/T 22106—2008。

十七、红香椿内酯豆腐

1. 生产工艺流程
红香椿→热水杀青→冷却→榨汁→过滤→香椿提取液＋热豆浆混合→点浆→冷却→成型→红香椿内酯豆腐

2. 操作要点

（1）香椿提取液的制备　红香椿嫩叶（芽）经采收、清洗后，于92℃漂烫液中杀青 2～3min，冷却后榨汁、杀菌、过滤即得香椿提取液（浓度 50％）。烫漂液为 0.2％的纯碱与 0.02％的葡萄糖酸锌混合液，榨汁护色用抗坏血酸或 D-异抗坏血酸。

（2）豆浆的制备　选用子粒饱满、无虫蛀、无霉变的黄豆，于 8～10℃水中浸泡，使黄豆充分吸水膨胀、组织软化，吸水率达最大。浸泡后的黄豆以 4～8 倍水磨浆，豆渣与豆浆混合后二次磨浆、均质，以提高蛋白质回收率。

（3）煮浆与配料　豆浆在 95～100℃热煮 5～10min，加入香椿提取液（添加量为 15.0％）后混匀、冷却；料温降至 30℃时，加入 0.30％的葡萄糖酸-δ-内酯（以豆浆量计）点浆。

（4）凝固与成型　点浆后的料液经装盒、密封、保温（85～90℃）凝固（时间为 35min）、冷却，即得红香椿豆腐。

十八、苦菜汁内酯豆腐

1. 生产工艺流程
苦菜→整理→水洗→加入护绿剂漂烫→水冷→

加入定量水打浆→过滤→苦菜汁
↓

大豆→筛选→浸泡→磨浆→煮浆→过滤→冷却→混合搅拌→点浆→放入模盒→封口→加热保温→冷却成型

2. 操作要点

（1）苦菜汁制备　将整理、水洗后的苦菜放于加入0.4%～0.6%护绿剂（氯化钙）的85℃热水中浸泡2min灭酶，以提高菜汁稳定性及出汁率。将烫漂过的苦菜冷却后加40%水打浆，经100目滤布过滤后得苦菜汁。苦菜汁浓度为10%。

（2）苦菜汁内酯豆腐生产　选取颗粒饱满，无虫蛀、无霉变的大豆，按照料水比为1:3.5，浸泡9～11h，大豆吸水量为浸泡前的2.1～2.5倍。用大豆干重的4倍水磨浆。煮沸3～5min，在煮豆浆时应注意不断搅拌防止锅底结焦，用100目的滤布将煮过的豆浆过滤。冷却到30℃以下时，加入菜汁及葡萄糖酸-δ-内酯（添加量为0.25%）并搅拌均匀，注意去除液面气泡，若气泡过多可加入消泡剂。再用80～85℃水浴保温25～30min，加温成型同时也起到了消毒作用。加热完毕，应尽快冷却，豆腐口感更佳。

3. 成品质量标准

（1）感官指标　整体呈光亮的淡绿色；有纯正豆香味和鲜香味，无异味；口感细嫩；凝固效果好，组织均匀一致，无黄浆水，弹性适中。

（2）微生物指标　菌落总数≤50000个/g，大肠菌群≤70个/100g，致病菌不得检出。

十九、玉竹保健内酯豆腐

玉竹是一种药食两用中药材，具有养阴润燥、生津止渴的功能，对肺胃阴伤、燥热咳嗽、咽干口渴、内热消渴等症状有较好疗效。在豆乳中添加玉竹制成玉竹豆腐，既增加了营养价值，又改善了口味。

1. 生产工艺流程

（1）玉竹液的制备　玉竹→浸泡→清洗→切块→榨汁→熬煮（玉竹水比为1:4.5）→冷却→过滤（400目）→玉竹液

（2）玉竹内酯豆腐的制备　大豆→清洗→浸泡→磨浆→过滤→煮浆→冷却→加入定量玉竹液搅拌→加入凝固剂→加热保温→

冷却成型

2. 操作要点

（1）**玉竹液制备**　玉竹浸泡（玉竹水比为 1∶4.5）清洗之后，切成小块，然后放入榨汁机中榨汁后高温熬煮，400 目滤布过滤，得玉竹液备用。

（2）**大豆浸泡**　在 20～30℃水温下浸泡 12～15h，使大豆膨润松软，充分吸水，并每隔 20～30min 换水一次，防止其发芽。浸泡时保证水量充足，浸泡好的大豆约为原料干豆重量的 2～3 倍。

（3）**磨浆、过滤、煮浆、冷却**　浸泡好的大豆用水冲洗几次，以去除漂浮的豆皮和杂质等。按豆与水之比为 1∶4 的比例，使用自动分离磨浆机，磨浆、过滤同时完成。过滤后豆浆在 80～100℃的温度下煮沸 5min，然后冷却到 30℃以下。

（4）**加入玉竹提取液、混匀**　在豆乳里以一定比例加入玉竹提取液，豆乳与玉竹液比为 6∶1.5，充分搅拌混匀后再经过胶体磨胶磨，以使其混合均匀一致。

（5）**点浆、保温、凝固**　称取 0.25%～0.3%的葡萄糖酸-δ-内酯用蒸馏水溶解后加入豆乳中混匀。加热至 80℃水浴保温 20min。

（6）**冷却、定型**　保温凝固的豆腐取出后立即放入冷水中快速降温，冷却成型。

3. 成品质量标准

（1）**感官指标**　色泽呈淡黄色；具有纯正豆香和一定玉竹香，味正无异味；组织形态呈块状，质地细嫩，有弹性；无肉眼可见外来杂质。

（2）**理化指标**　水分≤91%，蛋白质≥4.0%，砷（以 As 计）≤0.5mg/kg。

（3）**微生物指标**　菌落总数≤50000 个/g，大肠菌群≤70 个/100g，致病菌未检出。

二十、发芽大豆填充豆腐

大豆经适当发芽处理后，制成的豆腐营养价值丰富，口感和风味较佳，利于人体消化吸收，增进健康。充填豆腐是指凝固剂与熟豆浆混合后，以液体状态装入包装容器内并成型的豆腐，具有生产过程机械化、自动化程度高，生产效率高的优点；生产卫生条件较好，延长了豆腐的保质期；产品有包装，因而易于贮存和销售，携带方便。

1. 生产工艺流程

大豆→筛选→清洗→浸泡→发芽→磨浆→滤浆→煮浆→脱气→冷却→点浆→保温、凝固→冷却、定型→成品

2. 操作要点

（1）**大豆挑选、洗涤** 挑选无虫蛀、无霉变，粒大皮薄，颗粒饱满的大豆，用水冲洗几次，以去除豆粒上附着的灰尘等杂物。

（2）**浸泡** 在 20～30℃水温下浸泡 10～13h，使大豆膨胀松软，充分吸水，并每隔 1h 换水一次，要防止其腐败，使营养成分受到损失。浸泡要有足够的水量，大豆吸水后的重量是浸泡前的2.0～2.5 倍。

（3）**发芽** 浸泡后的大豆用清水冲洗干净，均匀地摊于瓷盘内，大豆层厚 25mm 左右，铺以潮湿纱布，放置在具有 20℃的恒温箱内发芽 12h。

（4）**磨浆、过滤、煮浆、脱气、冷却** 浸泡好的大豆或发芽大豆再用清水冲洗几遍，以去除漂浮的豆皮杂质，大豆与水以 1:7 的配比进行磨浆，渣浆自动过滤分离，豆浆在 98～100℃下煮沸 5min，煮的同时要不停搅拌。煮熟的豆浆通过脱气工序，可以排除豆浆中的气体以及一些易挥发的呈味物质，然后冷却到 30℃以下。

（5）**点浆、保温、凝固** 按豆乳量 0.27% 的比例称取葡萄糖酸-δ-内酯，用蒸馏水溶解后，加入豆乳中混匀，加热保温的水浴温度控制在 85℃，凝固时间为 20min。

（6）**冷却、定型** 保温凝固的豆腐取出后，立即放入冷水中快速降温，冷却成型。

3. 成品质量指标

（1）**感官指标** 呈光亮白色；具有纯正的豆香味和鲜、甜味；

质地细嫩，弹性好；无肉眼可见的外来杂质。

（2）理化指标　水分≤90％，蛋白质≥4.0％，砷（以 As 计）≤0.5mg/kg，铅（以 Pb 计）≤0.1mg/kg。

（3）微生物指标　菌落总数≤50000 个/g，大肠菌数≤70 个/100g，致病菌（肠道致病菌及致病性球菌）不得检出。

二十一、枸杞豆腐

本产品是以大豆和枸杞为主要原料制作而成，具有很高的营养、保健价值。

1. 生产工艺流程

枸杞汁＋葡萄糖酸内酯
↓

原料大豆→清洗→浸泡→磨浆→生浆过滤→煮浆→冷却→点浆→保温凝固→冷却定型→成品

2. 操作要点

（1）枸杞汁制备　将枸杞洗干净，按料液比为 2：1（质量比）的比例加水浸泡 1h，然后将其放入打浆机中进行打浆，最后经过 200 目纱布过滤后即得红色的枸杞汁。

（2）豆腐制作

① 原料选择　选择色泽光亮、子粒饱满、无虫蛀和无霉变的新鲜大豆。

② 清洗、浸泡　将其表面异物、灰尘、微生物等清洗干净；浸泡在温度为 15～20℃的水中 10～12h，浸泡好的大豆吸水量为其未浸泡过的 3 倍，或者把浸泡后的大豆拧成两瓣，以豆瓣内表面基本成平面，略有塌坑，手指掐之易断，断面无硬心为宜。

③ 磨浆、过滤、煮浆　加入定量的水磨成浆，要求磨浆后浆汁要均匀、细腻；并用 60 目纱布过滤，过滤后的豆浆入锅，边煮边搅，防止粘锅焦底；当温度升至 60℃时，加入几滴豆油消泡，煮沸 5min 后关火。

④ 点浆、保温凝固　待温度下降至 30℃左右，按 20％比例添

加枸杞汁，混合均匀，加入 0.25% 的凝固剂葡萄糖酸-δ-内酯，葡萄糖酸-δ-内酯与豆浆的混合必须在 30℃ 以下进行，否则凝固剂与热豆浆接触的瞬间就会凝固，导致凝胶不完全、不均匀和白浆的产生；升温至 90℃，保持 25～30min 进行凝固，保温凝固的豆腐取出后立即放入冷水中快速降温，冷却成型，即得枸杞豆腐。

二十二、海带豆腐

以大豆、海带为原料生产的海带豆腐，其产品既保持了大豆特有的豆香味，又增加了海带的营养，是一种营养全面的保健豆腐，具有很好的开发前景。

1. 生产工艺流程

海带汁＋葡萄糖酸-δ-内酯
↓

大豆→清选→浸泡→磨浆→滤浆→煮浆→冷却→点浆→保温凝固→冷却定型→成品

2. 操作要点

（1）原料大豆　选择色泽光亮、子粒饱满、无虫蛀和无霉变的新鲜大豆为佳。

（2）清选　洗净大豆表面的异物、灰尘、微生物等，得到干净的大豆原料。

（3）浸泡　温度为 15～20℃，不可超过 30℃。浸泡时间大约 10～15h，浸泡好的大豆吸水量为其大豆的 3 倍或者把浸泡后的大豆扭成两瓣，以豆瓣内表面基本成平面，略有塌坑，手指掐之易断，断面无硬心为宜。

（4）磨浆滤浆　磨浆时加入泡好大豆 5 倍的水，水温为 95℃，磨浆时间 4～6min。要求磨浆后浆汁粗细要均匀、细腻。并用 60 目纱布过滤。热磨是为了消除大豆中的抗营养因子，大豆中所含的抗营养因子可通过湿热处理破坏，其中脂肪氧化酶钝化温度为 80℃，所以采用 95℃ 的热水进行磨浆即可。

（5）煮浆冷却　过滤后的豆浆在 100℃ 煮浆持续 5min，防止溢锅。煮浆后要冷却到 30℃。

（6）点浆　在 30℃ 的豆浆中添加制备好的海带汁 20%（豆浆量），同时加入 0.30% 的葡萄糖酸-δ-内酯（豆浆量），葡萄糖酸-δ-内酯与豆浆的混合必须在 30℃ 以下进行，否则凝固剂与热豆浆接触的瞬间就会凝固，导致凝胶不完全、不均匀和白浆的产生。葡萄糖酸-δ-内酯与豆浆混合前，用少量凉开水或凉熟浆溶后混合混匀，以免添加不均。

（7）保温凝固　将豆浆、海带、葡萄糖酸-δ-内酯混合装盒密封后在 95℃ 下进行保温凝固，保温时间 16min。

（8）冷却定型　保温凝固的豆腐取出后立即放入冷水中快速降温，冷却成型。

3. 成品质量标准

（1）感官指标　白色，稍带绿色，呈块状，质地细腻滑润，弹性好，保水性好，具有纯正的豆香味和海带味，无腥味。

（2）理化指标　水分 ≤92%，蛋白质 ≥5%。

（3）微生物指标　细菌总数 ≤5×10^4 个/g，大肠杆菌个数 ≤70 个/100g，致病菌不得检出。

二十三、大豆鸡血豆腐

以大豆豆浆和鸡血为主要原料，生产出的一种双蛋白内酯豆腐，是一种营养丰富的新型双蛋白食品。

1. 生产工艺流程

鸡血→静置→过滤
↓
大豆→筛选→清洗→浸泡→冲洗→磨浆→过滤→煮浆→冷却→混合→调浆→灌装→凝固→冷却→成品

2. 操作要点

（1）原料选择与筛选　要生产出高质量的产品，就必须对原料清杂，以清除杂物、杂粮、砂、石之类。

（2）清洗　去除大豆表面的污垢、杂质等。

（3）**浸泡** 浸泡用大豆干重 2.5 倍的水，在 25℃浸泡大豆 12h。浸泡好的大豆应达到如下要求：大豆增重为 1.8～2.5 倍；大豆表面光滑，无皱皮；豆皮不会轻易脱落豆瓣，手感有劲；豆瓣的内表面稍有塌坑，手指掐之易断，断面已浸透无硬心。

（4）**冲洗** 洗净大豆，去除漂浮的豆皮和杂质，降低泡豆的酸度，除净带有酸性的泡豆水。

（5）**磨浆** 磨制是用磨浆机将大豆破碎，加水量为浸泡前大豆干重的 3 倍。磨制过程中如进料处理不当也会增加泡沫，泡沫过多会给豆制品生产带来困难。除此之外，还应注意加水的水温要适宜。磨成的豆糊粗细粒度要适当并且均匀、不粗糙，外形呈片状，豆糊的细度直接影响到蛋白质在水中的溶解度，这和出品率直接相关，豆糊的细度较好，能使豆制品洁白细嫩，柔软有劲。

（6）**过滤** 滤浆是用分离机把加了温水稀释好的沫糊进行浆、渣分离。为了充分提取沫糊中的蛋白质，采取用 90 目尼龙绸过滤，添加大豆干重 3 倍的水，水温在 50～60℃，分成 3 次洗浆过滤。

（7）**煮浆** 试验中煮浆控制在 95～100℃下煮沸 5min，使蛋白质热变性较彻底，使凝血素和胰蛋白酶阻碍因子失去活性，增进大豆的香味和提高蛋白质的消化率，消除大豆的豆腥味并灭菌，保证产品的卫生。

（8）**混合、调浆** 混合阶段先将静置过滤好的鸡全血按照豆浆与鸡血比例 8：1 添加至预置冷却好的豆浆内，搅拌均匀，再加入 0.25％的葡萄糖酸-δ-内酯，向同一方向轻轻搅拌，准备灌装。

（9）**灌装** 在灌装过程中，注意灌装不得过满，要与盒口有一定距离，且尽量减少气泡的产生，以影响成品外观质量。

（10）**凝固** 将已灌装好的混合豆浆放入 95～100℃水浴中加热 25min，葡萄糖酸内酯在水溶液中随着水的温度升高，不断水解产生葡萄糖酸，蛋白质溶液中的线性高分子互相接近，并在很多结合点上通过 H^+ 交联起来形成网状骨架，溶剂水则被包含在网状骨架内形成凝胶使蛋白质凝固。

（11）**冷却** 将初步凝固的产品放置于室温环境中进行冷却

处理。

二十四、咖啡（奶粉）内酯豆腐

内酯豆腐是以无毒无害的葡萄糖酸内酯代替传统的卤水为凝固剂而制得的一种新型豆腐。这种新型豆腐蛋白质流失少、保水率高、质地细嫩、有光泽、口感好、清洁卫生。利用葡萄糖酸内酯做豆腐的特殊意义在于制作的包装灭菌豆腐能够长期保存不变质，而且还可以进行工业化生产。花色内酯豆腐是在普通内酯豆腐的基础上，添加一些营养物质或改善风味的物质，使其营养更为完善，风味更为独特。以下介绍咖啡（奶粉）内酯豆腐的制作。

1. 生产工艺流程

选豆→洗豆→浸泡→磨浆→煮浆→加咖啡（奶粉）→冲浆→成品

2. 操作要点

（1）**选豆**　选择品质优良的大豆，要求子粒饱满、形状圆润、颜色淡黄、无霉变、无虫蛀，同时筛除杂质及变质豆粒。

（2）**洗豆**　去除豆粒表面的泥土等杂质。

（3）**浸泡**　洗净后的大豆应充分浸泡，浸泡水的质量为大豆质量的 2.3 倍。冷水浸泡时间为 8~10h，若采用热水则仅需 3~4h（判断浸泡达到要求的标准是用指甲掐豆时易断、断面浸透无硬心）。浸泡时可加一定量的碳酸钠，以利于蛋白质的溶解，提高出浆率。

（4）**磨浆**　用 80℃ 左右的热水磨浆，干豆与水的配比大约为 1:9，磨浆 2 次。磨浆时应采用较好的浆渣分离机，这样做出的豆腐光滑、细腻。

（5）**煮浆**　煮浆时加入少量的消泡剂防止产生大量的泡沫（家庭制作时加入几滴普通的食用油即可），同时还要不断搅拌以免煳锅。

（6）**加咖啡（奶粉）**　煮沸后加入一定量的咖啡（奶粉）。这里对咖啡（奶粉）没有特殊要求，可根据个人喜好选择不同的品牌。咖啡（奶粉）的加入量为每 1kg 豆浆加 50g，可根据个人口味调整添加量。搅匀后保持 3min 左右。

（7）冲浆　先称取一定量的内酯放入洁净的保温容器中，内酯质量分数为 0.35%。将煮沸的豆浆冷却到 90℃ 左右，然后倒入保温容器中，静置 10min 左右即得成品。

若将成品冷却至常温，食用时上面放些不同种类的果酱，味道更加鲜美，颜色也更加鲜艳。

3. 产品特色

花色内酯豆腐制作简便、成本低、回报率高、前景十分广阔，将内酯豆腐充浆于小容器中，简单快捷，方便携带。对于上班族来说，中间休息时间来一杯咖啡内酯豆腐，既时尚又补充营养，多效合一，实为不可多得的佳品。此外，花色内酯豆腐酷似果冻，但其营养价值又远远高于果冻。对于家长来说，自己动手制作花色内酯豆腐来作为孩子的零食，营养、方便、安全，是一种非常健康的"新食尚"。

二十五、胡萝卜保健内酯豆腐

胡萝卜保健内酯豆腐是在传统豆腐加工中加入胡萝卜天然营养素的保健食品，由于胡萝卜的加入使豆腐具有其色泽，这在餐饮上增加了消费情趣，且胡萝卜又具有降血压和抗癌功能，消费前景看好。

1. 原料

大豆、胡萝卜、葡萄糖酸-δ-内酯。

2. 生产工艺流程

① 胡萝卜→清洗→碱液去皮→修整→蒸软→打浆→过滤→胡萝卜汁

② 大豆→浸泡→磨浆→煮浆→过滤→冷却

①＋②→加凝固剂→加热保温→冷却→成品

3. 操作要点

（1）胡萝卜汁制备　挑选色泽橙黄、肉质新鲜、无腐烂的胡萝卜，将其洗净，按原料碱液比 1：2 的比例在 85～90℃、4％氢氧化钠溶液中浸泡 70s。用清水漂洗经碱液去皮的胡萝卜，搓揉去净表皮，除去青头和凹陷部分的污物，然后用蒸汽蒸 15min，冷却后打浆，经 100 目尼龙筛过滤后得胡萝卜汁。

（2）胡萝卜汁豆腐的制备　选取颗粒饱满、无虫蛀、无发霉的大豆，在水温 8～10℃下浸泡 12～14h，大豆吸水量为浸泡前的 2.0～2.5 倍。用 5 倍的水磨浆，得到的豆浆煮沸 3min，用 100 目尼龙筛过滤，冷却到 30℃，得 1：5 豆乳。添加胡萝卜汁，搅拌均匀后，加入 0.20％葡萄糖酸-δ-内酯，混匀，加热至 90℃，保持 30min 即凝固成型。

二十六、黑豆大豆复合豆腐

1. 生产工艺流程

黑豆→清洗→浸泡→磨浆
　　　　　　　　　↓
大豆→清洗→浸泡→磨浆→过滤→煮浆→点浆凝固→浇制成型→成品

2. 操作要点

（1）原料选择　选择子粒饱满、色泽鲜亮、充分成熟，无病、无虫、无伤、无霉变、无生芽、无污染的大豆和黑豆，并且蛋白质含量高的品种。

（2）清洗、浸泡　将原料分别进行清洗并充分浸泡，从而达到充分膨胀，浸泡温度 20℃左右，浸泡时间 12h 左右。

（3）磨浆、过滤　将处理好的原料用豆浆机进行打磨，同时控制豆水比例。大豆的豆水比例为 1：7（质量体积分数），黑豆的豆水比例为 1：9（质量体积分数）。磨浆后，将黑豆浆和大豆浆以 3：1 的比例进行混合。混合后用纱布进行过滤，反复进行 3～5 次，直到浆液滤干。

（4）煮浆　把榨出的生浆倒入锅内煮沸，不必盖锅盖，边煮边撇去上面的泡沫。温度要高，但要控制好温度，防止豆浆沸后溢出。豆浆煮到温度达 95～100℃即可。温度不够或时间太长，都会影响豆浆质量。

（5）**点浆凝固** 点脑前先将热豆浆降温至 80～90℃左右，加入 0.25％的凝固剂（葡萄糖酸-δ-内酯），将混合浆液搅拌均匀。

（6）**成型** 豆浆点脑后，保温 20～30min 倒入盒中等待凝固完全，凝固温度为 75℃，保持静止一段时间待自然冷却，使其凝固成型，即形成一定形状和良好表面的成品。

二十七、沙棘内酯豆腐

1. 生产工艺流程

大豆→挑选→洗涤→浸泡→加沙棘籽粕磨浆→过滤→煮浆→冷却→点浆→保温→凝固→冷却→定型→成品

2. 操作要点

（1）**大豆挑选及洗涤** 选择色泽光亮、子粒饱满、无虫蛀和无霉变的新鲜大豆，将其表面异物、灰尘和微生物等清洗干净。

（2）**浸泡** 在温度为 15～20℃的水中 10～12h，浸泡好的大豆吸水量为其未浸泡过的 3 倍或者把浸泡后的大豆扭成两瓣，以豆瓣内表面基本成平面，略有塌坑，手指掐之易断，断面无硬心为宜。

（3）**加沙棘籽粕磨浆、过滤** 加入定量的水和 15％的沙棘籽粕（沙棘籽经超临界 CO_2 萃取后的副产物）混匀磨浆，要求磨浆后浆汁要均匀、细腻，并用 60 目纱布过滤。

（4）**煮浆** 过滤后的匀浆入锅，边煮边搅，防止粘锅焦底；当温度升至 60℃时，加入几滴大豆油消泡，煮沸 5min 后，关火。经煮浆后使豆浆浓度达 20％。

（5）**冷却、点浆** 待温度下降至 30℃左右，加入 0.30％的凝固剂葡萄糖酸-δ-内酯，凝固剂与豆浆的混合必须在 30℃以下进行，否则凝固剂与热豆浆接触的瞬间就会凝固，导致凝胶不完全、不均匀和白浆的产生。

（6）**保温凝固** 升温至 90℃，保持 25～30min 进行凝固，保温凝固的豆腐取出后立即放入冷水中快速降温，冷却成型，即得沙棘豆腐。

二十八、紫薯彩色豆腐

1. 生产工艺流程

紫薯→洗净→蒸熟→去皮→切碎
↓
大豆→除杂→洗净→浸泡→打浆→煮浆→过滤→豆浆→降温→
混合→点脑、蹲脑→成型→豆腐

2. 操作要点

（1）**大豆除杂、浸泡**　将挑选好的大豆经清洗除杂后进行浸泡，在室温下用自来水浸泡10～16h，胀豆质量为干豆的2.0～2.5倍。

（2）**打浆**　按照胀豆与水1∶5的比例加水进行磨浆，要求磨浆后浆汁要均匀、细腻。

（3）**煮浆**　打浆后得到的浆液直接煮浆，并持沸5min。

（4）**过滤**　煮浆后利用120目尼龙纱布挤压除渣并收集豆浆。

（5）**降温、混合、点脑、蹲脑**　将豆浆机设为非加热状态，一并加入熟紫薯、卡拉胶、豆浆，具体用量：卡拉胶（与豆浆相比）0.4g/100mL，熟紫薯30％。再次打浆，并在搅打下加入2.8％的复配凝固剂（柠檬酸与葡萄糖酸-δ-内酯以1∶6.2质量分数混合物，制成饱和溶液），匀浆，装入容器，在80℃的恒温下蹲脑，时间为60min。

（6）**成型**　经过蹲脑后，将其放入豆腐成型模具中冷却成型即为成品。

3. 成品质量标准

（1）**感官指标**　呈均匀的紫色或淡紫色，块形完整，软硬适度，富有一定弹性，质地均匀，无杂质，有豆腐芳香和紫薯甜味，口感细腻滑爽，易于吞咽。

（2）**理化指标**　含水率76.3％，蛋白质8.2％。

（3）**微生物指标**　细菌总数为3.7×10^4个/g，大肠杆菌未检出，致病菌未检出。

二十九、核桃牛奶风味内酯豆腐

1. 生产工艺流程

核桃去壳→脱膜（脱涩）

　　　　　　　↓

大豆精选→浸泡→磨浆→过滤→煮浆→调配→保温凝固→包装

2. 操作要点

（1）核桃处理

① 去壳　选取新鲜优质的核桃，去除外壳及内部干瘪、发黑和发霉的坏果。

② 脱膜（脱涩）最佳条件为：NaOH 溶液浓度（质量分数）0.25mol/L、浸泡液温度 95℃、浸泡时间 10min。

（2）选豆与浸泡　大豆应选择色泽光亮、子粒饱满、无虫蛀和鼠咬的新大豆。浸泡时的用水量为大豆质量的 2～3 倍，浸泡约12h。浸泡后的大豆以表面光滑、无皱皮、豆皮轻易不脱落，手感有弹性为宜。

（3）磨浆与过滤　将大豆、核桃、水按比例加入磨浆机中，核桃与水之比为 1∶10（质量体积分数），大豆与核桃浆之比为 1∶12（质量体积分数）。磨浆时随料定量匀速加水，以防运转时产生的热量使蛋白质变性，将剩下的水和豆浆混匀，再次研磨。

（5）煮浆　将过滤后的核桃豆浆进行加热，加热过程中需不停搅拌，温度不宜太高，待沸腾 1～2min 后关火。

（6）调配、保温凝固　在核桃豆浆 90℃ 时，加入 8% 白糖、15% 奶粉、0.04% 柠檬酸、0.10% 核桃香精和适量的卡拉胶进行搅拌溶解，经冷却后加入葡萄糖酸-δ-内酯溶液（葡萄糖酸-δ-内酯的用量为 0.2%），加入时应匀速添加并慢速搅拌均匀，快速倒入包装盒中进行保温（80℃）凝固。产品经凝固后再经冷却即为成品。

3. 成品质量标准

（1）感官指标　外观：质地均匀光滑、内无气泡、无明显凝块、无裂缝、乳白色，有光泽；风味：产品具有核桃香、豆香、奶香味；口感：口感鲜嫩、柔滑、清爽。

（2）理化指标　蛋白质 4.84g/100g，脂肪 3.26g/100g，总糖 8.2g/100g，固形物 17.4g/100g，葡萄糖酸-δ-内酯 0.2g/100g，酸度 4%，水分 80%。

（3）微生物指标　菌落总数为 3 个/mL，大肠菌群和致病菌未检出。

三十、水果内酯豆腐

1. 生产工艺流程

葡萄糖酸内酯＋果汁

↓

大豆→筛选→清洗→浸泡→磨浆→煮沸→混合→保温凝固→定型

2. 操作要点

（1）选豆、清洗　选取健康、饱满、无霉变和无虫害的黄豆，利用清水洗净备用。

（2）浸泡　按照质量比大豆：水＝1：4 的比例加水进行浸泡，根据室温控制浸泡时间，夏季可浸泡 8h 左右，冬季可过夜。在浸泡过程中，需换水 2～3 次，进一步去除杂质，夏季需预防酸败。

（3）制浆　将浸泡好的大豆去除浸泡水，重新加水，控制在 1：10 磨浆。调节磨筛，使豆浆尽量细腻。

（4）过滤　将磨好的豆浆倒入豆腐滤布中过滤（滤液即豆汁），滤渣即为豆腐渣。

（5）煮浆　将过滤后的豆浆加热至沸腾并保持 5～10min，破坏大豆中的抗营养因子。

（6）果汁　取新鲜的苹果榨汁，过滤，备用。

（7）混合　将豆汁冷却至室温，与苹果汁充分混合，两者比例为 8.5：1.5。

（8）凝固、成型　在混合好的料液中加入事先用凉开水溶解的葡萄糖酸-δ-内酯，其用量为 2g/L，充分混合均匀。将混合后的物料装盒，加热至 85℃保温成型，再经冷却即为成品。

三十一、枸杞菜营养内酯豆腐

枸杞菜是纯天然的无公害绿色食品，具有良好的保健功效，枸杞菜营养丰富，可与枸杞子媲美，本产品是以枸杞菜和大豆为原料生产出的一种新型内酯豆腐。

1. 生产工艺流程

大豆→选料→清洗→浸泡→磨浆→豆浆

枸杞嫩茎叶→清洗→杀青→切碎→磨浆→过滤→枸杞菜汁→混合→煮浆→过滤→冷却→加内酯→恒温加热→冷却→成品

2. 操作要点

（1）枸杞菜汁制备　将采摘到的枸杞嫩茎叶称重，用水将叶子上污渍清洗干净，然后放入沸水中杀青，时间为 1min 左右，捞出，然后用冷水冷却，用刀切碎，加入适量的水于匀浆机中进行磨浆，将得到的浆汁用纱布过滤得到枸杞菜汁。一般制得的汁液是枸杞菜重量的 2 倍。

（2）大豆选料、清洗、浸泡　选用豆脐（或称豆眉）色浅、含油量低、粒大皮薄、粒重饱满、表皮无皱而有光泽的大豆。利用清水将大豆洗净，在春秋季水温 10～20℃，浸泡 12～18h，夏季水温 30℃左右，浸泡 6～8h，冬季水温 5℃，浸泡约 24h。水质以纯水、软水为佳，用水量一般以豆水重量比 1：3 为好，浸泡好的大豆约为原料干豆重量的 2.2 倍，泡好的豆要求豆瓣饱满，但浸泡时间如果过长，会影响出浆率。

（3）磨浆　一般选用能进行浆渣自动分离的磨浆机，粗磨、细磨共 2～3 次，尽可能提高大豆蛋白的抽提率。磨浆过程中加水量的多少就决定了成品内酯豆腐的老嫩，一般做老豆腐时水与干豆的比例是（3～4）：1，做嫩豆腐时水与干豆的比例是（6～10）：1。第 1 次粗磨时加水量为总加水量的 30%，第 2 次调节磨浆机螺旋进行细磨，加水量为 30％，第 3 次的加水量为 40％，尽可能把豆渣里面的浆冲洗出来，磨好的渣应手感细腻无颗粒。

（4）**混合**　将枸杞菜汁和豆浆按 1：9 的比例混合均匀。

（5）**煮浆**　把混合好的豆浆放在容器中，将浆煮至 60～70℃时放入约豆重 0.3％的食用消泡剂，把加热过程中产生的泡完全消掉为止，然后继续加热把浆煮开，浆沸腾后保持 3～5min 把浆煮透。

（6）**冷却**　把煮好的豆浆进行冷却，降温至 30℃左右。

（7）**加内酯**　以葡萄糖酸-δ-内酯为凝固剂，用量为 0.2％。先将葡萄糖酸-δ-内酯用少量冷开水溶解，用量为 1kg 浆加 3g 内酯，将溶解好的内酯加入已冷却的豆浆中缓慢调拌均匀即可。

（8）**成型**　将凝固后的浆倒入成型模具中，放入恒温水浴中，在 80～85℃之间保温 20min 即为成品。刚成型的豆腐暂不能摇动，应静置一段时间让其自然冷却。

第三节　新型非大豆豆腐

一、魔芋豆腐

每千克魔芋可加工出 3.5～4kg 魔芋豆腐。长江以南除高温季节魔芋浆液不易凝固成型，不宜进行加工外，当年 9 月至来年 6 月均可加工。

1. 生产工艺流程

备料→磨浆→凝固→切块→锅煮

2. 操作要点

（1）**备料**　主要是魔芋和石灰浆液。魔芋应选大小为 0.5～1kg、新鲜无霉烂的为好，出土太久的要在水中浸泡 1～4d，或用湿沙掩藏预湿。对选好的魔芋要清洗，达到白净、不留外皮、无杂质和泥沙，不易洗刷干净的，要用小刀轻轻地把破皮削去。调制石灰浆液，要用新出窑的石灰块化成的石灰粉，每 10kg 水加 150～

250g，一般磨浆前4～12h调制好。

（2）**磨浆** 取调制好的石灰浆的上层清液，按每千克魔芋用3～3.5kg石灰清液的比例，点滴磨浆。要掌握好石灰清液的用量，不可过少过多。过少，魔芋浆液不能凝固成型；过多，做成的魔芋豆腐易发黑。

（3）**凝固** 当魔芋浆液的液面不见清澈的明水而变成糊状物时，立即倒入豆腐箱内，使厚薄均匀，并将液面抹平整。豆腐箱的大小，以魔芋豆腐的厚薄大小而定。

（4）**切块** 在魔芋浆液凝固成有一定硬度的块状时，用刀将其划成小块，每块以0.5kg为宜。

（5）**锅煮** 在干净的铁锅里放入适量的水，用火加热使水温达到70～80℃，将划成小块的魔芋豆腐坯一块一块地铲进锅里，使其成一定规律的排列，锅中的水要高出魔芋豆腐坯5cm，以防烧锅。煮时开始用小火，待半熟有硬皮状物时用大火，并用锅铲铲动，直至煮熟变硬为止。一般每锅需煮2～3h。

注意事项：在加工魔芋豆腐过程中，对接触魔芋豆腐有痒痛感觉的人，可戴医用手套或橡胶手套操作，不要把皮屑、浆液溅到眼部、脸部及皮肤上。

二、玉米豆腐

传统玉米食品有口感粗糙的缺点，若采用新工艺做成玉米豆腐，不仅保留了玉米的香气，吃时还口感细腻，容易消化，经常食用可增加食欲，并有减肥保健作用。随着生活水平的提高，人们对日常饮食的要求日趋多样化，若将玉米豆腐引进城市，市场潜力巨大。玉米豆腐的生产工艺如下。

1. 原料配方
玉米20kg，杂木灰5kg，槐花米20g。

2. 生产工艺流程
备料→破碎→煮汁→浸泡→预煮→磨浆→过滤→熬煮→冷却成型

3. 操作要点

(1) 备料

① 选干净、新鲜、无杂质、干燥、金黄色玉米粒。

② 杂木灰 取晒干的杂木燃烧后生成的灰，千万不能用其他草类或叶类烧成的灰，否则做不成豆腐。同时，灰要干净，不能掺有石子或没有燃尽的炭头等杂物。

③ 槐花米 是将槐树所开花蕾摘下晒干而成。

(2) 破碎 将玉米破碎成细粒状，每颗玉米破碎成 4～8 粒（不能粉碎成粉），筛去粉末和玉米表皮。

(3) 煮汁 将杂木灰放入特制的箩筐中，向筐中缓缓冲入热水，直至滤出的水清澈时停止冲水，然后将滤得的灰汁水倒入锅内熬煮 2h 左右，待灰汁色深浓醇时即可出锅。

(4) 浸泡 将槐花米磨成粉末，放入适量的灰汁水中；将破碎的玉米倒入水缸中，再倒入处理好的灰汁水，浸泡 4h 左右。

(5) 预煮 将浸泡好的玉米碎粒连同灰汁水放入干净无油污的铁锅中进行预煮。预煮时要注意以下几点：第一，加灰汁水的量以用木棒或饭勺能搅动玉米碎粒为宜。第二，煮的时间不宜过久，一般以煮至玉米碎粒稍微膨胀，全部熟透为度，煮得过熟，玉米豆腐是稀的，煮得过生，则不成豆腐。第三，勤搅勤拌，切勿烧锅。

(6) 磨浆 将煮好的熟玉米碎粒带灰汁水用磨浆机或石磨磨成玉米浆（同制黄豆豆腐一样），不能太干，一般以能从打浆机或石磨中流下为宜。

(7) 过滤 将玉米浆液用滤布粗滤一次，目的是再一次去掉玉米的表皮或其他杂物。滤布的孔不能太细（一般不超过 50 目），以免减少豆腐的产量。

(8) 熬煮 将滤下的玉米浆倒入干净无油污的铁锅中用文火慢慢地熬，熬成糊状，即用饭勺舀满后向下倾倒，以糊能成片状流下即可，不能过稀也不能过干。

(9) 冷却成型 将熬熟后的玉米糊，趁热倒入已垫有一层白布的木箱中，料浆厚度 3.3cm 左右，并将表面整平，让其自然冷却，凝固成型，即为玉米豆腐。按此工艺每千克玉米可生产玉米豆腐 4kg 以上。

三、侗家特色米豆腐

湘西南与黔东南的侗家苗寨流传着一种特色食品米豆腐，可用清水浸泡，随时取用，即使存放 2～3 个月甚至半年也不会变质变味，且风味独特，清凉适口，食用方便。其制法如下。

1. 原料配方

以 5kg 大米为例，选取新鲜草木灰 3kg（可用食用碱 200g 或石灰 400g 代替）。

2. 生产工艺流程

原料→浸米→磨粉或打浆→煮浆→蒸熟→存放→成品

3. 操作要点

（1）浸米 将草木灰或食用碱溶于 5kg 50℃的温水中，澄清后取上层清液用于浸泡大米 24h。要求米粒吸水充分，颜色金黄，否则继续加碱浸泡。

（2）磨粉或打浆 把浸泡好的大米以清水淘洗，用石磨或机械磨成浆。浆汁以黏稠又能流动为宜。

（3）煮浆 浆汁用文火烧煮，边煮边搅拌。以加水量来调制米豆腐比普通米豆腐稍硬为好。煮至半熟时倒入盆内，趁热和成馒头状的团块。

（4）蒸熟 把团块迅速放入甑或蒸笼内以大火蒸至熟透。

（5）存放 米豆腐冷却后，盛于缸或盆内加清水浸泡，置于阴凉处。

4. 食用

将米豆腐块切成颗粒，以清水漂洗后，投入开水锅内煮沸2min，捞出加上调料就可食用。

四、大米豆腐

经筛选后的残次碎大米，往往因为蒸煮的米饭不如精大米好吃，因而被人们轻视，甚至当作饲料，如果利用碎大米为原料，将其加工成豆腐，其质量、口感能与黄豆豆腐相媲美，深为消费者所喜爱。其加工技术如下。

1. 主要原料

碎大米、石灰粉。

2. 生产工艺流程

原料→浸泡→磨浆→煮浆→定型→成品

3. 操作要点

（1）**浸泡**　先用清水将碎大米淘洗2～3次，除去杂质，再加入适量清水浸泡，同时按每千克碎大米加新石灰粉50g的比例制成石灰乳，加入碎大米浸泡水中。石灰乳的制法：取石灰粉用清水调成石灰浆，并过滤，滤液即为石灰乳液。加入碎大米浸泡缸时，应随加随搅拌，以达均匀混合，然后静置4～5h。

（2）**磨浆**　待大米浸泡成黄色时，过滤出大米，用清水洗净，再加2倍量的清水，带水用石磨磨成米浆。

（3）**煮浆**　向干净无油污的铁锅中，按每千克碎大米加2kg清水的比例，加入定量的清水，加进全部米浆，搅拌后用大火烧煮，至半熟时改用小火烧煮，直到煮熟为止。

（4）**定型**　浆煮熟后，趁热倒入已垫一层白布的模具中，控制料浆厚度3.3cm左右，自然冷却至凝固定型，此时，大米豆腐即成，出售时，按食用者的需求划分小块。此法每千克大米可制取7kg左右的豆腐，利润较高。

五、花生豆腐

花生是一种营养丰富的经济作物，以其为原料可生产出清香可口、柔软细嫩、口感细腻、保鲜期长的花生豆腐，不仅满足了人民生活的需要，同时为花生深加工开辟了一条致富门路。

1. 生产工艺流程

原料→粉碎→配料→调浆→煮浆→成型→成品

2. 操作要点

（1）**原料的制备**　选大颗粒、新鲜的、无霉变的花生仁，用温水浸泡 1h，除去表皮，然后将其进行干燥。

（2）**粉碎**　将干燥后的原料利用粉碎机粉碎，或用钢磨、石磨磨细，越细越好，一般都是粉碎两次，磨也要两次，细度才能合乎要求，粉碎好装入木桶或铝桶中待配料。

（3）**配料**　按1∶1的比例，加入甘薯淀粉并混合均匀，这样就制成了花生豆腐粉。为了使花生豆腐具有风味特色，可把花椒粉、大蒜粉、生姜粉、八角粉、茴香粉、香草粉、肉桂粉等加入，然后反复搅拌，使之混合均匀备用。

（4）**调浆**　将配好的花生豆腐粉装入容器中，按1∶3的比例加入干净的清水，边加边搅拌，直到使花生豆腐粉完全溶解于水中为止。

（5）**煮浆**　将加好清水搅拌好的花生豆腐浆，倒入大锅内，用大火烧开，边升温边搅拌，在直接加热锅内煮，特别要防止豆腐浆煳锅，最好是用夹层锅蒸汽加热，当花生豆腐浆煮沸后再煮5min左右，然后压火逐渐降温，当温度在80～90℃时，将石膏粉用温水化开慢慢地加入使豆腐浆表面均匀分布。

（6）**成型**　将点好石膏的豆腐浆，用瓢按成型容器的要求多少分出，成型器内要垫好薄布作包豆腐之用，当浆倒入了成型器，用布包好后，可用适当重的石块压在豆腐上，使水分排出即可使豆腐成型。

六、芝麻豆腐

芝麻豆腐是类似以大豆为原料的豆腐的芝麻制品。它质地细腻，营养丰富，具有芝麻独特的芳香和风味。其制作工艺有以下两种。

1. 工艺Ⅰ

（1）**配方**　芝麻100份、淀粉50份、水500份。

（2）**原料处理**　首先将芝麻用清水洗净，再与上述原料水的一部分用磨浆机磨成浆，然后掺入剩余的水，并用细纱布过滤，除去渣子，得到滤液——芝麻汁。

（3）**加热成型**　取上述得到的芝麻汁的 60%，添加淀粉，充分混合均匀，然后加热，要求边加热边搅拌，直至呈半透明的糊状物，停止加热，随后边搅拌边加入剩余的 40% 的芝麻汁，充分搅拌后，分别装入用耐热合成树脂制的包装袋中，排出袋内空气后密封，放入蒸锅中，在 100～105℃ 的温度条件下蒸煮 30min，然后取出经过冷却即为芝麻豆腐。

2. 工艺Ⅱ

（1）**配方**　芝麻 40g，芝麻油 40g，黄豆 7kg，水和凝固剂适量。

（2）**原料处理**　将黄豆用清水洗净，倒入缸中加水浸泡 24h，捞出后磨浆；芝麻倒入锅内炒熟，捣碎后与纯芝麻油混合均匀。

（3）**豆腐成型**　取 10kg 豆浆与混合液搅拌均匀，加入适量的凝固剂，再按常规方法制作豆腐。

七、花生饼豆腐

花生榨油后的花生饼中含有丰富的蛋白质等，历来主要用于饲料、肥料，如果利用花生饼生产豆腐不仅能充分利用花生饼中的大量蛋白质及其他营养成分，而且能增加食品花样，丰富人们的生活。

1. 生产工艺流程

原料→浸泡→粉碎→过滤→加热→冷却→成型→压型→成品

2. 操作要点

（1）**原料**　要求花生饼新鲜、无杂物。

（2）**浸泡**　按原料与水 1∶6 的比例加水浸泡。浸泡水的 pH 值以 7.0 为佳。夏季因气温高而使微生物易繁殖，浸泡水易呈酸性，花生蛋白等电点在 pH4.5 左右，这样容易造成蛋白质溶解度降低，所以，在浸泡过程中应换水，浸泡完毕，再用清水洗去酸性。也可在浸泡水中用亚硫酸氢钠调至 pH8.0 来解决。但 pH 值不能太高，否则会导致后工序胶凝的困难。

（3）粉碎　要注意控制转速和时间。通常采用的转速为4000r/min，粉碎时间为30min左右，加水量为1∶5.5。这样既可保证蛋白质的溶出，又使产品有较好的感官质量。

（4）过滤　用纱布进行过滤，只能去除浆中的渣，无法提净渣中残留的蛋白质，为此可将渣用清水浸洗再滤，以提高蛋白质回收率。

（5）加热　浆水添加胶凝剂，在94～96℃的温度下加热30min，移入成型容器中，密封后在80～90℃热水中浸泡1h，进行第二次加热灭菌，（在冷藏室内可贮存15d，30℃存3d，风味、色泽及口感较好）。

胶凝剂组成为每千克原料：淀粉7.2g，琼脂3.0g。

（6）冷却　加热后迅速用水冷却到15～20℃。

（7）成型　静置一段时间，使蛋白质胶凝剂作用下凝成"豆腐脑"，蛋白质由分散状逐渐形成网络状结构。

（8）压型　在成型容器中铺上纱布，移入花生豆腐脑，然后不断加压，析出水，但不应过量脱水。压型时间以40min左右为宜，此时，成品外观、质量均较好。压挤时间过长或过短都会影响产品质量。

3. 成品质量标准

（1）感官指标　白色或淡黄色，块型完整，软硬适宜，质地细嫩，有弹性，无杂质，具有花生特有的香味。

（2）理化指标　水≤90%，蛋白质≥12%，砷（以As计）≤0.5mg/kg，铅（以Pb计）≤1.0mg/kg。

（3）微生物指标　细菌总数≤50000个/g，大肠菌群≤70个/100g，致病菌不得检出。

八、花生粕豆腐

本产品是以花生浸出提油后的副产物——花生粕为原料生产的一种非大豆豆腐。

1. 生产工艺流程

花生饼粕→筛选→加水浸泡→加碱调节 pH→恒温浸提→滤浆→加酸调节 pH→煮浆→点浆→蹲脑→上架→压滤→成型→划块

2. 操作要点

（1）原料预处理　选择鲜榨后无虫蚀、霉烂、变质的低温压榨花生粕，按照 1∶5（质量体积分数）的料液比加水浸泡，使饼粕充分吸水散开。

（2）调节 pH 值浸提、滤浆　浸提前调节 pH 值为 7.0，90℃恒温浸提 120min，然后经过滤调 pH 至 4.5。

（3）煮浆　将前一步骤的滤液加热煮沸，并不断搅拌，冷却至 85～90℃。

（4）点浆蹲脑　煮透的浆液倒入石膏水溶液中，石膏的用量为 60g/kg，静置 0.5h。

（5）压滤成型　把即将凝固的花生粕豆腐倒入豆腐架，覆盖上纱布，并用重物压住，滤去黄浆水，令其成型，再经划块即为成品。

九、盒装猪血豆腐

猪血具有很高的营养价值，全血蛋白质含量为 18.9%，含有 18 种氨基酸，其中 8 种人体必需氨基酸俱全，除苯丙氨酸及含硫氨基酸较低以外，其他均接近 FAO/WHO 推荐的模式，仅次于全蛋蛋白质，特别重要的是猪血中含有丰富的、易于被人体吸收的卟啉铁，因而它又是很好的补铁剂，对治疗缺铁性贫血具有较好的疗效。

1. 生产工艺流程

采血→过滤→配料→脱气→装盒→凝固→灭菌→检验→成品→入库

2. 操作要点

（1）采血　经过检疫合格的猪可以上屠宰生产线，用空心刀将全血收集在标有编号的容器内，该容器中事先加入一定数量的抗凝剂，定量混合后放入 4～10℃冷库备用。记住容器中血液与猪的对应编号，待肉检完毕，确认无病害污染后方可加工。其中容器不可过大，以便于血液及时降温保存。

（2）过滤和脱色　降温后的血液经过 20 目筛过滤，除去少量凝块，与一定浓度的食盐水溶液混合，放入脱气罐中进行真空脱气。脱气温度 40℃，真空度 0.08～0.09MPa，时间约 5min。

（3）配料、装盒　在脱气后的血料中加入一定比例的豆浆、凝血因子活化剂，加热搅拌均匀并很快装入盒内，使之凝固。

（4）封盒　凝固后，把盒边缘沾有的血料擦干净，即可用热封机封盒。检查封好后灭菌。

（5）灭菌　灭菌温度控制在 121℃，时间 15～30min，反压冷却。

（6）检验　灭菌后的产品经检验无破损、无漏气、无变形，方可入库。

十、糙米豆腐

1. 生产工艺流程

生石灰→加适量水溶解→过滤

糙米→挑选去杂质→浸泡→磨浆→加热煮浆→装盘定型→冷却→成品

2. 操作要点

（1）选料　糙米用早、中、晚稻籼型品种为好，碎米也行，但粳稻、糯稻米不行，因为黏性太重，不适合生产使用。石灰要用新鲜生石灰，用量根据原料数量而定，不宜过多或过少。

（2）浸泡　将备好的糙米淘洗干净，然后放入容器中加水，浸泡 10～12h。

（3）磨浆　将浸泡好的糙米倒入磨浆机，加入一定比例的泡好的糙米水，磨成米浆。浆液浓度很大程度上直接影响后面的煮浆和成型，所以米和水的比例要适当，一般以浆水能从磨浆机上流下来为宜。糙米与水添加比例为 1:2.5。

（4）**煮浆** 熬煮水量要适量：要视浆糊熬煮的软硬程度确定添加水量（温水），否则浆糊过稀，米豆腐不易成型，浆糊过硬，会造成米豆腐不够鲜嫩；煮浆温度要适当：过烫米浆易起团子，不易煮熟；要勤搅拌，以免煮焦；煮浆程度要足够、将米浆熬煮至全部熟透不黏口时即可出锅，否则米豆腐易烂，不够软滑；石灰添加量要适当，同时兼顾口味和凝固状态，一般生石灰添加量为 5%。添加凝固剂时的温度为 90℃。

（5）**成型** 将熬熟后的米糊趁热倒入一定形状的容器中，平放，自然冷却至凝固成型，即成米豆腐。对于 1 天内食用不完的米豆腐，不要用水浸泡，以免失去光泽。

3. 成品质量标准

（1）**感官指标** 呈微黄色，均匀一致，质地细腻滑润，弹性好，具有糙米特有的香味。

（2）**理化指标** 水分含量 82%，pH 值 7.0～7.5。

（3）**微生物指标** 细菌总数≤4 万个/g，大肠菌群≤30 个/100g，致病菌（沙门菌、金黄色葡萄球菌、志贺菌）未检出。符合国家食品卫生标准的规定要求。

十一、花生胡萝卜内酯豆腐

1. 生产工艺流程

胡萝卜→清理→捣碎成泥
↓
花生米→清洗→浸泡→制浆→混合→煮沸降温→加凝固剂→灌装→保温成型→冷却→成品

2. 操作要点

（1）**选取花生米、除杂清洗** 选取子粒饱满、健康、无虫蚀、无霉变新鲜优质花生米。将花生米清洗，去杂质和灰尘。

（2）**浸泡** 用 1% 碳酸氢钠溶液在常温下浸泡 10～12h，使花生米充分吸水膨胀，浸泡时换水 3 次，进一步除去杂质，并防止蛋白质发生酸变。通过适当的浸泡可增加制品的产出率并提高制品的光泽。

（3）制浆　将浸泡好的花生米进行制浆，磨浆分离，匀浆机采用100～120目筛。磨浆时花生与水的比例为1：4，水和花生米进料要均匀协调连续，使磨出的花生浆粗细均匀适当。过滤是保证豆腐质地细腻的一个重要因素。为了提高成品率，采用二次过滤，将滤液合并。

（4）制取胡萝卜泥　选取新鲜优质胡萝卜，清洗去杂，放入匀浆机捣碎成泥。

（5）混合煮浆　将胡萝卜泥与花生浆按2：8的比例混合加热，灭菌同时也可去除花生的生腥味。

（6）加凝固剂　冷却后加凝固剂葡萄糖酸-δ-内酯0.3％，混匀。凝固温度为80℃时，做出的豆腐质量最好。

（7）装盒成型　将混合均匀的物料装盒，加热保温，凝固成型后，冷却即得成品。

3. 成品质量标准

色泽：有淡淡的胡萝卜素色，色泽均匀一致。风味：口感细腻，有咀嚼感，有浓郁的花生香味，胡萝卜的味道，基本无葡萄糖酸-δ-内酯的酸味。组织状态：形态完整，组织结构均匀，光滑细腻，弹性好。

十二、豌豆豆腐

1. 生产工艺流程

豌豆粉→抽提→分离出淀粉→抽提液→加热→过滤→冷却→凝结→压榨→产品

2. 操作要点

（1）抽提　豌豆粉应通过150～200目筛，抽提按原料1kg加水5L，用0.2％的氧化钙调pH值为8.8～9.0，不断地搅拌，抽提30min。

（2）分离淀粉、加热、过滤　用一个转速为1000r/min的离心机分离 20min 左右，所得沉淀物可用于生产豌豆粉及其制品。液体部分在 95～100℃下加热 20～30min，然后用双层粉布过滤，以进一步除去不溶性物质。

（3）冷却、凝结 待滤液冷却至 75～80℃时强力搅拌 20s，然后加入 0.54％的硫酸钙，静置使蛋白质充分凝结。

（4）压榨 凝结物形成后转入一个 20 目孔筛的容器中，内衬一层粉布，加盖后在其上压一适量重物，直到无滴水即可得到所需产品。

十三、菱角豆腐

菱角，又名腰菱、水栗、菱实，是一年生的水生植物。现代研究表明，菱角含有丰富的蛋白质、淀粉、不饱和脂肪酸及多种维生素和微量元素，具有多种重要的营养与保健功能。

1. 生产工艺流程

鲜菱角→去壳→菱角米→清洗→破碎→浸泡→磨浆→过滤→煮浆→入模→冷却→分割→成品

2. 操作要点

（1）去壳、破碎 将菱角去壳得菱角米，利用清水清洗干净，用刀切碎，使粒度大小在 3mm。

（2）浸泡 将切碎的菱角颗粒加一定量的纯净水，在 4℃的条件下浸泡一定的时间。

（3）磨浆 将浸泡过的菱角颗粒带水一起入磨，先粗磨再细磨。

（4）过滤 将浆液用 4 层纱布过滤，并轻轻挤出滤渣中的浆液。

（5）煮浆 根据浆糊的软硬程度，确定加水量，但要掌握总的加水量（包括浸泡用水）即料水比为 1∶2；煮浆过程要勤搅拌，不能烧焦；先大火烧至半熟，再小火熬煮至熟。煮浆温度为 90℃，时间为 20min。

（6）入模 将菱角浆糊趁热倒入一定形状的模具中，厚度以

3～5cm 为宜，保持浆糊表面光滑平整。

（7）冷却、分割 平放，自然冷却成型，冷却过程切忌来回搬动，以免影响凝胶的结构。经冷却定型后再经分割即为成品。

3. 成品质量标准

色泽：浅红色，半透明；风味：清新纯正的菱角香味；口感：滑爽细腻；质地：结构均匀，弹韧性好。

十四、菱角碎米豆腐

1. 生产工艺流程

碎米→磨浆
↓
菱角米→磨浆→混合→加热→加水→预糊化→熟化→入模→冷却→分割→成品

2. 操作要点

（1）菱角浆制备 称取一定量的菱角米，切成碎末，用适量水浸泡一定时间待出现暗红色浑浊，用胶体磨打浆，然后经纱布过滤，弃去滤渣，将浆液用水定容至一定体积备用。具体比例是菱角米：浆液为 3：5（质量体积分数）。

（2）碎米浆制备 称取一定量的碎米，用适量石灰水浸泡一定时间待米粒呈黄绿色并略带苦味，用胶体磨打浆，将浆液用水定容至一定体积备用。具体比例是碎米：浆液为 3：5（质量体积分数）。

（3）混合 菱角浆和碎米浆按照 1：2 的比例混合。

（4）加水 根据浆糊的软硬程度，确定适宜的加水量。

（5）预糊化 可以采用高温短时预糊化，直至浆液充分吸水膨胀，但要注意必须不断搅拌，以防局部受热不均匀出现烧焦或结块现象。

（6）熟化 熟化过程仍然需要不断搅拌，采用低温长时加热至熟。熟化温度为 95℃，时间为 20min。

（7）入模 将熟化的浆糊趁热倒入具有一定形状的模具中，

厚度以 3～5cm 为宜。

（8）冷却、分割　平放，切勿来回晃动，保持浆糊表面光滑平整，以免影响成品的结构。经冷却定型后再经分割即为成品。

3. 成品质量标准

色泽：灰黄色，半透明；风味：清淡的菱角香味；口感：滑爽细腻；质地：结构均匀，弹韧性好。

十五、小包装香椿豆腐

1. 生产工艺流程

香椿→挑拣→烫漂→冷却→切分→调制→装入豆腐盒→保鲜膜包装→装箱→冷藏

2. 操作要点

（1）香椿处理　用于制作香椿豆腐的香椿嫩叶，应在清明至谷雨前后采摘，尤以谷雨前采收的最好。香椿采摘的标准，以芽色紫红，芽长 10～12cm 为佳。第一茬的香椿采收宜早，当椿芽长到 10cm 以上、不超过 15cm 时采收，此时采收的椿芽肥嫩、无纤维，品质最好，是椿芽中的上品。采摘后的香椿要在最短时间内运送到冷库预冷，一般不超过 6h。否则，在田间地头停留时间过长，香椿嫩芽就会失水萎蔫，造成营养成分流失，使得品质下降。将香椿嫩芽剔除杂质、清洗干净后，用 100℃ 开水烫漂 30s，然后放入自来水中冷却降温，并沥干水备用。

（2）切分　将沥干水的香椿嫩叶，根据制作香椿豆腐的种类不同分别切成丝、段、丁、片等不同的形状，依据不同风味香椿豆腐的制作需要，与少许青辣椒丝、红辣椒丝、胡萝卜丝、葱丝、姜丝等配料进行搭配调制使用。

（3）调制　以 1000g 原料豆腐为例，需要配置香椿叶或嫩芽 100g、辣椒油 20g、小磨油 20g、精盐 10g、味精 5g。原味香椿豆腐只加盐和少许葱丝、姜丝；辣味香椿豆腐除了辣椒油外，还要添加少许辣椒丝，特别是添加少许红辣椒丝点缀效果更好；甜味香椿豆腐还要加糖调配。

（4）**装盒**　香椿豆腐的包装盒为食品级特制塑料盒，盒内分2个凹槽，一部分用来盛装已经切好的豆腐块，每盒350g。另一部分用来盛装香椿及配料，要求香椿及配料按照以上比例拌匀。每盒香椿豆腐大约需要配置香椿嫩叶35g、辣椒油7g、小磨油7g、精盐3.5g、味精少许，姜丝和葱丝少许。为了保证产品的重量，豆腐及香椿配料全部装盒后还要进行称量，每盒产品的重量应在（400±10）g范围内。

（5）**保鲜膜包装**　为了保证香椿豆腐的货架期不少于7d，在对盒装香椿豆腐进行保鲜膜包装前，需要对香椿豆腐表面进行喷雾保鲜处理。使用保鲜剂要求完全符合GB 2760—2014食品添加剂使用标准的要求。对盒装的香椿豆腐表面喷雾之后，应立即进行保鲜膜包装。

（6）**装箱冷藏**　保鲜膜包装的产品，应立即进行外包装，装入纸质包装箱或塑料包装箱，转入0～4℃的冷藏库中暂存。

十六、休闲鱼豆腐

1. 原料配方

新鲜鱼肉30kg，鸡胸肉10kg，猪肥膘14kg，增弹素（复配磷酸盐）0.2kg，食用盐1kg，味精250g，白砂糖3.5kg，大豆分离蛋白5kg，卡拉胶50g，变性淀粉6kg，安鲜尔（复配防腐剂）200g，鱼肉香精100g，水22.7kg，香辣调味粉7kg。

2. 生产工艺流程

原料预处理→斩拌乳化→成型→蒸煮→切片→油炸→冷却→调味→包装→高温杀菌→质检

3. 操作要点

（1）**原料预处理**　采购新鲜鱼肉剔除鱼骨，冰鲜鸡胸肉和猪肥膘解冻绞碎，清洗、修整、称重，待用。

（2）**斩拌乳化**　称量辅料，如增弹素（复配磷酸盐）、大豆分离蛋白、卡拉胶、安鲜尔（复配防腐剂）等加入（1）中进行斩拌，注意控制中心温度低于8℃。

（3）**成型** 将上述乳化物倒入 5cm 厚托盘定型 2～4h。

（4）**油炸、冷却** 油温为 130℃，油炸时间 5min，然后进行冷却用于调味。

（5）**调味** 按油炸鱼豆腐重量计，加入 5％香辣调味料，经植物油熟化后与油炸鱼豆腐混合均匀，冷却沥油。

（6）**包装** 以每袋 80g 的量装入蒸煮袋中，用真空包装机抽空封装，要求封口严实。

（7）**灭菌** 将包装好的鱼豆腐高温杀菌。

（8）**质检** 逐袋检查有无破袋漏气，抽样，内部做理化、微生物检测，合格后方可入库，出厂销售。

4. 成品质量标准

风味：有鱼豆腐特有的香味，香辣味适口；组织结构：切面平整，无气孔，组织紧密；色泽：颜色为正常色泽，表面光滑；口感：细腻，有韧性，无粉状感；咀嚼度：咀嚼 10 次以上即成肉渣。

十七、灭菌型花生豆腐

1. 生产工艺流程

花生清洗→浸泡→去皮打浆过滤→加入乳化剂→均质→加入复配胶→混合→加热煮浆→加入乙酸钙→恒温→冷却凝胶→包装密封→灭菌→冷却→成品

2. 操作要点

（1）**花生清洗、浸泡** 准确称量后淘洗，40℃水恒温浸泡 8h，浸泡过程中换水 2 次，沥干后称量记录，全程用水量之和保证料水比为 1∶8。

（2）**去皮、打浆、过滤** 将花生去皮淘洗沥干，加入适量水间歇打浆 3 次，每次 30s，打浆后立即过滤。

（3）**均质** 取 0.1％的单甘酯，完全溶解后加入花生浆中，混匀，进行 2 次均质。

（4）**溶胶** 准确称取 0.2％低酰基结冷胶、0.2％高酰基结冷胶、0.1％卡拉胶，配合搅拌，缓慢加入适量 50℃水，务必使胶体充分溶解，然后静置 1h。

（5）加胶、煮浆、冷却　配合搅拌，将胶体溶液加入花生浆中，确保混匀，水浴升温 85℃煮浆，容器应加盖。煮浆 10min，加入 0.1％乙酸钙，充分混匀，恒温保持 50min。

（6）冷却凝胶、包装密封　将上述料液倒入器皿中或直接灌注于专用薄膜袋中，冷却凝胶，然后进行密封。

（7）灭菌冷却　上述产品置于 100℃进行二次灭菌，再经冷却即为成品。

3. 成品质量标准

（1）感官指标　颜色及形态：乳白色有光泽，形态稳定不变形、切面光滑平整，无泌水；质地及口感：细腻爽滑，弹性、软硬适中；香味：花生特征香味浓郁。

（2）理化指标　水分 85.0～93.0g/100g，蛋白质 3.5～6.0g/100g，总砷（以 As 计）≤0.5mg/kg，铅（以 Pb 计）≤1.0mg/kg，黄曲霉毒素 B_1≤5μg/kg。

（3）微生物指标　菌落总数≤10^5 个/g，大肠菌群≤150 个/100g，致病菌不得检出。

十八、五款杏仁豆腐

1. 山楂糕杏仁豆腐

（1）原料配方　苦杏仁 15g、琼脂 50g、山楂糕 50g、白糖150g、食用香蕉香精 2 滴。

（2）制作方法

① 杏仁脱苦处理后去皮，砸成细泥，加水搅匀，用纱布包起来，挤压取汁去渣。山楂糕切成菱形片，琼脂切成段。

② 炒勺内加入清水，放入琼脂烧开，加入杏仁汁，倒入汤盘内，凉透结成冻，即为杏仁豆腐。

③ 炒勺加清水烧开，加入白糖化开，倒入碗内凉透。食用时把杏仁豆腐切割成 2cm 大的菱形块，把糖水从四边倒入，摆上山楂糕，滴上 2 滴香蕉香精即成。

2. 菠萝杏仁豆腐

（1）原料配方

苦杏仁 250g、鲜奶和白糖各 100g、琼脂 15g、菠萝块 50g、清水适量、糖桂花少许。

（2）制作方法

① 将杏仁洗净，脱苦处理后放清水盆内，磨成杏仁浆，待用。

② 将锅洗净，放入清水、琼脂，置于火上，加热至琼脂溶化时，加入白糖，溶化后倒入盆内。

③ 将杏仁浆和鲜奶倒入锅内，烧沸后撤火，倒入琼脂盆内，晾凉后放入冰箱中冷冻，即为杏仁豆腐。

④ 食用时将杏仁豆腐用刀划成小块，撒糖桂花，摆放好菠萝碎块，浇上橘子汁或汽水即可。

3. 杂果杏仁豆腐

（1）原料配方　甜杏仁、苦杏仁各 125g，杂果粒、鲜牛奶、琼脂各 100g，白砂糖 200g，糖桂花少许。

（2）制作方法

① 将甜、苦杏仁用开水烫一下，剥去外皮（苦杏仁须事先做脱苦处理），捣碎后用凉开水 500g 泡胀。

② 将泡好的杏仁磨成浆，用纱布包住挤压取汁去渣。

③ 琼脂放锅中，加清水溶化后过滤，与杏仁浆一起煮开，加入牛奶和砂糖 100g。煮好后滤去粗质，送入冰箱速冻待用。

④ 将砂糖 100g 和糖桂花一起放锅中，加适量清水，煮开后离火冷却。

⑤ 取出冻好的杏仁豆腐，切成小块，放进桂花糖汁中，撒上杂果粒即成。

4. 蜂蜜杏仁豆腐

（1）原料配方　杏仁 100g、琼脂 7.5g、白糖 150g、蜂蜜 20g、桂花酱少许。

（2）制作方法

① 将杏仁磨碎，用纱布包好，取汁去渣。

② 琼脂加水 100g、白糖 50g，放入笼内蒸化，留汁去渣，同杏仁汁一起放入锅内搅匀。

③ 将上述混合汁倒入碗内冷却或冰镇，切成各种片、块，摆成各种盘形。

④ 将白糖、蜂蜜、桂花酱放入锅内，添加少许水，化开后晾凉淋在杏仁豆腐上。

5. 什锦杏仁豆腐

（1）原料配方 甜杏仁 100g、琼脂 25g、菠萝 25g、樱桃 25g、梨 25g、苹果 25g、金糕 25g、白糖 250g、香蕉香精 1 滴。

（2）制作方法

① 将杏仁用开水泡 3min，剥去外皮，放入臼内用杵春成细粉。琼脂用水洗净。菠萝、梨、苹果切成菱形块，金糕切成丁。

② 锅内放清水，将琼脂、杏仁粉、100g 糖加入锅中，加热熬至琼脂溶化，去渣，倒入盆内冷却成杏仁豆腐。

③ 锅内放开水，将 150g 糖倒入，待溶化后去浮沫倒入碗内晾凉。

④ 把苹果、菠萝、梨放在盘内，杏仁豆腐用刀划成菱形块，放在菠萝上，撒上金糕丁、樱桃，滴 1 滴香蕉香精在糖水内，再将糖水倒入盘内即成。

第六章 豆腐生产企业建设和安全性质量管理

第一节 豆腐生产车间的建造

由于各种豆制品生产的工序有很多都相同或相似，豆腐生产车间的建立和许多豆制品生产车间基本上是一致的，所以，下面就豆制品生产车间（其中包括豆腐）的建造进行具体介绍。

一、建造车间的基本要求

随着科学技术的不断发展，豆制食品行业（其中包括豆腐）的生产逐步科学化，对于生产车间的要求也相应提高。根据行业的生产特点，对建筑上的要求基本上有以下几点。

（1）从工艺角度讲，豆制品生产车间应具有前半部分生产立体顺序排列、后半部分平面排列的特点，因而建筑上要符合工艺要求，而且要为工序间的连接创造一定的条件，以尽量减少物料往返输送，减少输送设备。

（2）豆制品生产车间非常潮湿，冬季室内蒸汽雾大，有时对面看不见人，夏季室温很高，有时达 40℃ 以上，所以要求冬季车间内室温高，以减少可见雾汽，夏季要求有良好的自然通风条件和机械通风设备，以降低室内温度。

（3）由于车间潮湿，到夏季车间墙壁霉变极为严重，为此要求车间墙壁要有防止霉变的性能，而且要便于用水刷洗，以保证车间环境卫生和建筑容貌。

（4）豆制品生产过程中排放的黄浆水对地面有较严重的腐蚀，所以要求地面具有防腐能力。另外生产中废水排放量很大，在选择污水管时，要大于一般的食品加工车间。

（5）由于车间内潮湿，车间内电气照明、各种管道及机械设备，都要具有防腐能力。

二、生产工艺流程

豆制品的生产工艺可分为前、后两部分四个阶段。前部分包括第一阶段原料处理和第二阶段豆浆生产，后部分包括第三阶段成品及半成品加工、第四阶段半成品再加工。

前部分生产工艺流程如下：

原料贮存→筛选→计量→洗料→输送→浸泡→磨浆→过滤→煮浆→豆浆

后部分生产工艺流程如下：

豆腐生产线→点浆→涨浆→摊布→浇制→整理→压榨→成品

豆腐干生产线→点浆→涨浆→板沾→抽沾→摊袋→浇制→压榨→划坯→出白→成品

油豆腐生产线→点浆→涨浆→板沾→抽沾→摊袋→浇制→压榨→划坯→油炸→成品

三、工艺布局

工艺布局合理与否，是生产效益好坏的关键性问题。建造一个理想的生产车间，就必须认真地研究工艺布局，使其操作方便、生产顺利、节约经济、效果显著。根据各地的建厂经验，豆制品生产的前部分是顺序排列，最好采用立体布局。而后部分是几种工序的同时操作，最好采用平面布局。前部分的立体布局即把工艺的第一阶段排成一条立体线，自上而下地安排工艺流程，即：提升机房→水泥料仓→筛选→计量→洗料输送。

第二阶段豆浆生产也排成立体流水线，自上而下的安排工艺流程，即浸泡→过滤→煮浆→贮存。这样并列的两条生产，以完成前部分的工艺过程。

前部分立体排列的优点有以下几点。

1. 减少工艺环节间的输送，缩短工艺路线

过去豆制品生产车间往往是一层的大车间，各工艺环节全在这个车间里。工艺间输送都要靠输送设备连接。原料是地面仓库，人工搬运，没有理想的设备。这种工艺布局，需要设备多，工人劳动强度大，不利于大生产。而采用立体排列，前后工序间连接非常紧密。从原料开始的大部分均可自动流转，减少了很多输送设备，缩短了工艺路线，加快了生产速度。

2. 改变生产环境，防止相互干扰

过去生产全在一个大车间内，前半部分设备噪声大，后半部分设备潮气大，环境温度高，一年四季相互影响。工人在这样的环境中工作，既影响健康又影响工作效果。立体排列可以把工序之间利用建筑条件分开，这样一层安排一个工序，工艺非常清楚。前后分开既改变环境，又减少机器的过分集中，减少了噪声，又防止了潮气对机器的腐蚀。

3. 有利于卫生条件改善和产品质量的提高

立体布局缩短了输送管道，减少了输送设备，大量避免了由于输送环节清洗不干净而影响产品卫生的问题，而且减少了由于输送过程所产生的大量泡沫。这样既节省了消泡剂，降低了生产成本，又提高了产品质量。

4. 便于设备及管道安装

在豆制品生产中，既有蒸汽管道，又有豆浆管道，还有上下水管道。单层车间设备集中在一起，不利于安装且安装后又不整齐，而立体布局管道多是直上直下地穿过一层楼板，管道既好安装，安装之后又整齐。

5. 占地面积小，生产能力大

前部分工艺的立体布局，节省了大量的占用面积，而更多的面积用来扩大后部分的加工工序。这样相同的占地面积生产量可比平面排列提高一倍以上。这种立体排列特别适应场地较小的厂址。即使是较大的厂址，从工艺布局合理的观点，也最好采用前部分立体布局，为后部分加工工艺留有充足的面积，既有利于操作，又有利于今后生产的发展。

立体布局可能会增加建筑造价，但从生产设备投资分析，减少了输送设备，减少了这部分设备的能源消耗及设备维修费用；从产品质量上分析，提高了产品质量，改变了卫生条件，创造了良好的生产环境。因而从长远看，立体布局是可取的。

后部分平面布局，就是目前采用的工艺布局，但要进一步完善提高，使布局更合理化。后部分布局要尽量缩短工艺路线，合理安排工序，减少无效劳动，也要为实现机械化创造条件，要有生产发展的余地。

在工序安排中，豆腐干生产要和切干、卤干、炸等工序安排得比较近，以利于产品加工的中间输送周转。成品库要距离包装刷洗间较近，因成品外运需要大量的包装容器。豆腐生产最好放在一层，因为豆腐成品的搬运量非常大，放在二层或更高是没有好处的。总之，各工序有次序的布局，会减轻工人的劳动强度，提高生产效率。

四、厂房建筑

建造一个什么样的车间，首先要从工艺需要上来考虑，建筑要为工艺布局创造良好的条件。

1. 建筑的形式

根据前面的工艺布局分析，豆制品生产的前部分应为立体布局，并安排两条立体流水线。所以前部分的建筑选择 4 或 5 层楼房，层高在 3.5～4m，分两个开间，第一个开间的最上层安排提升机房，下面安排水泥料仓，料仓下安排筛选、计量及除尘设备。

第二个开间最上层安排泡料设备，下面顺序安排磨浆、过滤、煮浆。两个开间用墙隔开，形成两条立体线，基本上每层一个工序，自上而下顺序排列，但由于浸泡料的重量大，也可以安排在一层，把磨浆安排在上层。

后部分的平面排列选择两层建筑比较合适，层高 5.5～6m，与前部分的两个开间相连接。二层安排豆腐干、切干、卤制品生产。一层安排豆腐生产及炸、熏等再加工，还要有成品库和包装清洗设备。炸、熏等再加工放在车间另一头，与主车间和成品库用墙隔开，防止烟气对主车间及成品库的污染。楼房的总体位置最好选择坐北朝南一字排列形式。

2. 地面及墙壁处理

过去生产车间一般采用水泥地面，由于废水中酸性比较强，对地面的腐蚀严重，致使地面年年坏，年年修理。为了解决这一问题，各地都做了不少试验。有的做水磨石地面，但太滑且不耐腐蚀；也有贴耐酸砖的，但由于废豆浆水温度比较高，加上生产工具的碰撞很快就掉了，掉后还不好修补。解决的根本办法，最好还是从解决废水的排放入手，把黄浆水集中用管道排放，不让废水直接流到地面上到处蔓延，这样可以防止对地面的腐蚀。

地面的排水坡度必须合理，不能有存积废水现象。排污水口要根据实际情况，尽可能多一点。地面抹好后尽量防止打洞、开槽、破坏地面的整体性。注意了以上问题，即使搞水泥地面，腐蚀也会大大减轻。

关于墙壁，也要适应行业的需要采取必要的处理方法。豆制品车间墙壁和天花板的霉变是行业上老大难问题。在建造新车间时，室内 1.5m 以下的墙壁最好贴白瓷砖，刷洗方便，卫生条件好，1.5m 以上墙壁和天花板可刷一些塑料类不生霉菌的喷涂物，这样也有利于冲洗。要彻底防止霉变还必须搞好车间内的通风排气，冬季搞好采暖。

3. 通风排气

豆制品生产车间夏季室温高，冬季车间热气大，在北方严寒季节，车间内热汽大，对面看不见人，所以通风排气非常重要。通风排气搞好了既可改变生产环境，又能防止车间墙壁屋顶的霉变，保证环境卫生。

搞好排气可以从四个方面入手。其一是搞排气罩，把重点工序的废气直接排出，防止四散。其二从设备上改造，把产生气体的部位或设备尽量搞成密封或半密封的形式，减少室内的蒸汽。其三增加通风设备，夏季通风可分自然通风和机械通风。车间的门窗设置要考虑到空气的对流，造成自然的通风条件，而且要安装机械通风，车间上部安装排风设备，车间下部安装吹风设备，把湿热的空气排走。冬季不要大量的排风，要以提高室温为主，蒸汽才会明显减少。如果加排气设备，相应的就要增加供暖风的设备，以保持室内气流平衡。如果光排气不给暖风，产生的蒸汽雾就会更严重。其四凡是经常进出的生产运料行走门，可安装冷热风幕，冬季放热风幕，防止室外冷空气进入。夏季放冷风幕，防止热空气进入，也防止苍蝇进入车间。

从以上四个方面入手解决通风排气问题，一定能够收到比较好的效果。

4. 采暖

冬季提高车间室温的主要方法要靠采暖设备。为了减少生产车间的蒸汽和湿热空气，采暖最好用气暖。气暖产生的是干热空气，可以大量地吸收潮气，另外采暖设备应比一般的生产车间多，以解决冬季车间内的蒸汽雾。

采暖安装的位置，不应全安装在下面，应分别安装在中部和下部，这样暖空气比较均匀，效力发挥得比较好。有条件的可采用俯板式暖气，吊挂在车间墙壁上，效果更好。

为了保证车间内的温度，门窗的保温也非常重要。车间进出的大门冬季要尽量减少，在经常出入的大门上安装热风幕。在车间内吊装去湿器效果也很好。总之，要根据当地情况和客观环境决定。

如果以上这些都做了比较好的处理，那么建造的车间既适合工艺要求，又符合卫生条件，而且改变了生产环境，成为一个比较理想的车间。

五、生产设备的合理选配

1. 设备选择的基本原则

制定工艺之后，就要合理地选择生产设备，生产设备选择的基本条件：一要达到工艺要求，二要满足生产能力要求，三要考虑生产特点。根据行业的特点，确定以下几点作为基本原则。

（1）**努力选择新设备**　建造豆制品车间，主要目的是扩大生产，但是提高生产能力的主要办法是更新生产设备。建造车间是改革和选用新设备新装备的良好机会。豆制品行业和其他行业一样要不断地进行设备更新，各地、各厂都有不少革新改造，如果能取各厂之长，就能够提高设备水平。另外，还要善于引用其他行业有用的先进技术，并进行改进，可以少走弯路，加快设备改造的步伐。

（2）**双机并运**　车间的生产设备要采用双套设备并肩运转。这是因为豆制品生产的季节性很强，冬季产量大，夏季产量小，如果安排一套设备，冬季夏季全用这一套，夏季产量小时会造成大马拉小车，浪费很大。而采用双机并运，就能克服这一缺点。冬季大生产季节，两套设备同时运行。从检修角度看，双机并运更为方便。所以在选择生产设备时，搞两套设备并运是很有必要的。

（3）**机器前后配套**　要做一套流水线，必须考虑前后机器的配套，如果不匹配就会造成生产中的不平衡，出现多次的临时停车。而临时停车次数越多，越不利于掌握生产中各环节的加水量，豆浆浓度会不稳定，从而给产品质量带来很大的影响，也给操作人员带来很多的麻烦。

前后设备不匹配还会影响整个设备生产能力的发挥，所以选择每个环节的生产设备，都要根据设计产量，详细地计算每个环节的流量和所需要设备的生产能力。在过滤煮浆之前还要有一定的贮存罐，以保证整个流水线在生产中尽量减少临时停车，保证生产的连续性，保证工艺，提高产品质量。

（4）**防腐材料的选择**　在整个生产过程中都离不开水，加上豆浆水的酸性，对设备、容器、管道的腐蚀性很大。一般铁板、铁管容器几年就锈坏了，特别是管道内生锈加上积存浆液，非常容易腐蚀变质，影响产品卫生。为此，从食品卫生角度和设备使用率方面考虑，均应采用比较好的材质。比较理想的材料，虽然开始看去造价较高，但从长远观点看，还是合适的，从食品卫生、文明生产上讲是非常必要的。

（5）**防止噪声和振动**　应非常重视车间的环境保护，要有防止噪声和振动的措施，生产车间的噪声主要有几个方面：原料处理、磨浆和分离、煮浆。这几个环节的设备选择都要考虑噪声问题。例如原料处理要与大车间隔开；筛选间内要做消音、吸尘、防振处理；在选择输送设备时最好不用风送，因为风送噪声较大；磨浆设备最好选择砂轮磨，噪声小振动小，不要选择石磨或小钢磨；过滤设备消除噪声和振动，要在制作心机时，做好转子的静平衡。在使用中进料要均匀。造成良好的动平衡，噪声和振动自然减小；煮浆最好不用敞开煮浆锅，而选择溢流煮浆设备，降低煮沸气压，煮浆设备外套加保温兼减振设备。

总之，在设备的选择、制作、安装中，都要考虑到公害问题的消除和防治，为劳动者创造一个良好的生产环境。

2. 设备选择计算

食品工业行业很多，设备类型也很多，所以生产设备选型的具体计算可参考专业设计手册，下面介绍设备选型计算的步骤及应注意的问题。

（1）**设备选型计算步骤**　第一，根据班产规模和物料衡算计算出各工段、各过程的物流量（kg/h 或 L/h）、贮存容量（L 或 m^3）、传热量（kJ/h）、蒸发量（kg/h）等，以此作为设备选型计算的依据。

第二，按计算的物流量等，根据所选用设备的生产能力、生产富余量等来计算设备台数、容量、传热面积等，最后确定设备的型号、规格、生产能力、台数、功率等。

（2）**注意问题**　在进行设备选型和计算时必须注意到设备的

最大生产能力和设备最经济、最合理的生产能力的区别。在生产上是希望设备发挥最大的生产能力，但从设备的安全运转角度出发，如果设备长期都以最大的负荷运转，则是不合理的。因此，在进行设备选型计算时，不能以设备的最大生产能力作为依据而应取其最佳的生产能力，在一般设备的产品样本、目录、广告或铭牌上会标明设备的最大生产能力。另外要注意的问题是台机生产能力与台数生产能力的选择、搭配，既要考虑连续生产的需要，也要考虑突发事故（例如停电、停水等）发生时，或变更生产品种时（多品种生产）的可操作性需要，这样才能充分发挥设备的作用，节省投资，保证生产正常顺利进行。

3.设备选型实例

豆腐生产过程中可根据生产规模来合理选用设备，现以班产 10t 水豆腐为例，介绍其设备的选用，仅供参考，具体情况可见表 6-1。

表 6-1　班产 10t 水豆腐设备明细

工序	名称	型号	数量
洗豆、泡豆设备	大豆清洗机	DQBT	1 台
	抽豆泵	CDB	1 台
	旋式洗豆机	XFQ	2 台
	双口豆水分离器	DFQ	3 台
	泡豆槽	2M×2M	3 台
	流豆槽		10m
制浆设备	双口豆水分离器	DFQ	1 台
	磨浆机	DM-P400	1 台
	磨浆分离机	DMF-300	1 台
	立式分离机	DF-580	2 台
	搅拌渣槽(可调速)		2 台
	浆槽	JC	3 台
	浆泵	3T	3 台
	浆渣泵	5T	2 台

工序	名称	型号	数量
煮浆设备	连续煮浆器	DLZ-450（五连罐）	1台
	减压罐	JYGφ1000	1台
	排气罩		1个
	电控箱（6路）		1台
	振动筛	BFS-1000	1台
	热浆泵	3T	1台
	热浆槽		1台
水豆腐生产设备	活动点脑罐		6台
	水豆腐成型机	DCL-740	1台
	豆腐模（带压板）		20套
	上脑轨道		1台
	翻板工作台		1台

第二节　豆腐生产设备

　　过去，我国豆腐的生产主要是依靠手工操作，劳动强度大，效率低，豆腐质量不稳定。随着科学技术的不断发展，科研部门和生产单位相互联合，相继研制、生产出了不同类型的豆腐加工机械，适合于不同生产规模生产应用，为提高我国豆腐的产量和质量提供了可靠的技术保障。由于我国生产豆腐加工机械的厂家比较多、型号繁杂，为了便于不同生产规模的企业合理选用豆腐加工机械，在此，将豆腐加工过程中利用的各种机械进行介绍，以供豆腐生产企业合理选择生产设备。

一、水处理设备

　　对于豆腐生产来讲，如果水质不合格必须要进行处理，以保证豆腐的质量。水处理的设备主要包括过滤装置、杀菌装置、反渗透装置等。

1. 过滤装置

（1）砂滤棒过滤器 这是我国水处理设备中的定型产品，主要适用于用水量较少，原水中硬度、碱度指标基本符合要求，水中只含有少量有机物、细菌及其他杂质的水处理。

砂滤棒又叫砂芯，是细微颗粒的硅藻土和骨灰等可燃性物质在高温下焙烧、熔化制成的。在制作过程中，可燃性物质变为气体逸散，形成直径为 $0.16\sim0.41\mu m$ 的小孔，待处理水在外压的作用下通过砂滤棒的微小孔隙时，水中存在的少量有机物及微生物即被微孔截留在砂滤棒表面，滤出的水可达到基本无菌，符合国家饮用水标准。其过滤范围为 $5\sim10\mu m$。

砂滤棒过滤器的外壳使用铝合金铸成的锅形密封容器，分上下两层，中间以隔板隔开，隔板上（或下）为待滤水（见图 6-1），容器内安装的砂滤棒数量随过滤器的型号而异。砂滤棒过滤器的过滤效果取决于操作压力、原水水质及砂滤棒的体积。

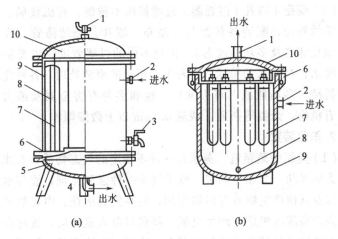

图 6-1 砂棒过滤器的结构

1—罩盖环；2—进水口；3—排水口；4—出水口；5—器体；6—连接装置；
7—砂棒；8—砂芯；9—壁壳；10—罩盖

（2）活性炭过滤器 活性炭过滤是为了去除水中的有机物、

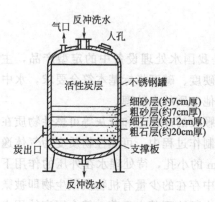

图 6-2　活性炭过滤器结构示意

色度和余氯，也可以作为离子交换的预处理工序。

活性炭过滤器结构与压力过滤器相似，只是将滤料由砂改成了颗粒状活性炭。过滤器的底部可装填 0.2～0.3m 高的卵石及石英砂作为支持层，石英砂上面再装填 1.0～1.5m 厚的活性炭作为过滤附层。活性炭过滤器的吸附能力体现在以下几方面：能吸附水中的有机物、胶体微粒、微生物；可吸附氯、氨、溴、碘等非金属物质；可吸附金属离子，如银、砷、六价铬、汞、锑、锡等离子；可有效去除色度和气味及制药工业除去水中热源，延长交换树脂的使用寿命。活性炭过滤器的结构示意可见图 6-2。

（3）精密（微孔）过滤器 过滤器用不锈钢、有机玻璃、PVC 等材质做外壳，配装各种滤材（滤布、滤片、烧结滤管、蜂房滤芯、微孔滤芯及多功能滤芯），达到不同的过滤效能。主要应用范围：纯水、瓶装水的精滤，各种工业用水的澄清处理，各种化工溶液的提纯。多功能滤芯可去除铁、锰和多种有害金属及细菌、病菌、有机物、余氯等杂质，截流 $0.1\mu m$ 以上微细颗粒。

2. 杀菌装置

（1）臭氧杀菌装置 臭氧是一种不稳定的气态物质，在水中易分解为氧气和一个原子的氧。原子氧是一种强氧化剂，能与水中的细菌以及其他微生物或有机物作用，使其失去活性。由臭氧发生器通过高频高压电极放电产生臭氧，将臭氧泵入氧化塔，通过布气系统与需要进行处理的水接触、混合，达到一定浓度后，即可起到消毒作用。臭氧杀菌装置是一种多用途的消毒净化设备，主要用于矿泉水、纯净水、饮料生产用水、中小型自来水厂的杀菌消毒和除铁锰，去除饮用水中的酚、氰等有害物质，并有效防止水的二次污染。

（2）**紫外线灭菌器** 当紫外线设备产生的足够剂量的强紫外光照射到水上时，其中的各种细菌、病毒、微生物、寄生虫或其他病原体在紫外光的辐射下，细胞组织中的 DNA 或 RNA 被破坏，从而阻止细胞的再生。紫外线消毒设备在不使用任何化学药剂的情况下，可在较短时间内（通常为 0.2～5s）杀灭水中、液体或空气中 99.9% 以上的细菌和病毒。科学试验证明，波长在 240～280nm 的紫外线具有高效杀菌功能。紫外线消毒器按其水流状态和灯管位置有多种形式，分别适用于不同的场合，其中的水上反射式和隔水套管式装置应用较广泛。

3. 反渗透装置

反渗透技术是当今最先进和最节能有效的膜分离技术。其原理是在高于溶液渗透压的作用下，依据其他物质不能透过半透膜而将这些物质与水分离开来。由于反渗透膜的膜孔径非常小（仅为 1nm 左右），因此能够有效地去除水中溶解的盐类、胶体、微生物、有机物等（去除率高达 97%～98%）。反渗透技术通常用于海水、苦咸水的淡水；水的软化处理；废水处理以及食品、医药工业、化学工业的提纯、浓缩、分离等方面。

二、原料处理及输送设备

1. 水循环真空提升系统

该系统采用真空原理，由水循环真空泵、收尘罐、过滤罐、集料罐组成。该系统将干豆从原料桶通过管道输送到泡豆槽中，将大豆表面的粉尘去除。其优点是产能高，适合远距离抽送黄豆，安装、施工方便，使用时无灰尘污染（见图 6-3）。

2. 真空吸豆机

该设备由真空存豆桶、旋涡气泵、输豆管组成。将原料（大豆）从仓库、存豆槽自动输送到洗豆机或磨浆机上（见图 6-4）。

3. 泵式大豆清洗机

（1）**用途** 本机为水选式大豆清杂专用设备，能够消除混杂在原料中的土、石及物料表面杂质，并能够用泵输送到需要的高度。也适用于粮食及其他颗粒状物料的清选及输送（见图 6-5）。

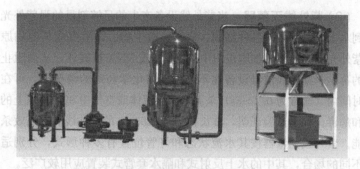

图 6-3　水循环真空提升系统

图 6-4　真空吸豆机

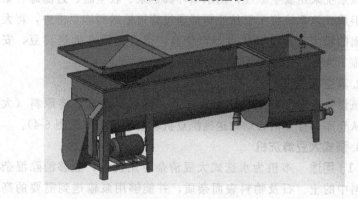

图 6-5　泵式大豆清洗机

（2）**主要参数**　工作效率：600kg/h 左右；输送高度：9m（最高）；装机容量：4.1kW；电源：380V/50Hz；外形尺寸（长×宽×高）：700mm×2760mm×850mm。

4. 洗豆机

洗豆机由喷淋、滚筒、溢流槽、吸豆泵、去石分离器组成。主要去除大豆表面的浮尘和微生物，并滤去沙子，漂流霉豆，分离石块、金属等杂质。不同型号的该设备其外形尺寸、功率、处理量不同（见图 6-6）。

图 6-6　洗豆机

5. 豆水分离输送器

本机采用裙边、隔板输送网带式豆水分离输送结构，工作原理是先将黄豆由流豆槽流入输送机进口，裙边、隔板输送网带豆水分离，把黄豆输送到指定位置磨浆机料斗。该机结构新颖，造型美观，性能稳定，是豆制品生产厂现代机械化的理想设备。适用于将泡料槽泡好的黄豆输送到磨浆机料斗磨浆（见图 6-7）。

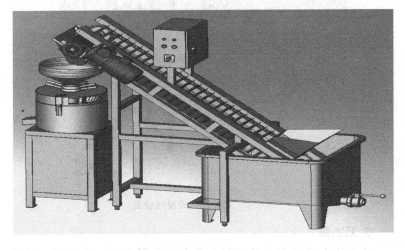

图 6-7　豆水分离输送器

主要技术参数：裙边、隔板输送网宽 200mm，隔板高 25mm；入料斗口径 400（大端）mm；输送高度 1100mm；输送带速度 3～13m/min（可调节）；功率 0.37kW/380V；输送仰角 0～45°（根据实际情况定）；重量 120kg；外形尺寸 1700mm×850mm×1530mm。

三、浸泡设备

随着生产机械化水平的不断提高，大豆浸泡设备发生了很大的变化，由原来的缸、桶或水泥池全部改为不锈钢生产的浸泡设备，下面介绍目前生产中应用较多且比较理想的几种大豆浸泡设备。

1. 组合式浸泡设备

组合式浸泡设备是将洗料装置、泡料罐、输送装置组合在一起，自动完成浸泡工艺的设备，从而大大降低了劳动强度，提高了生产效率（见图 6-8）。

图 6-8 大豆组合式浸泡设备

2. 沥水筛

它是组合式浸泡设备的辅助设备（见图 6-9），主要用于过滤筛选湿豆，去除大豆表面的污物。平筛和电机由偏心机构连接，置于轨道上。平筛下面有接水槽，可外排污水。平筛上部装有喷淋装置，冲洗大豆浸泡后表面生产的酸性物质等杂质，从而进一步提高豆浆品质。

图 6-9　沥水筛

3. 圆盘式浸泡设备

这是豆制品生产中原料浸泡的一种较新型的设备。它与组合式浸泡设备相比，具有占地面积小、浸泡能力大、节水、耗费能源少、附属设备少、使用维修方便等特点。

圆盘泡料设备结构如图 6-10 所示，主要是一个可以转动的托盘，托起若干个扇形的料桶（料桶的数量视生产能力而定）。在料桶内泡料，由于可以转动，能定点放干料，定点出湿料。出料时，

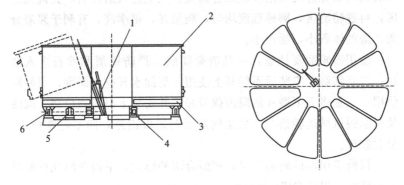

图 6-10　圆盘泡料设备结构图

1—起升油缸；2—料桶；3—托盘；4—压力轴承；5—转动油缸；6—支撑轮

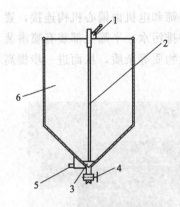

图 6-11 立柱式泡料桶结构
1—齿轮摇把；2—拉杆；3—锥形盖；
4—节门；5—放水管；6—料桶

单个扇形料桶后部可由油缸推起，帮助放料，减少了输送和捞料设备。

4. 立柱式泡料桶

这是一种比较简易的泡料设备（图 6-11）。料桶有方形和圆形两种。容积一般以 $2\sim3m^3$ 为好。料桶设有排水口、出料口、锥形盖、提盖拉杆。为了方便排水和湿料输送，此种设备一般安装在铁架上。

四、制浆设备

豆浆制备的主要作用是将浸泡后的大豆磨碎，便于大豆中蛋白质的提取，目前使用比较多的豆浆制备设备是砂轮磨，个别地区还使用石磨或小钢磨。随着科学技术的不断创新，一些新型的制浆设备应用于豆腐生产，在很大程度上促进了我国豆腐生产的发展，这里主要介绍生产中应用较多和新型的制浆设备。

1. 砂轮磨

砂轮磨是目前国内应用较多的磨浆设备，由两片磨片组成，磨片表面用碳化硅的金刚砂粒熟合而成。大豆进入磨片后，先进粗磨区，再进精磨区，磨碎程度均匀，质量好，得率高，有利于浆渣分离。磨的体积小，噪声小。

使用砂轮磨要注意：一是清杂彻底，严防铁屑和沙石进入磨片；二是新磨片安装后不能马上使用，要加水开空车研磨，研好后使用；三是将上下磨片的间隙调节好，并安装上电流表控制，以便及时掌握机械运转情况，发生问题及时采取措施；四是经常检查，及时修理。

目前应用的砂轮磨有单体和组合两种形式，下面介绍几种型号的磨浆机，以供参考。

（1）DM-LP300 型磨浆分离机 本机为立式皮带传动磨浆、分离为一体（或单体），具有设计新颖、结构紧凑、传动平稳、造型独特、噪声小、维护方便、性能可靠、效率高等特点。

主要技术参数：生产能力（干黄豆）400kg/h；主轴转数1800r/min；磨片直径300mm；筛网80～100目；配用电机11kW/380V；外形尺寸（长×宽×高）：700mm×1150mm×1400mm，重量320kg。

（2）DM-P400型磨浆机　本机是用于加工大豆制品的一种温式磨浆设备，也可用于其他谷物湿磨之用。

本机为立式、皮带传动。采用食品工业专用砂轮作为磨片，上磨片可水平回转180°，便于清洗，工作时可调整上下磨片间隙。在正常情况下，砂轮磨片可磨制大豆2×10^5kg以上。本机与传统的钢磨、石磨相比，具有结构紧凑、体积小、操作方便、效率高、维修方便、噪声低等特点。

主要技术参数：生产能力（折合干大豆）300kg/h；配用电机Y160M-4；外形尺寸（长×宽×高）650mm×1143mm×1065mm；重量335kg。

（3）DMFZ-200型磨浆分离机组　本机组用电控箱控制，采用三次磨浆分离两次串渣的结构形式，其结构新颖，工艺独特，多次提取大豆蛋白质，最大限度提高出品率，效果好（图6-12）。主要用于豆制品生产厂制作豆浆。

图6-12　DMFZ-200型磨浆分离机组

主要技术参数：砂轮片直径200mm；主轴转数2800r/min；磨浆机电机功率4.0kW/380V；浆泵渣泵电机功率370W/220V；总功率13.48kW；筛网90～100目。

（4）DMF磨浆分离机组　本机组是由两台磨浆分离机和一个

推进搅拌器构成，用于大豆磨浆分离。将浸泡好的原料（黄豆）经过第一次磨制浆渣分离，豆渣加水经过推进搅拌器送入第二次磨制浆渣分离，经两次磨浆分离，提高大豆蛋白提取率，豆制品出品率高，成品好，适用于中小型豆制品生产厂广泛应用。如图 6-13 所示。

主要技术参数（以 DMF-125B 为例）：生产能力 70～80kg/h；砂轮片直径 125mm；主轴转数 2880r/min；磨浆机电机功率 3.18kW/380V；筛网 90～100 目。

2. 新型磨浆设备

和上述的设备相比，新型磨浆设备功能更齐全，自动化程度更高，这里以 MJ300-2-2D 磨浆机为例进行介绍（见图 6-14）。

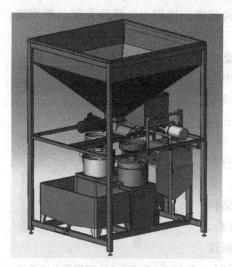

图 6-13　DMF 磨浆分离机组　　　图 6-14　MJ300-2-2D 磨浆机

该设备由水流量计、豆流量控制器、300 型磨浆机、豆浆槽、料斗、电器自动控制器等组成，对浸泡后的大豆进行磨碎，浆渣自动分离。该设备从进豆、出豆到磨豆，三道工序全部实行自动控制，使整个工作程序达到了全自动化。其主要特点有以下几个方面。

第一，吸豆自动控制。当磨浆机顶部贮豆桶存满时，感应器将信号传输给控制器，吸豆泵自动停止工作，当贮豆桶内的大豆下落到最低设定位置时，吸豆泵自动开启工作，使贮豆桶内一直保持设定的贮豆量，保证了磨浆机连续不断地工作。

第二，豆浆浓度自动控制。不同品种的豆制品，对豆浆的浓度要求不同，在磨浆时人工操作很难掌握，采用本设备能自动控制水和豆的流量，由此豆浆浓度就能自动控制。根据生产需要可任意设定豆浆浓度。

第三，磨浆自动控制。磨浆机工作或停止，由真空存豆桶的存豆量来控制，避免磨浆机空机运转，对保护磨浆机起到重要作用，这样的动作在整个生产过程中不断重复出现，达到完全自动化控制。

五、滤浆设备

传统滤浆的方法有吊包滤浆和刮包滤浆，主要是在一些小型的手工作坊利用，现代化的企业主要是采用机械来完成滤浆，利用的设备主要有离心筛、平筛、圆筛等。离心筛是目前比较先进、比较理想和工业生产利用最多的设备，它速度快、噪声低、动力小、分离净。磨浆滤浆一体机上面已经进行了介绍，这里主要介绍几种比较好的单独进行滤浆设备。

1. DF-PL580 型立式分离机

本机为皮带传动立式分离的结构形式，是利用锥形甩筒高速旋转的离心力作用达到浆渣分离的目的。具有设计新颖、造型美观、传动平稳、维护方便、性能可靠、效率高等特点，适用于豆制品生产厂，也可用于乳制品、淀粉等行业。

主要技术参数：生产能力（折合干大豆）380～450kg/h；甩筒最大直径 580mm；主轴转数 1800r/min；筛网 90～100 目；配用电机 5.5kW/380V；外形尺寸 1150mm×700mm×1400mm；重量 280kg。

2. DF-350 立式分离机

本机是立式电机直联带动锥形甩筒高速旋转，利用离心力作用达到浆渣分离的目的。具有结构紧凑、造型美观、转速高、分离效果好、性能稳定、维修方便等特点，适用于豆制品生产厂，也可用于乳制品、淀粉等行业。

主要技术参数：生产能力（折合干大豆）180～220kg/h；主轴转数 2800r/min；甩筒最大直径 350mm；筛网 90～100 目；功率 3.0kW/380V；外形尺寸（长×宽×高）：700mm×450mm×900mm。

图 6-15 卧式离心机

3. 离心机

离心滤浆分为卧式和立式两种，其中以卧式应用较多（图 6-15），该设备由传动装置、滤网、分离筐、机架组成，卧式离心机将大豆浆渣混合物分离为豆浆和豆渣。

主要技术参数（以 FLW560 为例）：电压 380V；频率 50Hz；功率 5.5kW；产量 3000kg/h；转速 1800r/min。

六、煮浆设备

1. 敞口蒸汽锅

敞口蒸汽锅是 20 世纪 60 年代我国普遍使用的一种煮浆设备。一般为豆制品厂自行加工，造价较便宜。罐体上设有豆浆进出管，底部留有蒸汽管，蒸汽直接通过豆浆中。

2. 单罐密闭煮浆罐

系密闭高压煮浆设备。一般压力达 9.8×10^4 Pa，煮浆温度可迅速达到 98～100℃，热源为蒸汽。

该设备是敞开式蒸汽煮浆设备的改进和提高。豆浆送入密封罐时，排气孔打开，在排气孔不关闭的条件下常压蒸煮豆浆。豆浆温度由带电接点温度计测定，到规定的温度后，电器开始动作，关闭下面的供气阀门和上面的排气阀门。打开放浆阀门并向罐内充蒸汽，使罐内造成密闭压力，把豆浆全部压送出去，然后停止充蒸汽，完成一次煮浆。再次煮浆打开排气口继续往罐内送浆，如此循环往复，完成煮浆工艺。此法煮浆效果较好，但设备拆洗不便。

3. 封闭式连续煮浆罐

又叫阶梯式连续煮浆锅或溢流煮浆罐。它由 5 个蒸罐通过管道串联成一体，组成一个阶梯式的密闭煮浆系统，在豆制品行业中普遍认为是较为先进的煮浆设备。图 6-16 是一种连续煮浆机，图 6-17 是一种全自动连续煮浆机。

图 6-16　连续煮浆机

图 6-17　全自动连续煮浆机

该类设备主要由煮浆罐、管路、加热器、阀门、去泡装置等组成。采用高温蒸汽对生浆进行混合加热，迅速灭酶、杀菌，并可以煮沫糊。自动连续煮浆机，煮浆采用区段温度测控，由电脑指令调节蒸汽流量，达到进汽量和进浆量的平衡，实现了煮浆温度按设定进行，使煮浆的全过程完全自动化。

七、熟浆过滤设备

生豆浆煮沸后，豆浆内的细豆渣膨胀，为使产品细腻，需要对豆浆进行再次过滤。过滤的设备可选用圆形振动筛和振荡式筛浆机，但目前较好的设备是熟浆挤压机（图 6-18），该设备由螺杆、滤芯、传动装置、滚筛、控制器等组成。适用于熟浆工艺生产豆浆，将熟浆的浆渣经过螺杆挤压和过滤，分离为豆浆和豆渣，单组螺杆和滤芯每小时处理干豆 $100\sim150kg$，该滤芯可连续生产不需清洗，结实耐用，不需经常更换。

图 6-18　熟浆挤压机

八、豆腐凝固设备

近年来，我国豆腐凝固设备发展较快，生产出了各种类型的设备，有适合小规模生产的小型设备，也有适合于大型企业生产用的机械化、自动化程度高的设备。这里介绍两种先进的点脑设备。

1. 点浆凝固机

这种设备采用点脑全自动控制（图 6-19）。整套设备在电脑程序的指令下工作，完成自动定量放浆、自动定量点脑、自动抽动黄浆水、自动打花破脑、自动浇脑等多项功能。可设定点脑温度，凝固时间可调。可实现卤水点脑、石膏点脑、黄浆水点脑，以及卤水石膏混合点脑。大大降低了生产管理的难度，降低劳动强度，节约能源，提高产品质量，提高效率。

图 6-19　豆腐点浆凝固机

2. ZDDN-Ⅰ型自动点脑机

该设备是豆制品生产点脑工序的重要设备（图 6-20），全程采用 PLC 程序控制，完成注浆、换位、点脑、搅拌、凝固、碎脑、倾倒，实施定容、定量、定温、定时几点一体化控制点脑工艺，具有结构紧凑、工艺先进、性能稳定、自动化程度高、节能、节水、节电、节省人力、连续生产等特点。是生产豆制品点脑卫生、安全的首选设备，广泛适用于各种规模的豆制品厂。

九、压榨设备

在豆腐生产过程中利用的压榨设备主要包括传统木制榨床、电动榨床、液压制坯机和新型的自动压坯机。这里主要介绍自动压榨

图 6-20　ZDDN-I 型自动点脑机

设备。

　　自动压榨设备有两种形式，一种是直线步进式自动压榨设备，另一种是自动环形压榨设备，这两种设备都以气动（压缩空气）为压力源，所以要有空气压缩机配套。

1. 步进式自动压榨机

　　该设备由汽缸、压板、压台、输送轨道、控制器等组成（图6-21）。用于将型箱内的豆腐脑进行压榨成型。压榨出的豆腐重量相同，厚度均匀，形状规范，适合于豆腐、豆腐干规模化自动化生产。

2. 自动环形压榨设备

　　该设备是一个环形机架平台，平台上有环形传动链，传动链可带动数个托盘及汽缸转动，豆腐小型箱进入单个托盘后，汽缸杆压盘压下，整个托盘随传动链转动，运转中汽缸不再抬起，直到转动一周后，汽缸抬起，豆腐小型箱推出，完成压榨脱水过程。该设备

图 6-21　自动步进压榨机

与步进式压榨机相比的突出优点是，压榨过程不间断，对产品质量大有好处。

十、豆腐生产组合设备

上面分别介绍了豆腐生产过程中利用的各种机械，现在我国豆腐机械的发展方向是机械化和自动化水平高，近年来，我国许多企业生产出了适合于大型豆腐加工企业利用的豆腐加工机械，将豆腐生产过程中的各种机械进行了组合，有大型的也有小型的，使豆腐生产的自动化程度进一步提高，下面介绍其中几种。

1. 自动无包布无型箱豆腐机

该设备由豆浆和凝固剂混合装置、豆腐成型装置、豆腐切割装置、豆腐输送装置、布袋清洗装置、传动装置、程序控制器等组成（图 6-22），适合于自动化生产卤水豆腐，豆浆和凝固剂自动混合，

图 6-22　自动无包布无型箱豆腐机

在布袋中凝固成型，压榨脱水无需型箱，布袋自动清洗，豆腐自动切块，自动输送到包装机，生产程序由 PLC 自动控制。

2. DFJ-50 型系列豆腐机

该生产设备属于小型组合设备，主要包括三种型号的豆腐机，

图 6-23　DFJ-50 型系列豆腐机

水豆腐加工量为 168～240kg/h。主要用于加工豆浆、豆脑、水豆腐，生产过程采用自动化控制，实现了机电一体化。密闭式高温煮浆，豆浆实际温度可达 100℃ 以上，能彻底消除大豆对人体有害的物质，并可脱腥、脱臭，生产出的产品口味纯正，保持原有大豆色泽，保鲜期长。煮浆温度采用数码温度控制仪，对煮浆过程随时进行监控，同时对不同产品所需温度自行设定。当到达设定温度时，具有自动提示及报警功能。煮浆器为密闭式，与其他生产厂家开放式煮浆锅相比节能 20% 以上，无需使用消泡剂，并具有自动和手动补水功能。点脑桶为活动式，简便方便，省时省力。在加工全过程中，地面无水作业，环境清洁卫生。特别是采用国内最先进的磨浆分离机和煮浆器，出品率高于其他生产厂家达 20% 以上。

第三节　豆腐常见质量问题及卫生管理

一、豆腐的常见质量问题

1. 豆腐颜色发红、色暗

颜色发红是水豆腐和干豆腐的常见质量问题。主要原因是豆浆不熟引起，特别是使用敞口锅蒸汽煮浆时容易出现假沸现象，当豆

豆腐生产新技术

浆煮到 80℃左右时最容易出现假沸，只凭豆浆的翻滚和没有浮沫并不能说明豆浆已煮好，只有温度计测温达到 100℃左右，才算真正把豆浆煮沸。煮沸后还要保温 5～7min。使用敞口蒸汽锅煮浆时，通常需要反复几次的沸腾，锅内泡沫经反复几次升降，使用消泡剂把锅内泡沫全部消除，测温达到 97～100℃，就不会出现豆腐发红现象。

豆腐的色暗，主要是豆腐表面缺乏光泽感。考虑有以下原因：其一，原料变质或受高温刺激，或在保管过程中经过强制干燥处理；其二，生产过程中存在的问题，如原料筛选处理的不净；浸泡方法不当或大豆吸收的水分不足；磨碎时磨口过紧或混入污物；豆浆浓度过高；煮浆方法不妥或豆浆煮好没有及时出锅等都会造成豆腐色泽发暗。

2. 豆腐牙碜或苦涩

豆腐牙碜一般都是发生在使用新铲修过的石磨时，由于石磨的碎石屑在磨豆时经研磨脱落后混在豆浆内，虽经过滤但难以全部滤出。

凝固剂混入杂质、豆腐脑缸刷洗不干净留有杂质，这些杂质经凝固后难以清除，混在豆腐中就会有牙碜感。

豆腐中的苦涩味几乎是同时产生的，常见于明火煮豆浆的产品。主要原因是豆糊粘于锅底而煳锅（锅巴），产生串烟味和苦味。凝固剂石膏或卤水添加量过多或使用方法不当也会造成产品苦涩味。

3. 馊味或酸腐味

豆腐出现馊味或酸腐味有两种情况：一是新鲜的豆腐就有馊味或酸腐味，这主要是生产过程中卫生条件太差，制作豆腐的设备、管道等不洁造成的，特别是使用的豆腐包布和压榨设备没有及时清洗、消毒、晾晒，产生馊味，导致新制作的豆腐表面出现馊味或酸腐味；二是豆腐的贮藏条件不适或时间过长引起的。豆腐水分含量高，又富含蛋白质、脂肪等营养成分，受微生物污染后极易酸败变质，夏秋季节环境温度较高，豆腐在短时间内就会腐败变质。加强豆腐生产过程中的卫生管理，豆腐在冷链中流通、贮藏等可以延长豆腐的保质期。

4. 豆腐脑老嫩不均

点脑老与嫩的问题有以下几种情况：以每个缸为单位，全缸豆腐脑都点老、全缸豆腐脑都点嫩或同一缸豆腐脑中有老又有嫩。前两种情况主要与下卤速度有关。下卤要快慢适宜，过快，脑易点老，过慢则点嫩。第三种情况就是点脑的技术出问题，如在同一缸豆腐脑中出现了老嫩不一的情况，还混有未凝固的豆浆，主要是点脑的翻浆动作不准，出现了转缸。点脑时应不断将豆浆翻动均匀，在即将成脑时，要减量、减速加入卤水，当浆全部形成凝胶状后，方可停止加卤水。

5. 豆腐形状不规则

豆腐生产要求使用标准模具，对产品有一定的规格标准要求，然而豆腐也会出现厚薄不均匀的现象。其主要原因是上榨不匀和偏榨。上榨不匀是指在几块豆腐之间互相对比厚薄不一样。偏榨是指同一个豆腐体存在各部位的厚薄不一样。前者主要是生产过程对豆浆浓度掌握不准或在凝固时点脑的老嫩不一所致，如生产过程豆浆浓度忽稠忽稀，点脑时就会出现忽老忽嫩，就很难做到产品的厚薄均匀一致。偏榨原因主要是底板放的不平，或是由于操作者疏忽造成的。

二、产品变质原因和预防措施

豆制食品特别是豆腐极易变质，这是因为豆制食品中含有丰富的蛋白质。蛋白质在芽孢杆菌属、梭菌属、链球菌属、假单孢菌属等菌的蛋白酶和肽酶的作用下，首先分解为肽，进而分解成氨基酸，而后又在相应酶的作用下，把氨基酸及其他含氮物进一步分解，表现出腐败特征。

豆制食品的腐败变质反映在感官上，有气味难闻、色泽异常、味道酸臭、表面发黏等现象。这样的产品就不能食用了。

鉴定腐败变质的产品，一般是从感官、物理、化学、微生物四

豆腐生产新技术

个方面来确定。

我国将挥发性碱性总氮（简称 TVBN）作为鉴定肉、鱼、乳类鲜度的化学指标，并列入国家食品卫生标准。此项指标也适用于大豆制品的腐败鉴定。

所谓 TVBN 系指食品水浸液中在碱性条件下，能与水蒸气一起蒸馏出来的总氮量，即在此条件下，能形成氨的含氮物。据研究，TVBN 与食品腐败程度呈对应关系，也就是说 TVBN 指数越高，该产品腐败程度越严重。

有些油炸豆制品，由于保管不善，或时间过长，往往产生"油腻"气味，这是脂肪酸败的结果。脂肪酸败主要是由于脂肪经水解与氧化，产生相应的产物。

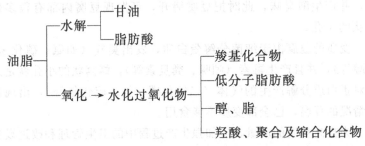

上述反应过程中，由于产生过氧化物和氧化物，可使脂肪的氧化值上升，而后，由于形成各种有机酸，以致油脂酸度或酸价升高，所形成的醛、酮和某些羧酸，能使油脂带特殊气味，即所谓的"油腻"气味。

以豆腐为例，实验证明，豆腐的变质是从外部开始逐渐发展到内部。引起豆腐的腐败变质的过程，是由于豆腐的表面感染杂菌的不断繁殖，从而使豆腐发生腐败变质。

取同一箱生产的豆腐，在刚出箱时检验其杂菌数，每克豆腐只有 440 个杂菌；在屉中存放 5h 后，每克豆腐中的杂菌数已增到 1400 个，再经 16h，豆腐中的杂菌数已达到 160000 个/g，这时豆腐表面已有轻微的变质。刚出箱的豆腐温度较高，一般在 60℃ 以上，这种温度中原有的杂菌是很难繁殖的。因此，外界杂菌的感染是促使豆腐从外部开始腐败变质的主要因素，其中水分和温度是决定豆腐变质的主要原因。水分多，温度适宜（30～40℃），最有利于杂菌的繁殖，豆腐表面出现变红的现象，实际上就是杂菌在豆腐表面开始繁殖的反映。通过显微镜观察，可能是一种乳酸短杆菌繁殖产生的红色色素，乳酸杆菌能耐较高的温度，所以在豆腐的温度较高的情况下也能繁殖，已经变红的豆腐就有些轻微的酸味。但从豆腐的内部来看，还是正常的，并不影响食用。随着存放时间的延长，豆腐的温度已下降到接近室温，这时表面就会发黏，通过显微镜观察，这种发黏的现象就是一种单球状、链球状以及各种杆状的杂菌在豆腐表面大量繁殖的结果，并且使豆腐产生酸馊的气味。如再发展下去，豆腐表面就会出现油状黏着物，色泽变黄，并产生酸臭味，此时把豆腐掰开，可发现豆腐内部有很多蜂窝状的小孔。

变质的豆腐由于细菌分解蛋白质，发出臭气（如氨、硫化氢、硫醇等），并且产生毒素（吲哚、粪臭素等），蜂窝状的小孔就是杂菌对蛋白质分解产生的气体（二氧化碳、氢、硫化氢等），出现以上情况的豆腐，已全部变质不能食用。

为提高豆腐的质量，应加强生产过程中的卫生管理和改进设备的清洗方法。

首先要对大豆原料进行清杂，泡豆要用自流化的水槽，使泡豆水温不致上升而引起酸败现象。

在生熟浆管道的一端，要连接高压蒸汽管，在生产前用高压蒸汽冲洗消毒，并把管内残存的豆糊和渣子冲洗掉，以防影响产品的质量和卫生。

生产用具应使用0.3%的漂白粉水浸泡和刷洗，特别是对豆腐屉更要加强冲洗和消毒。

贮存成品的车间，要有一个简易的通风降温设备，这样可有效地延长夏季生产豆腐的存放时间。如果条件允许，可在成品库内安装喷雾系统，并接通装有0.3%漂白粉溶液的高压泵，这样可减少豆腐表面杂菌的感染。

三、保管方法和卫生管理

1. 保管方法

豆腐含水量大，在温度较高和环境不洁的情况下最易引起杂菌的生长繁殖。为防止豆腐腐败变质，必须采取以下措施。

（1）所用工具和容器，必须保持清洁卫生，要经常刷洗和消毒。

（2）刚刚生产出来的豆腐一定要等晾凉冷透再上架或码土垛，否则热量不易散发，会加速变质。

（3）要在凉爽或低温条件下保管。一时卖不了的豆腐，可用凉水泡起来，水要洁，但泡的时间不宜过长。

（4）也可用蒸的方法使豆腐灭菌，从而延长保管时间。

2. 卫生管理

（1）根据中华人民共和国食品卫生管理法规，切实保证豆制品标准的执行，以保障人民身体健康。

（2）凡生产、加工、贮运、销售豆制品的单位，必须建立检验机构，健全卫生制度。产品经鉴定合格后方能出厂。各级主管部门及卫生部门应密切配合做好卫生、监督、检查工作。

（3）豆制品生产不得使用变质或未去除有害物质的原料、佐料（辅料）；生产用水应符合现行的《生活饮用水标准》；使用食品添加剂应符合国家有关规定；所有生产原料使用前必须筛洗干净；逐步实行循环使用盐水配制的办法（食盐经溶解沉淀去杂质后使用）。

（4）生产、贮存、运输、销售过程中所使用的管道、容器、用具、包装材料（包括涂料）不得使用对人体有害物质制成，并要经常保持清洁，接触食品时应做到生熟分开。

（5）成品贮存应有防腐措施，逐步做到低温冷藏；运输应严密遮盖，逐步做到专车密闭送货。

（6）销售直接入口食品的单位，应设有防蝇防尘的专用间或设施。容器、用具专用，使用工具售货，严禁出售腐败变质的食品。

（7）新建、改建或扩建的生产车间，要远离产生有害物质的场所；建筑设备必须符合卫生要求，车间地面、墙裙应用易冲刷、不透水的材料建筑；要有顶棚，须设有符合卫生要求的成品库、发货处、洗刷消毒设备，做到防蝇、防尘、防鼠；及时清理污物废水，防止苍蝇孳生。

(8) 要不断改革生产工艺，逐步实现机械化代替手工操作，提高食品质量和卫生质量。采用新工艺，试制新产品，需经主管部门和卫生部门审核同意后方可投产。

(9) 生产、加工、销售人员工作时要穿戴工作服、工作帽，并保持清洁，做到勤洗手、勤剪指甲、勤洗衣服，注意个人卫生。

(10) 要认真执行食品卫生法的有关规定，对贯彻执行好的单位和个人应给予表彰；对违反本办法影响群众健康或引起食物中毒者，应查明原因和责任，及时报告上级，给予适当处理。

第四节　豆腐生产的 HACCP 管理体系

豆腐作为中国传统的大豆制品，具有良好的营养保健功能，因此深受人们的欢迎，但豆腐的生产管理技术良莠不齐，产品的卫生安全存在不少问题。随着人们生活水平的提高，食品安全越来越受到重视，因此要求食品加工企业引进先进的管理理念，生产安全放心的产品，以消除消费者对食品卫生安全的恐慌。

HACCP（hazard analysis critical control point）即危害分析与关键控制点，是一种系统的、有效的食品安全预防性质量控制体系，以 GMP（良好操作规范）和 SSOP（标准卫生操作程序）为基础，能有效地控制或减少食品卫生安全危害，并集中解决加工流程中的关键问题，保证食品在生产链、供应链的每个环节尽可能不受或少受污染。我国许多的学者对 HACCP 在豆腐生产中的应用进行了研究，对规范豆腐生产、提高产品的安全性具有重要意义，下面介绍 HACCP 在豆腐生产中的应用。

一、关键控制点的建立

根据 HACCP 体系的要求，应全面建立从原料、加工到冷藏、运输、销售的全过程的质量管理体系。按照《HACCP 计划书》的要求，根据产品生产的工艺流程，一步步进行危害分析，确定了以下几个易使食品安全受到危害的工序作为关键控制点。

1. 原料

豆制品的主要原料是黄豆。按 HACCP 的要求，生产厂家要建立合格供应商名录，使用的黄豆都是定点供应的并通过了国家绿色食品认证，其有害物质和农药残留量都大大低于国家标准。

2. 生产过程

根据企业的设备和具体生产情况，建立生产过程中的几个关键控制点（以下为示例），对关键控制点进行操作的员工都进行了专业培训，在生产中严格按照规程操作。

（1）大豆清洗、浸泡　加工前应对大豆进行挑选，除去杂质，然后经 3 次充分清洗（带搅拌）以除去大部分农残和附着微生物，洗净再浸泡。浸泡池内壁要求光滑无气孔，不脱落，浸泡时间不宜过长，否则易腐败，夏秋季要做到勤换水，也可适量加碱，但不宜过量。

（2）磨浆　磨浆前要对磨浆机、管道、工具等进行清洗消毒。磨浆要注意颗粒细度，在 $100 \sim 120$ 目为佳，有利于豆浆溶出和纤维分离。浆液过滤清除豆渣，注意保洁，以减少细菌污染。

（3）煮浆　加热能使大豆蛋白质变性，提高蛋白质的消化吸收率，加热还可以去除或破坏大豆中有害人体健康的胰蛋白酶抑制剂等物质。煮浆应控制温度在 $95 \sim 100{}^\circ\!C$，时间为 $7\mathrm{min}$ 以上。

（4）点卤成型　点卤所用的凝固剂必须符合卫生标准，凝固剂用量要适度。成型所用的箱、板、布等用具用后必须清洗干净并消毒。特别是对消泡剂、凝固剂等化学物的使用都制定了严格的控制措施，并有详细的使用记录，便于管理者监督检查，从而保证产品的信用安全。

3. 冷藏和运输环节

豆制品保质期短，控制好冷藏和运输是保证品质的关键。公司生产的产品都及时入冷库，送货车均是专用货车，并尽量缩短运输时间，确保将新鲜、卫生的产品及时送到客户手中。

二、提高企业的管理水平

按照 HACCP 的要求，企业应制定《安全卫生质量手册》，使企业的生产管理符合 SSOP（卫生标准操作规程）和 GMP（良好操作规范）的标准，从以下几方面实现生产管理的制度化、科学化、规范化，提高企业的管理水平。

（1）**建立完善的质量控制体系** 按照 HACCP 的要求，企业明确各部门、各环节的职责，并提出具体的要求，使各部门都参与质量控制与管理，从而建立从原料到销售的全过程的质量管理体系，使企业的管理制度化、科学化。

（2）**提高规范化管理水平** 首先对硬件设施进行改造，按照标准工艺流程的要求购置冷却设备，使成品的温度在短时间内达到 10℃以下，提高产品质量；建立冷库，建立化验室，配备有资质的化验人员和先进的化验设备。其次，所有员工都持健康证上岗，车间员工必须戴工作帽、穿工作衣、鞋，不化妆，不戴饰品，进出车间必须更衣、洗手、消毒，车间环境、生产机器、工器具坚持班前班后清洗。最后按 HACCP 的要求，对各生产工序制定操作规程，即操作过程中必须遵守的程序，员工在实际操作中严格执行，实现生产操作的规范化。

（3）**提高员工的整体素质** 按照 HACCP 的要求，企业应加强对员工的教育和培训，包括各类操作练兵和业务培训，企业管理人员参加标准化知识培训、HACCP 培训等，提高企业干部职工的整体素质。

三、应用实例

我国关于 HACCP 体系在不同豆腐生产中的应用均有研究，彭述辉等研究了该体系在水豆腐生产中的应用，张茂东研究了该体系在日本豆腐生产中的应用，华景清等研究了该体系在苏州卤汁豆腐干生产中的应用，下面对其研究结果予以介绍，为了便于了解重点，这里主要介绍其危害分析和 HACCP 计划。

1. HACCP 在水豆腐生产中的应用

对水豆腐的危害分析和 HACCP 计划可见表 6-2 和表 6-3。

表 6-2　水豆腐生产危害分析表

生产步骤	控制点	潜在危害	显著性	预防措施	是否CCP
原辅料接收	大豆	生物性：虫蛀（谷象、米象等）、微生物毒素（黄曲霉素 B_1）	是	选择品质合格的大豆，科学贮藏，抽检 Pb 含量、微生物指标，使用金属探测器检测金属碎屑	是
		物理性：金属碎屑、玻璃碎、泥沙等	否		
		化学性：农药残留、重金属（Pb）	是		
	添加剂	生物性：杂菌、耐盐微生物	是	完善检验制度，索取"三证"（卫生许可证、生产许可证、产品检验报告书）	是
		化学性：重金属离子	是		
	水	生物性：杂菌、耐盐微生物	是	使用合格水源并定期抽检主要指标	否
		化学性：重金属离子	是		
加工工序	清洗	物理性：金属碎屑、玻璃碎、泥沙等杂物	是	二次清洗	是
	杀菌	生物性：细菌总数、大肠杆菌总数超标	是	按照企业标准严格控制杀菌温度与时间	是
卫生状况	人员卫生	操作人员造成产品污染	是	操作人员穿戴的工作衣帽，进入操作间前要洗手，控制手部携菌量	是
	生产设备	生产设备造成污染（如润滑油、铁锈等）	是	派专人监督场所卫生，严格清洗设备	是
	包装膜内侧	化学性：重金属污染、有毒化学污染等	是	按有关标准检测包装材料，选择合格包装材料。进行二次灭菌，以达到商业无菌	是
		生物性：细菌总数超标	是		

2. HACCP 在日本豆腐生产中的应用

对日本豆腐的危害分析和 HACCP 计划可见表 6-4 和表 6-5。

3. HACCP 在苏州卤汁干豆腐生产中的应用

对苏州卤汁干豆腐的危害分析和 HACCP 计划可见表 6-6 和表 6-7。

表 6-3 水豆腐生产的 HACCP 计划

加工工序	(CCP)显著危害	关键限值	监控措施				纠正措施	记录	验证
			对象	方法	频率	人员			
原辅料 CCP1	大豆 农药残留、黄曲霉 B₁、重金属等	有商检卫生证明	保证卡、合格证明	随机抽检	每批次	原料检验员	不合格原料拒收	填写原辅料 CCP1 卫生表控记录表	由专职人员负责检查记录表,并每周抽查两周次
	金属物探测	金属物不得检出	保证卡、合格证明	随机抽检	每批次	原料检验员	不合格原料拒收	填写原辅料 CCP1 金属表控记录表	每隔 0.5h 对金属探测器的灵敏度进行校正
	添加剂 含重金属和其他化学杂质	由供应商提供合格证明	保证卡、合格证明	随机抽检	每批次	原料检验员	不合格原料拒收	填写原辅料 CCP1 卫生表控记录表	由专职人员负责检查记录表,并每周抽查两周次
	清洗 沙粒、碎玻璃等	按照企业标准	淘洗容器底部的大豆	使用淘洗机	2~3 次	清洗人员	增加淘洗次数	通过消费者调查意见反馈纠正效果	由专职人员负责监督
加工工序 CCP2 杀菌	产品货架期缩短、品质下降	致病菌、细菌总数必须符合企业标准	生产容器必须经过严格消毒	随机抽检	每个生产周期	微生物检测人员	消毒不合格的进行二次消毒	对抽检结果(细菌总数、致病菌)作好记录	从销售商调查产品的货架期,并作好记录

(CCP) 显著危害		关键限值	监控措施				纠正措施	记录	验证
			对象	方法	频率	人员			
人员卫生	产品被污染	操作人员手上不得带有致病菌，不得带病上班	检测并控制工作服、工作携带帽菌量	定期抽检	每次生产前1小时	微生物检测人员	消毒不合格的进行二次消毒	对抽检结果（细菌总数、致病菌）作记录	记录消毒效果、消毒液的最佳使用量
车间设备卫生	车间布局不合理	符合流水线生产，地面无积水，墙面平整易清洗	车间布局合理，地面略带坡度	请厂房设计人员评定	每两年检修一次	专门设计人员	对车间不合理或损坏之处进行改造、修补	记录地面干燥时间，以及车间的温度、湿度等	确定车间的最佳设计方案
	空气质量不达标	含尘量、携菌量均超标	排风扇、空气过滤器	生产前2h进行换气	每个生产日	微生物检测人员	控制排风量，对进气进行过滤	记录空气含尘量和携带菌量	通过产品的细菌学来验证
	设备锈蚀	污染产品（颜色改变、铁元素含量超标）	生产设备	生产结束后	每个生产日	清洗人员	进一步清洗，避免使用易锈蚀的设备	检测产品中CPP3铁元素含量记录	由检测结果来验证
卫生状况 CCP3 包装材料卫生	产品受到污染	包装膜内侧细菌总数、重金属含量超标	保证合格卡、合格证明	随机抽检	每批次	微生物检测人员，产品质量评定人员	采用复合包装材料，进行二次灭菌	填写包装材料CCP3细菌总数、重金属、有害化学物质的监控记录表	由专职人员负责检查记录表，并每周抽查两次

第八章 豆制品生产企业洁净安全厂房建设和设备的卫生性安全质量管理

241

表 6-4　日本豆腐生产危害分析表

生产步骤			潜在危害	显著性	危害判定依据	预防措施	是否CCP
原辅料验收	禽蛋	生物	微生物毒素（沙门菌）	是	禽蛋中可能携带致病菌	选择规模化的养殖基地提供的原料；通过蒸杀菌控制致病菌；添加剂按照GB 2760严格执行	是
		化学	农残、重金属	是	农药残留控制不当可能造成消费者急性中毒或者慢性积累性中毒	要求供应商提供厂检单；SSOP	是
		物理	毛发、粪土	否	掉入产品中容易引起微生物增多	通过选蛋、清洗控制杂质	否
	添加剂	生物	致病菌	否	食品添加剂中可能携带致病菌、病毒	选择正规厂家的产品；要求供应商提供检测报告	否
		化学	重金属	否	食品添加剂中可能含有违反国家规定的成分对人体造成危害	要求供应商提供厂检单；SSOP	否
		物理	无				
选蛋		生物	微生物毒素（沙门菌）	是	禽蛋中可能携带致病菌	选择规模化的养殖基地提供的原料；通过蒸杀菌控制致病菌	否
		化学	农残、重金属	是	农药残留控制不当可能造成消费者急性中毒或者慢性积累性中毒	要求供应商提供厂检单；SSOP	否
		物理	毛发、粪土	否		通过清洗控制杂质	否

生产步骤		潜在危害	显著性	危害判定依据	预防措施	是否CCP
清洗	生物	无				
	化学	无				
	物理	无				
打蛋	生物	人手上的微生物	否	人手不净容易污染蛋液,对人体造成危害	对人手按照频次清洗消毒;SSOP	否
	化学	无				
	物理	碎蛋壳	否	对消费者造成物理伤害	先打在小容器中再混匀	否
添加辅料、搅拌	生物	搅拌器上残留微生物	否	容易污染蛋液,对人体造成危害	搅拌前用热水清洗;SSOP	是
	化学	食品添加剂过量或不足	是	添加剂过量容易对人体造成伤害,不足导致产品质量不稳定	添加剂的添加量照照 GB 2760 执行;SSOP	是
	物理	无				
过滤	生物	滤网上残留的微生物	否	容易污染蛋液,对人体造成危害	滤网先用热水进行清洗;SSOP	否
	化学	无				
	物理	无				

生产步骤		潜在危害	显著性	危害判定依据	预防措施	是否CCP
灌装	生物	灌装设备内残留的微生物	否	容易污染蛋液,对人体造成危害	灌装前用热水冲洗;SSOP	否
	生物	包装袋上残留微生物污染	否	容易污染蛋液,对人体造成危害	对包装袋进行杀菌处理	否
	化学	无				
	物理	无				
蒸煮、杀菌	生物	致病菌	是	杀菌不彻底,对人体健康造成严重伤害	控制杀菌的时间和温度;SSOP	否
	化学	无				
	物理	无				
冷却	生物	杀菌后残存的微生物繁殖	否	残存的微生物对人体健康造成伤害	严格控制冷却水的温度;SSOP	否
	化学	无				
	物理	无				
贮存	生物	杀菌后残存的微生物繁殖	否	残存的微生物对人体健康造成伤害	严格控制冷却间的温度;SSOP	是
	化学	无				
	物理	无				

表 6-5　日本豆腐生产的 HACCP 计划

CCP		危害	关键限值	监控				纠正措施	记录	验证
				对象	方法	频次	人员			
CCP1:原辅料验收	禽蛋	农药残留、致病菌、重金属	查看相关验证证明	相关检验检疫证明	查看检验合格证、出厂检测报告	每批	原辅料、检验员	不合格原辅料退货	原辅料验收记录	抽检；不定期对供应商资质进行检验
	添加剂	重金属和其他化学杂质	查看出厂检测报告	合格证明	查看检验合格证、出厂检测报告	每批	原辅料、检验员	不合格原辅料退货	原辅料验收记录	抽检；不定期对供应商资质进行检验
CCP2:添加原辅料与搅拌		生物性、化学性	按照规定限值控制相应的添加剂加量	保水剂、保水剂溶解程度	检测保水剂的添加量	每批	操作工；品管员	返工	配方记录；操作过程记录	抽检；不定期对供应商资质进行检验
CCP3:蒸煮与杀菌		产品货架期短、品质下降	致病菌、菌落总数必须符合产品标准	生产工器具必须经过消毒	检测凝固效果、微生物检测	每批	化验员、品管员	评估后品不合格处理	产品杀菌记录	定期、抽检检测记录，从销售商调查产品货架期

表 6-6　苏州卤汁豆腐干危害分析表

工序	确定潜在危害	是否危害显著	判别依据	控制预防措施	是非CCP
黄豆及其预处理	P:混有泥沙、碎石、小铁块等夹杂物 C:农药残留、重金属污染 B:病虫害豆、霉变豆	否 是 是	原辅料筛选不彻底、杂质可能流入下道工序；农药残留下道工序无法清除；清洗不彻底、可能造成细菌污染	采购合格黄豆(具备三证)，加强仓贮管理及用前检验 Pb 含量、微生物指标；去除夹杂物及变质豆，充分清洗，使用金属探测器检测金属碎屑	是

工序	确定潜在危害	是否危害显著	判别依据	控制预防措施	是非CCP
浸泡	P:水中夹杂物	是	水质污染;容器中有害物溶出,洗涤剂、杀菌剂残留,温度高,时间长可能造成细菌污染	控制水质,加水量及浸泡时间(根据温度),选择合适设备并作好清洁卫生	非
	C:水中化学性杂质	是			
	B:浸泡过程微生物繁殖,引起腐败	是			
磨浆	C:重金属,润滑油污染	是	磨浆机重金属清洗不好,润滑油污染;磨浆机清洗不好易造成细菌污染	选择合适磨浆设备,控制进料量和加水比;采用多次磨浆(2~3次);及时清洗机器	非
	B:微生物污染繁殖	是			
过滤	C:设备的化学污染物	是	过滤机重金属溶出,润滑油污染;过滤机清洗不好易造成细菌污染	选择符合食品加工要求的过滤设备,筛网破损及时更换;设备及时清洗	非
	B:设备不卫生,微生物繁殖	是			
煮浆	C:有害物质、消泡剂	是	加温过度产生有害物质;消泡剂用量及用量;加热不足未能充分灭活大豆中的有害因素(氧化酶、脲酶、胰蛋白酶抑制剂等)及微生物	保证蒸汽压稳定,豆浆定量、加热定时;选用合格的食品消泡剂并不超量使用	非
	B:生物酶、微生物繁殖	是			
点浆蹲脑	C:凝固剂	是	凝固剂质量(是否合格)、用量(是否超量);与空气接触,易细菌污染	采用合格凝固剂(具备三证),用量准确;操作培训,空间紫外消毒	非
	B:微生物繁殖	否			
压制成型	P:豆坯的含水量	是	压力大小及作用时间不到位与空气接触,易造成细菌污染	调整压力大小及作用时间;校正仪器,空间紫外消毒	非
	B:微生物繁殖	是			
切片	C:金属污染	是	切片机金属屑溶出与空气接触,易造成细菌污染	选择合适切片设备;并作好清洁卫生	非
	B:微生物污染繁殖	是			
油炸	P:油温、油炸时间	否	影响产品质量;油氧化程度过高对人体产生危害	控制油温、油炸时间每两班测量油的POV和AV值	是
	C:油的氧化程度	是			

工序	确定潜在危害	是否危害显著	判别依据	控制预防措施	是非CCP
卤制	P:杂质 C:食品添加剂 B:微生物繁殖	否 是 是	卤料中的夹杂物 配料的质量、食品添加剂的质量问题或超量、超范围使用	采购合格原辅材料,适当调整卤度,控制加热时间、温度,做好卤制过程的卫生管理	是
金属探测	P:金属杂质	是	铁和非铁金属的危害	每小时测量金属探测仪灵敏度并记录	是
装袋	P:杂质 C:包装材料中的添加剂 B:微生物污染	否 是 是	包装袋中夹杂物、净度 包装材料有毒或受到化学物质污染 产品、工人及包装等易造成微生物污染	做好清洁清扫工用,加强包装材料的选择	非
真空封口	P:真空度 B:杀菌效果	是 是	封口的真空度及封口的严密性;真空度及封口质量影响杀菌效果易造成产品污染	做好真空封口机检查与维护工作,使之保持良好工作状态	是
高温灭菌	P:破袋 C:有害热解产物 B:微生物导致产品腐败	是 是 是	包材不合格或真空度气太多 杀菌过度产生有害热解产物(包括包装的) 灭菌不彻底可能造成细菌污染导致腐败	定期检查与维护杀菌设备,校正压力表、温度计、计时器	是
冷却	P:破袋 C:品质变差 B:微生物污染	是 否 是	包材不合格 冷却不及时或冷却不足造成过度热作用促进有效成分变劣 破袋微生物污染,嗜热菌繁殖	控制反压压力,冷却水卫生质量和冷却时间	是
装箱	P:装量错误; B:微生物污染	否 否	计量有误 运输工具不清洁引起产品污染	培训、计算 运输工具清洗消毒	非

第八章 豆制品生产企业建设和安全性质量管理

表 6-7 苏州卤汁豆腐干生产的 HACCP 计划表

CCP	显著危害	关键限值	监测				纠偏行动	记录	验证
			对象	方法	频率	人员			
黄豆及其预处理	细菌，霉菌及其药残	合格证明，蛋白质含量达到≥30%；人工去杂一次；杂质应少于1%，清洗1~2次	原料豆，供应商	索证，记录	每批一次	化验人员	拒绝不合格原料	原料进厂检验记录	检查记录、定期检验
油炸	油温及油炸时间；油的氧化程度	T: 250℃/10min；150℃/10min；POV值<10；AV值<1	油温及油炸时间，POV值，AV值，使用时间	测试并记录测试结果	生产时每两班进行测试	品管部检测人员	POV和AV值超标，对产品进行检测并按检测结果处理	生产过程的检测记录	审查产成品的检验记录，过程检测的检验报告
卤制	食品添加剂，细菌	合格证明，卤制煮沸保持10min，泡制时间8h，卤汁pH值>6.0	供应商，仪器	观察记录	每批一次	操作工	销毁	卤制工序运行记录	检查记录、定期检验
金属探测	铁或非铁类金属杂质	铁φ:0.6mm 非铁φ:1.5mm	铁或非铁类金属	金属探测仪	每批检查	金属探测仪操作员	如发现金属，作为次品处理，并查找原因，消除危害	金属探测记录	每1h检查一次金属探测仪灵敏度
真空封口（敞袋）	细菌	真空度<0.09MPa，热封温度140℃，时间15s。	仪表	观察	每0.5h一次	操作工	销毁	真空封口工序运行记录	检查记录、随机查看
高温灭菌	细菌	温度121℃（0.11mPa），20min	压力表，时间	观察	每隔一次	操作工	销毁	高温灭菌工序运行记录	检查记录、随机检验
冷却	细菌	在0.13~0.15MPa的反压下加入冷却水冷却到50℃后，再冷却至室温，时间<30min。	压力，温度，时间	观察	每锅一次	操作工	销毁	冷却工序运行记录	检查记录、随机查看

第七章　副产品综合利用

第一节　豆腐黄浆水综合利用

　　在豆腐生产过程中会产生大量废水，其中主要是泡豆产生的泡豆废水、清洗设备所产生的废水和压榨过程中产生的黄浆水。生产豆制品每使用 1t 大豆大约就能产生 1t 的泡豆废水、4～5t 的大豆黄浆水和 10t 左右的清洁废水。泡豆水中的杂质比较多，而清洗设备所用的水可以进行循环利用，大豆黄浆水中的可回收成分含量较高，所以对废水的综合利用对象主要是黄浆水（又称大豆乳清），大豆黄浆水中含有大豆乳清蛋白、多肽、低聚糖以及异黄酮等有机成分。

　　随着豆制品加工量的增大，废水处理的问题也迫切需要解决。豆制品废水属于高浓度的有机废水，化学需氧量（COD）严重超标，特别是黄浆水，其 COD 高达 10000～20000mg/L，其中有机物含量很高，极易腐败变质，直接排放会对环境造成很大的污染。综合处理豆腐生产中产生的黄浆水可以回收利用其中的有效成分，并且在回收以后能明显降低废水的 COD、可溶性固形物含量以及其他指标，这样做既有效地处理了废水，又使得对其废水处理的投入有了回报，一举两得。下面主要介绍对豆腐黄浆水的综合利用。

一、提取功能性成分

1. 提取蛋白质

豆制品废水中含有的蛋白质多数为大豆乳清蛋白，其主要成分由 2S 和 7S 组分构成，主要为 Kunitz 型胰蛋白酶和凝集素，约占大豆蛋白的 10%，相对分子质量主要分布在 10000～30000 之间，并且在 pH2～10 之间都有良好的溶解性和起泡性。其中 2S 成分中的胰蛋白酶抑制剂对人体有着特殊的功效，胰蛋白酶抑制剂在传统上被认为是抗营养因子，是在进行豆制品加工中要除掉的成分，但是低浓度的胰蛋白酶抑制剂有一定抑制癌症发生、降低血胆固醇的功效。

（1）**超滤法分离蛋白质**　在黄浆水的成分中，蛋白质的相对分子质量明显要高于低聚糖、异黄酮和皂苷等小分子物质，而超滤可以截留一定相对分子质量的物质，使小于此相对分子质量的大多数物质通过超滤膜，所以可以使用超滤的方法来截留蛋白质，使其他小分子物质透过，达到分离废水中蛋白质的目的。我国一些学者对此进行了研究并取得了一定的研究成果。超滤法分离废水中的蛋白质并不向废水中加入试剂，废水也没有相变，是常温状态下的平和的分离过程。由于没有加热或者使用试剂，所得的蛋白质品质较高。

（2）**絮凝法分离蛋白质**　分离豆腐黄浆水中蛋白质时使用絮凝法也可以达到效果，絮凝剂与蛋白质交联形成大分子的结合物，使得胶体溶液不再稳定，蛋白质同絮体一起沉淀，达到分离蛋白质的目的。由于传统的絮凝剂（聚合氯化铝、聚合硫酸铁和聚丙烯酰胺）这些物质对人体都有不良影响，近些年来利用壳聚糖作为新型的天然环保的生物絮凝剂，在稀溶液中，壳聚糖分子中的游离氨基质子化，使其表面带正电，与水中带负电的胶体微粒互相吸引，使胶体脱稳从而产生絮凝沉淀。壳聚糖对有机和无机悬浮液都有良好的絮凝作用，因此对有机含蛋白质的废水絮凝效果良好。在采用絮凝法的时候应选好絮凝剂和控制好絮凝剂的添加量，在絮凝剂不合适的情况下很难达到理想的絮凝度，如过多加入絮凝剂，蛋白质脱除率可能会高但是絮凝剂在废水中也将成为难以去除的成分。壳聚糖对于含蛋白的废水都有良好的絮凝作用，而且使用食品级的壳聚糖絮凝的蛋白质有着更高的可食性，絮凝法从操作方面上来说较为简便，处理废水效率较高，适合大批量处理废水。

（3）泡沫法分离蛋白质　泡沫法分离蛋白质是利用蛋白质的表面性质，从液体中吸附分离蛋白质的方法，具体方式为向液相中鼓入空气，在液相中形成气泡，蛋白质这种具有表面活性的物质就会聚集在气泡表面，气泡上浮以后收集泡沫，蛋白质在泡沫中与液相分离而被浓缩，从而达到分离蛋白质的目的。使用泡沫分离法在液体中富集分离蛋白质设备简单，操作要求低，所得蛋白质的活性在很大程度上被保留，但是影响分离效果的条件太多，控制起来难度较大。

2. 提取大豆异黄酮

大豆异黄酮是存在于大豆中的一种生物活性成分，有着预防癌症、调节雌性激素、抗氧化、预防骨质疏松等多种生理功能，其物理性质并不易溶于水，但是在热水中具有一定的溶解性，所以在豆制品的成型步骤中随着废水流出一部分，约占大豆总异黄酮含量的50%左右，在废水中浓度约为 $0.1 \sim 0.2 mg/mL$。从豆制品废水中回收异黄酮的方法主要有大孔树脂吸附法和有机溶剂萃取法。

3. 提取大豆低聚糖

大豆低聚糖是大豆中可溶性寡糖的总称，其主要成分为棉子糖、水苏糖和蔗糖。其中棉子糖和水苏糖并不能在人体内被消化酶分解吸收，所以人体不能直接利用大豆低聚糖，但是大豆低聚糖可以被人体肠道内的双歧杆菌利用，引起双歧杆菌的增殖，而大豆低聚糖对于有害细菌的增殖作用非常小。双歧杆菌在肠道内将大豆低聚糖分解成乳酸和醋酸，降低肠道 pH，抑制有害细菌生长，从而达到改善肠道环境的目的。

在制作豆腐的过程中，大豆磨成浆煮沸再经过凝固的过程使绝大部分蛋白质都形成固体，而大豆低聚糖的水溶性非常好，所以大部分的大豆低聚糖都随之存在于废水之中。

（1）超滤法提取大豆低聚糖　豆制品废水经过超滤之后由于

低聚糖分子量较小，所以大部分都进入了超滤的透过液，超滤透过液经活性炭脱色和离子交换脱盐之后可以得到较为纯净的糖液，再经真空浓缩和喷雾干燥得到低聚糖成品。

（2）膜集成技术分离大豆低聚糖　其工艺流程为：乳清液→高速离心→高温除蛋白→硅藻土过滤→热交换降温→超滤净化→电渗析脱盐→反渗透浓缩→离子交换脱色→超滤二次净化→三效浓缩→产品。

该系统控制采用自动和手动控制结合，超滤和反渗透系统采用定时自动冲洗、自动保护，系统关键控制参数采用自动显示。

（3）酶法生产高纯度大豆低聚糖　精制大豆低聚糖是采用柱色谱分离的方法生产，生产成本较高，产品价格较高，其热值接近零，甜度为蔗糖的20％。以大豆低聚糖糖浆制品为原料，采用酶转化的方法将大豆低聚糖糖浆制品中的蔗糖转化为低聚果糖，该方法可降低糖浆制品中蔗糖的含量，提高低聚糖的含量，与柱色谱分离方法相比，大大降低了生产成本。

其工艺流程：大豆乳清→预处理→离心（除蛋白）→清液超滤→滤液→浓缩→加酶制剂→酶反应→灭酶→浓缩→成品。

（4）发酵法生产高纯度大豆低聚糖　发酵法精制大豆低聚糖就是利用某些酵母菌可选择地利用底物中的蔗糖，而对水苏糖、棉子糖等低聚糖不利用的特点，除去大豆低聚糖中的蔗糖而达到精制的目的。以大豆黄浆水废糖浆为原料，采用面包酵母直接发酵再经下游处理，可得蔗糖含量低于1.3％的精制大豆低聚糖干粉。

其工艺流程：大豆低聚糖糖浆→灭菌→接种培养→加絮凝剂→离心→脱色→脱盐→浓缩→喷雾干燥→成品。

二、进行微生物培养和发酵

由于豆腐黄浆水中营养物质含量均匀，且有毒有害物质含量少，可以通过一定手段的预处理之后作为培养液来培养微生物。有研究表明，用黄浆水培养白地霉，工艺简单、操作粗放、易分离，其白地霉收率约为0.5％，回收白地霉后的废水比黄浆水的COD

约下降50％。也可用黄浆水加糖蜜和营养盐来生产食用酵母，生产工艺大致相同。

利用黄浆水进行发酵产品的研究比较多。刘平等使用大豆黄浆水为原料，以谢氏丙酸杆菌为菌种，考察了不同的培养条件对维生素B_{12}产量的影响，选出了合理的发酵条件：接种量7％、糖浓度8％、发酵温度32℃、发酵时间4d。于海峰等从酸浆中分离得到一株嗜酸乳杆菌，并对其在豆腐废水发酵中的条件进行研究，结果表明：温度、初始pH、发酵时间等都影响嗜酸乳杆菌发酵产酸，并确定了其发酵豆腐废水的最佳条件为：温度37℃、初始pH6.0、接种量6％、发酵时间48h，在此条件下产酸量可达到0.5514g/100mL。戴传超等对利用豆腐废水发酵生产花生四烯酸和二十碳五烯酸进行的研究，研究结果表明，有利于花生四烯酸高产的条件为：黄浆水稀释6倍、添加30g/L碳源、2g/L氮源、培养8d。有利于二十碳五烯酸高产的条件为：黄浆水稀释5倍、添加10g/L碳源、1g/L氮源、培养4d。史家梁等进行了利用光合细菌处理黄浆水的研究，结果表明：COD和BOD分别为12000mg/L和8500mg/L的有机废水经光合细菌处理后可降为871.6mg/L和164.4mg/L，氮含量去除率为66.7％，其容积负荷率为4.23kg COD/(m·d)，并且，在废水处理过程中产生的污泥蛋白质含量大于40％，可以作为鸡饲料的添加剂。另据国外资料报道，豆制品废水可以发酵生产维生素K，通过将黄浆水蒸馏浓缩至糖度5％、调酸度到pH7、混入5％的甘油作为菌株 *Bacillus natto* 的培养基，在40℃培养4d，可产生维生素K 0.5mg/L。王薇等利用豆腐黄浆水进行发酵生产红曲色素的研究，结果表明：紫红曲霉的适宜条件为豆粕粉2.0％，玉米粉1.0％，$MgSO_4 \cdot 7H_2O$ 0.5％，接种量10％，pH5.5，转速140r/min，培养7d。此时发酵得到的红曲色素的色价为183U/mL。

三、作为食品加工原料

豆腐黄浆水本身并没有毒，经过适当的处理以后可以作为生产食品的原料，所以在完全利用了废水的同时又有新的产品出现，是一举两得的事情。

黄浆水用于饮料加工的研究比较多。李佳栋等利用豆腐黄浆水为原料，经抽滤、脱色、脱味、脱盐处理后得到富含大豆乳清蛋白的澄清液，再经调配研制出了风味独特、口味清新的大豆乳清蛋白果味饮料。慕鸿雁以大豆乳清蛋白和全脂乳粉为原料，辅以白砂糖、柠檬酸、稳定剂等配料，研制出了一种复合型双蛋白乳饮料，其最佳配方：在总蛋白含量≥1.5%的标准下，大豆乳清蛋白添加量为0.7%、白砂糖8%、柠檬酸0.3%、复合稳定剂（黄原胶：CMC-Na=2：1）0.2%。李雪等以大豆乳清废水为原料，通过酶解产生多肽，制备了一种新型乳清多肽饮料。热处理条件为95℃、15min，用胃蛋白酶水解大豆乳清蛋白，加酶量为8000U/g，反应条件为37℃，酶解时间2h；大豆乳清水酶解液加入0.1%柠檬酸、6.0%蔗糖和0.015%柠檬味香精可制得大豆乳清多肽饮料。

除了利用黄浆水生产饮料外，还可以利用其中的蛋白质进行其他食品原料的生产。孙绮遥等以豆腐黄浆水蛋白为原料制备鲜味基料的研究。他们选择5种蛋白酶对大豆黄浆水进行酶解，并比较其氨基酸转化率，进行了感官评价。选择Protea M在温度45℃、pH6、加酶量为7.0%条件下酶解6h，氨基酸转化率较高，达到18.77%，同时，感官评价结果表明，水解反应不但显著提升了鲜味，而且还消除了黄浆水酸臭味。因此，豆腐黄浆水经酶解反应后具有制备鲜味调味品的潜能。

第二节　豆腐渣的综合利用

一、豆腐渣的营养价值和药用价值

豆腐渣作为豆腐生产中的副产品，长期以来，一直被当作饲料或废物处理。其实，豆渣的营养价值很高，王东玲等采用国标方法对豆腐渣的营养成分进行了测定。结果表明，豆腐渣中的不溶性膳食纤维 36.29%、粗纤维 9.62%、蛋白质 17.84%、粗脂肪 5.90%、还原糖 2.57%、总糖 37.40%、灰分 3.85%、黄酮 0.22%。经电感耦合等离子体原子发射光谱法测定，豆腐渣的矿物质元素钾、钙、钠、镁、锌、铁、铜、铬、锰含量分别为 9.36mg/g、4.19mg/g、0.96mg/g、2.57mg/g、0.026mg/g、0.11mg/g、0.0067mg/g、0.0018mg/g 和 0.019mg/g。从上述分析结果可以看出，豆腐渣具有高纤维、高蛋白、低脂肪、低还原糖、高钾低钠、钙镁含量较高的营养特点，营养价值较高。

豆腐渣热能低，特别适合那些需要高营养、低热能的人。长期食用豆腐渣，能降低血液中胆固醇含量，减少糖尿病人对胰岛素的消耗。豆腐渣中含有丰富的食物纤维，还有预防肠癌及减肥的功效。豆腐渣作为蛋白源、膳食纤维源和新的保健食品源可以直接食用，比如用油和蔬菜同豆腐渣一起炒着吃，日本已有小包袋装豆腐渣作为保健食品在市场上出售。豆腐渣的综合开发利用已得到广泛的关注，专家预测，不久的将来豆腐渣可能会成为高价原料。

中医学认为，豆腐渣性味甘凉，具有清热解毒、消炎止血作用。经常食用豆腐渣，对预防骨质疏松极有帮助。心脑血管疾病患者常吃豆腐渣可减少中风及心肌梗死的危险，有助于身体康复。因为豆腐渣里含有人体十分需要的纤维素，这种膳食纤维有调节人体代谢的功能，可延缓胃中食物的排空，改变食物在大小肠中通过的时间，使葡萄糖吸收减慢，血糖水平下降，糖耐量改善，胰岛素释放得到控制，所以食用豆腐渣还能防治糖尿病。此外，膳食纤维还可起到预防结肠癌和防止慢性便秘的作用。豆腐渣中含有较多的抗癌物质异黄酮，经常吃点豆腐渣可明显地降低乳腺癌、前列腺癌、胰腺癌及大肠癌发病率。

二、豆腐渣生产酱油

（一）工艺 I

利用豆腐渣和麦麸作原料制作酱油，其原料来源广、成本低、效益好，且制出的酱油质量符合要求。

1. 原料配比

新鲜豆腐渣 25%，麦麸 25%，热开水 34%，食盐 15%，花椒、大料（八角）液 1%。

2. 制作过程

（1）蒸煮灭菌　将新鲜豆腐渣和麦麸混合均匀，移入蒸笼中，隔水以大火蒸煮 3h。停火，稍冷却后出笼。

（2）拌曲发酵　将蒸好的豆腐渣和麦麸混合物料装入洁净的竹盘内，搅翻散热降温至 38℃ 时，均匀拌入混合物料总重量 0.3% 的酱曲，并使竹盘内混合物料的厚度不超过 2cm。将竹盘移入发酵室，室温保持 30℃，每 4h 测温 1 次，当发现盘温超过 30℃ 时，翻料散热降温。经连续发酵 72h，可见竹盘内混合物料上面长出白毛状菌丝体，表明发酵成功。

（3）酶化精制　将发酵完毕的混合物料从竹盘内铲入陶瓷缸中，加入 70℃ 的热开水，搅拌均匀，加入食盐搅匀。在 60℃ 温度下，保温 24h，使其酶化。随后翻缸 1 次，搅匀。加热至 70℃，继续保温酶化 24h，再翻缸 1 次，搅匀，再加热至 80℃，保持酶化 24h。最后加入预先煮好的花椒、大料液并搅匀。经 30min，将混合物料出缸压滤，所得滤液即为成品酱油。

（二）工艺 Ⅱ

1. 生产工艺流程

AS3.951
↓

豆腐渣＋麸皮→混合→润料→蒸煮→冷却→接种→制曲→成曲→酱醪→入池发酵→成熟酱醪→淋油→调制→灭菌→成品酱油

2. 操作要点

（1）原料配比及处理　将豆腐渣与麸皮按 10:1 的比例混合，充分拌匀，浸泡。润料时间因气候而异，在夏季 3～4h，春秋季 7～8h，冬季 14～15h，把润料倒入蒸锅或蒸桶中，常压蒸煮，通过蒸汽至面层冒汽后加盖，维持 1h，再焖 2h 出锅。

（2）制曲　熟料出锅打碎结块冷却至 40℃，接入米曲霉，接

第十章 豆腐生产新技术

种量为 0.3%～0.5%，拌匀后入池在 30～37℃通风培养 12～14h，进行第 1 次翻曲，并保持温度在 34～35℃继续培养 4～6h，然后随品温上升情况进行第 2 次翻曲，在 20～30℃下继续培养，最后看曲料的水分蒸发、曲料发生紧缩产生龟裂时，进行第 3 次翻曲或铲曲，将裂纹消除，培养至 24～30h 即为成曲。

（3）制醪发酵　将成曲拌入曲重 2.5 倍左右浓度 18～20°Bé 的盐水，制成酱醪，入池进行天然晒露发酵。发酵过程中采用淋浇工艺，将发酵池底部积留的液汁，用泵由顶回浇于酱醪，使其逐渐向下渗透，起到搅拌、排除二氧化碳和供给氧气的作用。

（4）淋油　取成熟酱醪，用多次套淋法淋油。浸泡时间 12～20h，头油、二油用作配制成品，三油和四油供回套头油、二油之用。

（5）配制及灭菌　淋出的头油与二油经加热灭菌后，按一定的质量标准进行配兑。一般应在加热灭菌的同时加入 0.05%～0.1%的苯甲酸钠，85～90℃下灭菌 15～20min 即得成品酱油。为保证瓶装酱油不发生霉变，出厂前再对其进行 1 次 60℃、20min 的灭菌。

3. 成品质量标准

（1）理化指标　氨基态氮≥0.4%，食盐（以 NaCl 计）≥0.15g/mL，总酸（以乳酸计）≤0.025g/mL。

（2）卫生指标　黄曲霉毒素 B_1≤5μg/kg，其他各项卫生指标达到《酱油卫生标准》GB 2717—2003 要求。

三、豆腐渣面包

（一）工艺 I

1. 原料配方

以面粉总量 100%（其中 15%的豆渣粉，85%的面包专用粉）为基准，其他辅料依次用量为：面包改良剂 1%，分子蒸馏单甘酯 0.5%，活性干酵母 2.0%，脱脂奶粉 5%，白砂糖 12%，起酥油 6%，食盐 0.8%，黄原胶 0.3%，CMC-Na 0.5%，清水 65%。

2. 生产工艺流程

新鲜豆腐渣→脱水干燥→豆渣粉→与面包专用粉混合→过筛→面团调制→发酵→分割、搓圆→中间醒发→成型→最后醒发→烘烤→冷却→包装→成品

3. 操作要点

（1）原材料处理　豆渣粉与面包专用粉混合后经过 100 目分样筛后，加入其他原辅料进行面团调制，至面团面筋形成，面团软硬均匀，表面光滑，具有良好韧性为止，一般需时 12~15min。

（2）发酵　将上述调制好的面团送入发酵室进行面团发酵，发酵温度为 23~30℃（适宜温度为 26~28℃），相对湿度为 75%~80%，以面团体积膨胀 2~3 倍为宜，然后对面团进行翻面。翻面是在整个发酵时间的 60%~70% 时进行，用手将周围的面团向中间挤，将压过的面团拉向一面或者底面，使面团表面光滑完整，然后延续发酵 25~40min。

（3）分割和搓圆　按照成品面包的要求将面团分割成小面团，随后将小面团搓成比较光滑的圆球形或椭圆形，便于在中间醒发时保留新的气体，使面团膨胀、松软。

（4）中间醒发　中间醒发是一个面团弛缓的过程，在相对湿度 70%~75%、温度为 27~29℃ 的条件下，体积增长 0.7~1 倍后即可，一般需 15min。

（5）成型　将面团进行压延和整型，做成所需面包的形状，最好在整型室中进行。

（6）最后醒发　最后醒发时相对湿度为 80%~90%（以 85% 最佳），温度为 35~38℃，时间为 60~80min，一般待体积膨胀至 3 倍左右即可。

（7）烘烤　烤箱底火和面火预热至 180℃ 时放入烤盘，恒温烘烤 18min，至面包表皮形成金黄色即可。烘烤过程中，面包表面可以刷一层油或蛋液，以增加烘烤效果。

（8）冷却、包装　面包烤好后，采用室温自然冷却，或者风扇吹拂降温，将面包冷却至 35℃ 以下，进行包装。

4. 成品质量标准

（1）**感官指标**　外形：完整，边缘部分稍呈圆形而不过于尖锐，表皮无破裂现象，面包中间和底部无断裂现象；色泽：表皮呈金黄色，顶部较深，四边较浅，颜色均匀一致；气味：有烘烤食品特殊的香味，无过重酸味，无霉味，无酸败或其他怪味；口感：易于咀嚼，不黏牙；组织：组织均匀，颗粒和气孔大小均匀一致，无大孔洞，柔软细腻，不夹生，不破碎，有弹性，疏松度好。

（2）**理化指标**　比容 3.8mL/g，水分 40.2%，pH 值 5.36。

（3）**微生物指标**　菌落总数≤300 个/g，大肠菌群数和致病菌未检出。

（二）工艺 Ⅱ

1. 原料配方

面包粉 90g、豆腐渣粉 10g、谷蛋白粉 8g、酵母 1.5g、食盐1.0g、砂糖 10g、单硬脂酸甘油酯 0.6g。

2. 生产工艺流程

原料称量→面团调制→醒发→整型、搓圆→发酵→烘烤→冷却→成品

3. 操作要点

（1）**面团调制**　将面包粉、谷蛋白粉、豆渣粉、单硬脂酸甘油酯、砂糖、食盐水溶液混合后，加入已搅拌好的酵母液，搅拌均匀，调制成面团。

（2）**醒发**　将面团置于醒发箱中，于 28℃、相对湿度 75% 的条件下醒发 30min。

（3）**整型、搓圆、发酵**　取出面团，分割成 80g 重的面块，经整型搓圆后置于烤盘中，放入醒发箱中，于 38℃、相对湿度 90% 的条件下发酵至适宜成熟度。

（4）**烘烤**　烤箱烘烤温度面火 200℃，底火 200℃，烘烤15min，至面包表皮形成金黄色即可，烘烤结束后取出，经冷却包装即为成品。

四、豆腐渣饼干

将豆腐渣用石磨或砂轮磨磨碎，经100目筛网过滤。也可先与小麦磨碎再过筛，然后按照配比与辅料混合，经加工焙烤制成饼干。

1. 原料组成

湿豆腐渣（含水率80%～90%），小麦粉，白砂糖，植物油，起酥油，疏松剂，鸡蛋，香料等适量。

2. 制法

（1）豆腐渣100份，植物油18份，混匀后，用陶瓷轧辊轧2遍即成豆渣糊。

（2）100份小麦粉、25份豆渣糊、30份白砂糖、8份起酥油、6份全脂奶粉，混匀后加适量疏松剂和香料等，调制成硬干面团。

（3）将硬干面团辊轧片后，采用冲印成型的方式做成饼坯。

（4）利用常规法将饼坯焙烤成熟，即得豆腐渣饼干。

成品无粗糙感，无金属味，比普通饼干更酥脆，香味更浓。

五、豆腐渣方便食品

1. 原料配方

豆腐渣100份，小麦粉130份，淀粉50份，水12～28份，小苏打1份。

2. 生产工艺流程

豆腐渣→浸泡→混料→蒸煮→压片→冷却→熟化→烘干→油炸、调味→成品

3. 操作要点

（1）原料选择　必须选择新鲜、无杂质的豆腐渣为原料。

（2）浸泡　用pH值为7.2～8.5的碳酸氢钠微碱缓冲液浸渍5～12h，使豆腐渣中纤维质软化膨润。

（3）混料　将浸渍后的豆腐渣放入搅拌机中，按照配方要求将小麦粉、淀粉、小苏打和水放入，搅拌混合均匀。

（4）**蒸煮** 把混合好的原料均匀摊放在蒸笼上，厚度不超过10cm，并用直径约3cm的木棒分散插孔，以利于蒸汽分布均匀，用蒸汽蒸熟为止。

（5）**压片、干燥** 将蒸熟的面团用轧辊压成1～3mm的薄片，常温下冷却并切成2cm×3cm见方的小块。然后在150℃温度条件下烘烤，使薄片的水分降至13%以下。

（6）**油炸、调味** 将上述干燥的薄片利用180℃的热油炸至金黄色捞出，趁热撒上各种调味粉（可根据需要加入不同调味粉，生产不同风味的产品），经冷却后包装即为成品。

4. 成品质量标准

（1）**感官指标** 金黄色、松脆，风味独特。

（2）**理化指标** 含水量＜13%，重金属含量不超标。

（3）**微生物指标** 符合食品商业无菌要求。

六、豆腐渣油炸丸子

1. 生产工艺流程

调制白色糊浆→配料成型→冷冻凝固→解冻→包衣油炸→成品

2. 操作要点

（1）**调制白色糊浆** 按照小麦粉250g、牛奶800～900g、水800g、油脂100g的比例调制糊浆。油脂可使用奶油、色拉油及其他油脂。首先在小麦粉中添加奶油或色拉油，加热搅拌使之溶化，然后添加牛奶和水，再充分搅拌加热，制成白色糊浆。这样，面筋没有形成，而且白糊浆不产生黏性。

（2）**配料成型** 取豆腐渣和糊浆各500份，混合后用搅拌机充分搅拌。在搅拌好的原料中添加肉类、虾、鱼、胡萝卜、马铃薯、玉米等辅料（一种或数种），然后成型。

（3）**冷冻凝固** 将上述成型品送往冷冻室，用－25℃的温度进行冷冻处理，使之大体凝固。为了使其迅速冷冻，可用－30℃或－40℃以下的温度进行冷冻处理，这样可使豆腐渣和白糊浆中的水分不会置换，各自保持成型时的状态和成分。

（4）解冻　冷冻处理后再移到 $-17\sim-15℃$ 的冷冻温度中冷冻 3h。从冷冻室中取出成型物在常温中放置 $2\sim3$ min，使之表面解冻变松软。

（5）包衣油炸　将成型物立即滚一层糊浆，然后再滚上一层鸡蛋糊，再滚上一层面包粉，油炸后制成油炸丸子。

应注意的是：前面提到的鱼、菜类辅料在添加前应该充分搅碎。经油炸后捞出、冷却即为成品。

3. 产品特点

利用豆腐渣加工成味美可口的西式食品，而且成型物的坯料不会破裂，因而可以在短时间内批量生产。本制品口感好，生产价格低。

七、豆腐渣小食品

1. 豆香薯片

即利用豆腐渣来改善以淀粉为主要原料的膨化快餐食品的性质，以提高经济效益。

（1）原料组成　马铃薯淀粉、豆腐渣、食盐、植物油、咖喱粉、味精等适量。

（2）制法

① 将 5kg 马铃薯淀粉与 1kg 豆腐渣、5L 水放入搅拌机混匀，然后转移到压力为 49kPa 的发生器中蒸煮 30min。

② 将上述坯料放入搅拌机，加入 90g 食盐，搅匀。

③ 坯料制成厚 1.5mm，长 8cm、宽 $3\sim4$ cm 的块状。

④ 坯块干燥至水分含量为 10％时，油炸。

⑤ 坯块用植物油（最好用色拉油）以 $180\sim190℃$ 温度油炸至熟。

⑥ 坯块出锅后趁热撒上食盐、味精、咖喱粉等调味料，冷却后包装即得成品。

成品比普通薯片外观均匀细腻，豆香浓郁，口感更佳，成本更低。

2. 脆果

（1）**配方** 湿豆渣 100（单位：份，下同），小麦粉 100，白砂糖 15，食盐 0.8，淀粉、果酱适量。

（2）**制法**

① 将白砂糖放入湿豆渣中，加入适量淀粉和食盐，拌匀，静置待糖溶化后加入小麦粉和果酱，拌匀，揉搓成团。

② 将面团静置 1～3h，擀成 1.5mm 厚的薄片，切成菱形或三角形。

③ 坯块用植物油（最好用色拉油），以 180～190℃温度炸熟即可。

④ 炸熟的坯片冷却后包装。

成品色泽棕黄，咸甜适口，酥脆清香。

3. 油炸点心

（1）**配方** 豆渣粉 12kg、淀粉 4kg、面粉 1kg、砂糖 1.8kg、食盐 0.1kg、芝麻 0.05kg、豆乳 1～2L。

（2）**制作方法** 将豆乳加入豆渣粉中，使豆渣含水率达 80%，然后加入其他成分，经捏合后用绞肉机绞匀，用碾轧机轧成带状片，切成面条状或棒状，经油炸即成。

（3）**产品特点** 营养丰富，风味好。

4. 蒸熟食品

（1）**配方** 100 目豆渣粉 1kg、水 5L、马铃薯淀粉 5kg、食盐 90g、砂糖 99g、味精 5g、咖喱粉 50g。

（2）**制作方法** 将豆渣粉和水加入马铃薯淀粉中，用捏合机捏合后移入蒸笼，以 49kPa 的压力蒸 30min。再移回捏合机，按配方添加食盐、砂糖、味精、咖喱粉，充分捏合，将其在 5℃低温下冷却后，按一定规格成型，干燥至水分为 10.5%；用 190℃热油炸制后在每 100g 产品中再撒上食盐 1g，味精 0.4g，咖喱粉 1g，即可食用。

（3）**产品特点** 纤细可口。

5. 美味小食品

（1）**配方** 100 份豆腐渣或预先在 pH 值 7.5～8.5 的微碱液

内浸泡 5~12h 的豆腐渣、120~180 份小麦粉、30~70 份淀粉、调味料和膨胀助剂适量。

（2）制作方法　将各种成分混合，蒸煮，成型为饼状，压延成 1~3mm 厚的片状，切成规定形状，干燥至含水率 13%~20%，然后预热，油炸或油煎，调味，即可食用。

（3）产品特点　有豆乳风味。

6. 油炸丸子

（1）配方　豆腐渣浆糊料 34%、牛肉 7.8%、人造黄油 0.8%、干面包渣 7.6%、生奶油 7.6%、葱头 15.1%、调味料 0.8%、食盐 0.45%、水 7.6%、油炸食品面衣 18.25%。

（2）制作方法　将温度 80℃ 以上的豆腐渣或在 −20℃ 以下温度保存的冷冻豆腐渣，用超微磨碎机磨成 100μm 以下的微粒，制成含水率 80%~85% 的胶质浆糊料，并以 34% 的添加量与配方中其他成分混匀，加工成型，油炸，即得牛肉丸子。

（3）产品特点　质地好，口味佳，营养丰富。

7. 鱼类食品

（1）配方　豆腐渣的磨碎物 25%~35%、鱼肉的磨碎物 20%~50%、蛋清 10%、淀粉 15%、食盐和砂糖及料酒适量。

（2）制作方法　将各成分混匀，按规定成型，在 80~90℃ 温度下蒸煮 30min，或在 160℃ 温度下油炸 15min，即得产品。

（3）产品特点　外观好，味美，营养丰富。

8. 膨化食品

（1）配方　100 目豆腐渣粉 0.4kg、马铃薯淀粉 2kg、水 1.6L、食盐 36g、砂糖 36g、味精 10g、咖喱粉 2g。

（2）制作方法　取 100 目豆腐渣粉 0.4kg，水 1L，加入 1kg 马铃薯淀粉，用捏合机捏合后移入蒸笼，以 49kPa 的压力蒸煮 30min，再移回捏合机，按配方添加食盐、砂糖、味精、咖喱粉等原料，捏匀，降温至 80℃，添加 1kg 马铃薯淀粉和 0.6L 水，再次捏合，在 5℃ 温度下将其放置一夜，用绞肉机绞碎，然后在 60℃ 温度下干燥至含水分 15%，用膨化机膨化，即得膨化食品。

（3）**产品特点**　外观美，口感好。

9. 冷冻食品

（1）**原料**　豆腐渣、鸡精、调味料、水。

（2）**制作方法**　在豆腐渣中以1∶1的重量比，混入用超微粉碎机把鸡骨粉碎的鸡糊，添加少量水和调味料，搅匀，再将豆腐渣和鸡糊的混合物冷冻，即得精制食品。

（3）**产品特点**　能长期保存和保持形状，可制作营养丰富、有益于健康的油炸食品。

10. 白芝麻豆腐拌凉菜

（1）**配方**　以豆腐渣粉、豆油、豆腐、白芝麻、水为原料，豆腐渣粉∶豆油∶水的比例为1∶2∶7，加入9%的砂糖，3%的白酱油，0.6%的食盐作为调味料。

（2）**制作方法**　将豆腐渣粉、豆油和水按配方中的比例混合，搅匀，与未沥水的纱布豆腐以各种比例混合搅拌，按配方添加砂糖、白酱油、食盐和适量的白芝麻混匀，即得产品。

（3）**产品特点**　可抑制加热引起的凝胶化和水的分离，还可通过加热杀菌提高贮藏性，直接食用。

11. 豆腐渣酱

（1）**配方**　豆腐渣10kg、饴糖16kg、食盐6kg、水40L，酱油适量。

（2）**制作方法**　将豆腐渣和饴糖按配方量混匀，调至含水量40%，在110℃温度下加热30min，冷却至40～45℃时拌入适量酱油，制成直径20～30mm、高40～50mm的圆形酱团曲，发酵40h，切开酱团曲，按配方添加水和盐，混匀后装入桶内，按常规方法经过2～3个月酿制成酱。

（3）**产品特点**　外观和风味与普通酱相似，成本低。

八、豆腐渣制粗核黄素粉

用豆腐渣和米糠制取粗核黄素粉，成本低，效益高，其配比以7∶2为宜。首先，将豆腐渣装入布袋，使水分控制在50%左右，将豆腐渣和米糠按配比拌和，反复翻动，混合均匀，搓散，装入三角烧瓶或 K 氏瓶，每瓶装量占容积的 2/3，高温消毒灭菌，降温至 30℃左右时开始接种，用接种匙将真菌或固态豆渣菌送入瓶中，放入 28℃培养室培养 15d 左右，倒出在 100℃进行烘干，使水分降至 4％以下，再用磨碎机磨碎过 40 目筛，即可得到粗核黄素粉，经检验合格就可出售给药厂提纯，生产药品核黄素。

九、豆腐渣制可食纸

日本酒井理化学研究所在 2005 年左右就开始致力于"利用废弃物生产生物纸"的研究。在豆腐渣、茶叶渣、蔬菜下脚料、酒糟、米糠等几十种材料中，以价廉富含纤维为标准进行择优选择的结果发现，豆腐渣是最合适的原料。该公司还通过利用各种缓冲液和酶反复实验后，终于解决了酶分解被 pH 值所阻碍这一问题，利用酶分解豆腐渣中的蛋白质、脂类等成分而获得纯的食物纤维。

可供使用的类脂类分解酶是从各种霉菌、酵母、细菌、唾液、胃液、血清、尿液等，以及从胰、肝、肾等内脏中提取的酶。其中，蛋白酶有分布极广的番木瓜蛋白酶、无花果蛋白酶等植物酶和动物细胞内的酶，以及大部分的组织蛋白酶。另外，缓冲剂调节是加快酶分解速度，完成反应所必需的。酶的温度与室温相仿即可，最为理想的温度为 35～45℃，反应时间为 5～8h，在这期间需要不断地搅拌，用酶处理过的豆腐渣，按常规方法进行水选后，提取食物纤维并加以干燥，即可获得近似于纯的食物纤维。这种食物纤维无味无臭，在室温条件下可以半永久性保存，在低于 130℃条件下稳定可能有些变色。

这种可食用纸在食品方面用途很广，可以用作速食面的佐料纸、微波食品包装纸、糕点衬纸、包烤红薯等食品的纸、烤肉垫纸等。也可用于药品的胶囊纸以及鲜花、水果的外包装纸。用水很容易将其溶化，并且是一种不用撕掉、可以食用的纸，亦可直接当作食品。食物纤维无营养价值，有望成为一种减肥食品。在微波食品方面，像奶油炸肉饼那样生产工艺复杂的商品，要是奶油部分用这种可食用纸包起来，不仅加工简便，而且奶油在烹饪时才化开，用户也尽可放心地使用。另外，如果用压制方法加工这种可食用纸，制成板状，就能直接用作减肥食纸板，这种纸板可用作烤肉、糕点、蛋糕的衬纸，用完后还可以吃掉，相当方便。用 9.8MPa 高压压制，获得半透明溶解膜，这种溶解膜无任何营养价值，用于制作药物胶囊非常合适。

利用可以调节水分的功能，这种可食用纸还可以用作水果、插花保鲜包装纸。利用其在干燥时将吸收的水分挥发掉的功能，还可考虑用来制造特殊的墙纸，还可以依靠这种墙纸调节室内湿度。

另外，这种纸还可用作育苗垫。目前育苗垫所使用的材料均是纸浆，由于纸浆是以木材为原料的，所以在相当长的时间内会不断地释放出酚类物质，不利于植物的生长，而上述食物纤维不会发生类似问题。可以预见以豆腐渣为原料的可食用纸不仅用于食品工业，还可扩大至生物工程学和原材料领域，其应用范围相当广泛，发展前景极为光明。

第八章　豆腐生产其他相关问题

第一节　产品理化及卫生检验方法

豆制食品（包括豆腐）营养丰富，价格低廉，与广大群众的生活及健康的关系十分密切，因此，豆制食品的理化成分及卫生指标的检验是极为重要的。由于豆制食品的种类较多，而且不同品种中主要成分的含量差异也较大，所以在检验时要视不同品种而定。

一、理化检验方法

理化检验系指产品主要成分的检验，如水分、蛋白质、碳水化合物、脂肪、食盐、灰分等。

有关上述各种成分的详细测定方法可按照我国国家标准方法进行测定，在此不作具体介绍了。

二、卫生检验方法

食品的卫生检验指标主要是砷、铅、黄曲霉毒素、食品添加剂、细菌总数、大肠菌群和致病菌等。

有关测定的方法按照国家标准方法进行测定，在此不作详细介绍。

第二节　原料利用率、产品出品率计算

一、原料利用率的计算方法

原料利用率的计算方法有两种，即由蛋白质含量计算和按块数计算。

1. 以蛋白质含量计算

$$原料利用率(\%) = \frac{A \times B}{C} \times 100\%$$

式中　A——豆腐中蛋白质含量，%；

　　　B——每 100kg 大豆生产出的产品重量，kg；

　　　C——每 100kg 大豆中蛋白质含量，kg。

例题：某工厂生成豆腐，投料 1500kg，生产出豆腐 300000 块，求原料利用率。

（1）大豆的蛋白质含量为 36%，即 100kg 大豆中有 36kg 蛋白质。

（2）豆腐中蛋白质含量为 5%。

（3）豆腐每块重量为 0.25kg。

则每 100kg 大豆加工出的产品重量 $= \dfrac{30000 \times 0.25}{1500} \times 100 = 500kg$

代入公式：

$$豆腐原料利用率(\%) = \frac{5\% \times 500}{36} \times 100\% = 38\%$$

2. 以块数计算原料利用率

$$原料利用率(\%) = \frac{A \times (D + d)}{C} \times 100\%$$

式中　A——产品中蛋白质百分含量，%；

　　　D——每 100kg 大豆生产出的产品的块数；

　　　d——每千克产品块数；

　　　C——每 100kg 大豆蛋白质含量，kg。

例题：某豆制品厂投料 150kg，加工出豆腐干 3300 块，求原料利用率。

(1) 大豆中蛋白质含量为 36%，$C=36kg$。

(2) 豆腐干蛋白质含量为 17%。

(3) 每 100kg 大豆生产豆腐干块数为 $D=(3300\div150)\times100=2200$ 块。

(4) 豆腐干每千克块数为 14 块。

代入公式：

$$原料利用率(\%)=\frac{17\%\times(2200\div14)}{36}\times100\%=74.2\%$$

3. 以豆腐渣蛋白质含量计算原料利用率

$$原料利用率(\%)=\frac{P-[L\times(1-m)]\times A}{P}\times100\%$$

式中　P——大豆蛋白质总重量，kg；

$\quad\quad L$——豆渣重量，kg；

$\quad\quad m$——豆渣中水分含量，%；

$\quad\quad A$——豆渣（干基）蛋白质含量，%。

例题：某豆制品厂投料 1500kg 生产豆腐，得豆腐渣 2250kg，求原料利用率。

(1) 大豆蛋白质含量为 36%，1500kg 原料蛋白质总重量为 540kg（P）。

(2) 豆渣水分 60%（m）。

(3) 豆渣中蛋白质含量 9%（A）。

(4) $L=2250kg$

$$原料利用率=\frac{540-[2250\times(1-60\%)\times9\%]}{540}\times100\%=85\%$$

二、产品出品率的计算方法

1. 以原料利用率计算

$$豆制品出品率(kg/100kg\ 大豆)=\frac{F\times G}{Q}\times100$$

式中 F——每 100kg 大豆中蛋白质含量，kg；

   G——原料利用率，%；

   Q——每 100kg 产品中蛋白质含量，kg。

例题：一批原料每 100kg 大豆蛋白质含量为 36.6kg，求每 100kg 豆制品的出品率。

$$出品率（kg/100kg 大豆）=\frac{36.6\times72\%}{5}\times100=522kg/100kg$$

大豆。

2. 以产品重量计算

$$豆制品出品率（kg/每 100kg 大豆）=\frac{A\times G+P}{B}\times100$$

式中 A——产品块数；

   G——每块豆制品重量，kg；

   P——划块后边皮重量，kg；

   B——大豆质量，kg。

例题 1：投料 150kg 大豆，生产豆腐 155kg，求出品率。

豆制品出品率（kg/100kg 大豆）=（155÷150）×100=103kg/100kg 大豆

例题 2：投料 150kg，生产豆腐干 3100 块，每块豆腐干重 50g，划块后边皮 15kg，求出品率。

豆腐干每块重量为 50g=0.05kg

$$出品率（kg/100kg 大豆）=\frac{3100\times0.05+15}{150}\times100=113kg/100kg$$

大豆。

3. 以产品块数计算

$$出品率（块/100kg 大豆）=\frac{A}{B}\times100$$

式中 A——豆制品块数；

   B——大豆重量，kg。

例题：投料 1500kg，生产豆腐干 33000 块，求出品率。

$$豆腐干出品率 = \frac{33000}{1500} \times 100 = 2200 \text{ 块}/100 \text{kg 大豆}。$$

第三节　豆腐的保鲜

　　豆腐已在人们的日常膳食中占有很重要的地位，但我国豆制品行业的发展相对较缓慢，生产自动化程度较低等问题严重制约了其自身的发展。这除了生产卫生条件差外，大豆在收获和贮藏过程中使得其携带了大量的微生物，数量和种类几乎不可计数。细菌在大豆表皮的柱状细胞上的附着力较强，豆制品加工过程中对原料大豆和浸泡过的大豆进行水洗等措施很难将其除去，而且无论是干法还是湿法脱皮，微生物交叉污染都较为严重，很难起到减少大豆中微生物的目的，可见大豆原料带来的微生物污染难以避免，这就容易造成豆腐细菌总数超过了标准要求，易变质，保鲜期短，人们往往因为食用变质的豆腐而引起轻度的食物中毒。要实现豆腐工业的快速发展，就需要使豆腐保鲜的基础研究更加深入。

一、普通豆腐的保鲜

　　为了延长豆腐的保质期，一些厂家在豆腐中添加国标禁用的山梨酸钾、苯甲酸钠，这是不允许的。为了保证豆腐产品的食用安全，我国科研人员对此进行了许多研究，取得了一些研究成果。

　　林祥木对水豆腐生产工序中微生物的变化及保鲜进行了研究。豆腐在生产的前段工序，微生物污染严重，菌落总数和真菌总数都偏高。首先，大豆本身携带大量的微生物，在经过浸泡后，微生物总数倍增。在磨浆经过稀释后微生物略有下降，但菌落总数仍维持在 10^6 个/mL 以上。生浆经过五连罐蒸汽煮制后，菌落总数骤然下降，与生浆相比下降 4 个数量级。所以煮浆为豆制品生产极其关键的工序，煮制不到位不仅微生物不达标，而且产品将偏红，严重影响产品保质期和消费者的购买欲。在后段工序微生物的数量相对较少，在压脑过程中，产品温度在 60℃ 以上，微生物不易生长，因此产品的微生物没有明显变化。但是在夏季，天气相对炎热，水豆腐经过配送进入市场，菌落总数明显上升，达到 10^6 个/mL 以上。为了延长豆腐的保质期，采用双乙酸钠和二氧化氯对豆腐进行保鲜（将豆腐在其溶液中浸泡 20min），结果表明，双乙酸钠对真菌抑制效果良好，二氧化氯有杀菌的作用，两者的混合液（0.2％的双乙酸钠和 0.015％的二氧化氯）对豆腐的保鲜有协同作用，而且保鲜效果明显。

鲁海波等研究了天然食品防腐剂对豆腐感官质量和保质期的影响，采用天然食品防腐剂壳聚糖、牡蛎壳粉和乳酸链球菌素（Nisin）应用于豆腐保鲜，以菌落总数和感官评价作为考核指标，通过豆腐的保鲜试验，筛选了三种保鲜剂的最佳复配比例。结果表明，壳聚糖、牡蛎壳粉、Nisin 复配比例分别为 1.50％、0.10％、0.10％时的豆腐产品，在 20℃条件下保存 5d，菌落总数≤10^5 个/g，感官上保持了豆腐原有的色泽、香味、风味和质地结构，切面平整光滑，产品符合国家标准要求。采用的这三种天然保鲜剂，不仅安全，能很好地解决豆腐的保鲜问题，还增加了豆腐的营养成分和保健功能。

石小琼等采用天然食品保鲜防腐剂 Nisin 用于豆腐的保鲜，结果表明，在豆腐加工时加入 1.0g/kg 浆的 Nisin，产品在 Nisin 浓度 1.0％（以水重计）、pH6.0 的水溶液中浸泡 1h，可使豆腐达到良好的保鲜效果，室温下存放 2d 或 4～7℃冷藏 7d，风味正常，基本不出水，微生物指标符合标准。

李蕾等探讨乳酸菌素 Lacticin LLC518 和 Sakacin LSJ618 对豆腐的保鲜作用。在确定了乳酸菌素 Lacticin LLC518 和 Sakacin LSJ618 对豆腐腐败菌具有良好抑制作用的基础上，研究了两种乳酸菌素在豆腐保鲜中的作用。采用 0.1g/mL Lacticin LLC518、Sakacin LSJ618 以及两者的混合制剂对豆腐进行保鲜处理，都能够在不同程度上阻止豆腐感官分值的下降，抑制腐败微生物的生长速度，延缓细菌总数的增长。其中乳酸菌素 Lacticin LLC518 对豆腐的保鲜效果最好，以感官为指标，可使 4℃贮存的豆腐保质期延长到 10d。以细菌总数为指标，可延长至 4d。当按 1：1 混合 *Lacticin* LLC518 和 *Sakacin* LSJ618 两种乳酸菌素对豆腐进行处理，其保鲜效果接近于 *Lacticin* LLC518 一种乳酸菌素的抑制作用，因而两种乳酸菌素混合时有一定的互补作用。

李亚娜等对不同涂液用于豆腐保鲜进行了研究，通过共混法配制三种不同的保鲜液（壳聚糖，壳聚糖/CaCl₂ 和壳聚糖/纳米 ZnO 溶液），利用扫描电子显微镜（SEM）对复合膜的表面进行观测，并采用这三种溶液涂膜处理豆腐，通过色度计和感官评价考察涂液对豆腐的保鲜效果。SEM 照片显示，CaCl₂ 和纳米 ZnO 在复合膜中均出现团聚现象，而后者在壳聚糖中的分散性略好。与未处理的豆腐相比，涂膜处理能够延缓豆腐色泽的变暗及变质，其中壳聚糖/CaCl₂ 溶液的保鲜效果最好。魏强华等也对涂膜保鲜进行了研究，通过试验确定了涂膜剂的最佳保鲜配方和工艺为：柠檬酸浓度 1.2%、壳聚糖浓度 0.3%、淀粉浓度 0.8%，在 80℃浸泡 4min 并对涂膜处理的豆腐采用保鲜袋密封包装。

二、内酯豆腐的保鲜

杨红等对内酯豆腐的保鲜进行了研究。他们根据淮南市八公山豆制品厂对内酯豆腐产品提出的要求，探讨内酯豆腐制作过程中的几种主要因素对豆腐品质的影响，从食品保藏、加工的技术原理出发，找寻更佳的生产工艺条件和保存方法，以延长内酯豆腐的货架期。根据正交优化实验，得到四个主要因素对内酯豆腐保鲜效果的影响大小依次为：豆水比＞杀菌方式＞保鲜剂种类＞内酯添加量。选出的最优水平为：豆水比 1：4、保鲜剂种类为 0.25%丙酸钙、内酯添加量 0.30%、杀菌方式为微波（900W、3min）保鲜效果最好。本方法切实可行，为八公山豆腐的异地销售和大规模生产提供技术参考。2013 年，杨红等又对内酯豆腐保鲜工艺条件的优化进行了研究。为获得内酯豆腐保鲜的最佳工艺条件，简化保鲜效果的评价与预测，对杀菌温度、杀菌时间、凝固剂用量进行了优化。结果表明：杀菌温度为 87℃、杀菌时间为 30min、凝固剂（GDL）

质量分数为 0.4%，保鲜剂添加量（山梨酸钾：丙酸钙：碳酸氢钠＝1：1：1）为 0.45g/kg，自然 pH 和 4℃冷藏，能显著提高豆腐的保藏期，在该条件下处理的内酯豆腐于 4℃冷藏，保存期可由原来的 2d 延长至 7d，为解决内酯豆腐保鲜难、保质期短的现实问题提供了可行的技术方案，同时便于品质的评价与预测。

张铁涛等对胡椒提取物在内酯豆腐保鲜中应用进行研究。胡椒主要含有胡椒碱、胡椒脂碱、胡椒新碱及挥发油成分，如水芹烯、石竹烯、B-蒎烯、蒈烯、胡椒烯、A-水茴香萜、柠檬萜、芳樟醇、胡椒醛等，在食品工业中，胡椒是一种优良的食品调味剂和食用香精，有抑菌防腐作用。将胡椒粗提取物添加到内酯豆腐中，通过胡椒内酯豆腐工艺条件优化、测定细菌总数变化，证实胡椒提取物具有延长内酯豆腐保质期的作用，为胡椒应用于豆腐防腐保藏提供理论基础。工艺参数为：大豆与水比例为 1：4，GDL 添加量为 0.15%，胡椒粗提取物添加量为 25mg/L 豆浆。

三、其他豆腐的保鲜

为了延长盒装豆腐的保质期，青莉芳等对盒装豆腐辐照工艺及计量进行了研究。为证明豆腐利用钴-60 伽马射线进行辐照灭菌是可行的，该研究对其辐照前后的菌落总数、蛋白质、脂肪含量进行了测定。通过辐照前后菌落总数、蛋白质、脂肪含量的比较可以看出，辐照前后的菌落总数差异显著（明显降低），而蛋白质、脂肪含量的变化甚微。由此可以得出以下结论：第一，利用钴-60 伽马射线对盒装豆腐进行辐照灭菌是可行的，是可以被人们所接受的。第二，钴-60 伽马射线产生的放射性的能量有 1.33MeV 和 1.17MeV，要使食品辐照后诱发放射性需要 10MeV 以上的能量，所以钴-60 伽马辐照灭菌无感生放射性，不会对人体健康产生有毒有害作用的物质，因此，辐照灭菌后的食品是安全的。第三，钴-60 伽马射线辐照灭菌能够有效杀灭细菌，却不影响盒装豆腐的蛋白质、脂肪等理化指标的含量。第四，盒装豆腐利用钴-60 伽马射线进行辐照灭菌的最适剂量为 4kGy。上述研究的结果可以消除很多人食用经过辐照灭菌的豆腐的顾虑，同时对于其他豆制品辐照灭菌工艺的确定，也具有可借鉴的意义。

对于干豆腐的保鲜也有相关的研究。董国庆等对干豆腐的综合保鲜技术进行了研究，以干豆腐为试材，确定了导致干豆腐腐败变质的两种优势病原菌为肠杆菌和芽孢杆菌。筛选到对两种优势病原菌有较好抑制效果的保鲜剂 KDB02，其最小抑菌浓度分别为 0.04% 和 0.06%。选用保鲜剂 KDB02，以干豆腐贮藏 30d 的菌落总数为衡量指标，经过试验证明了延长干豆腐保质期的最佳组合条件为：保鲜剂浓度 0.08%、包装量 100g、包装真空度 100kPa、4℃贮藏温度。在此条件下，能延长干豆腐的保质期为 30d，卫生指标符合国家标准，样品能够保持原有的风味和口感。

李光等也对干豆腐的物理保鲜方法进行了研究，该保鲜工艺方法，既不添加任何对人体有害的防腐剂和保鲜剂，又能保证干豆腐的口感和风味前提下延长保质期，也解决了贮藏、运输、销售受限问题。其工艺为：干豆腐→纯净水清洗→分切→覆膜叠摞→装袋→抽真空→高温高压蒸煮→冷却→常温贮藏。

通过试验证明，选用食品级硅油纸作隔离材料保鲜干豆腐食品接触安全性高，干豆腐表面无残留，不粘连，保鲜效果好。对干豆腐物理保鲜方法影响因素大小依次为蒸煮时间>贮藏温度>真空度>真空包装袋层数>干豆腐叠摞层数。其最优组合为干豆腐叠摞层数 15 层、真空包装袋层数 7 层、真空度 100kPa、蒸煮时间 20min、贮藏温度 4℃。通过验证试验保证干豆腐的口感和风味前提下，保质期可达到 18 个月。

李翔对猪血豆腐涂膜保鲜技术进行了研究，选择壳聚糖、海藻酸钠以及壳寡糖对猪血豆腐进行涂膜保鲜，试验结果表明，3g/L 的壳聚糖涂膜液保鲜效果最佳，20g/L 的海藻酸钠涂膜液保鲜效果最佳，30g/L 的壳寡糖涂膜液保鲜效果最佳。在三种保鲜剂中，壳聚糖的保鲜效果好于海藻酸钠和壳寡糖。

近些年，在传统豆腐制作工艺的基础上，对豆腐保质期的研究取得了一定的成果，但还有一些问题有待解决，例如，传统工艺革新少，生产过程卫生不易控制，自动化程度不高；现有保鲜技术推广速度慢、应用范围不大，保鲜效果不是十分理想。所以，设计开发出先进的技术设备与工艺，真正实现连续化、自动化生产将是从根本上解决豆腐保鲜问题这个"难疾"的标本兼治的最佳途径，也是提高我国居民蛋白质摄入水平与国民整体素质的有效途径，也必将会快速改变现有的豆腐消费观念与促进豆腐产业的飞速发展。

第四节　豆腐的安全食用

一、适宜食用豆腐的人群

豆腐为补益清热养生食品，常食可补中益气、清热润燥、生津止渴、清洁肠胃，更适于热性体质、口臭口渴、肠胃不清、热病后调养者食用。现代医学证实，豆腐除有增加营养、帮助消化、增进食欲的功能外，对齿、骨骼的生长发育也颇为有益，在造血功能中可增加血液中铁的含量。豆腐不含胆固醇，是高血压、高血脂、高胆固醇症及动脉硬化、冠心病患者的药膳佳肴，也是儿童、病弱者及老年人补充营养的食疗佳品。豆腐含有丰富的植物雌激素，对防治骨质疏松症有良好的作用，还有抑制乳腺癌、前列腺癌及血癌的功能，豆腐中的甾固醇、豆甾醇均是抑癌的有效成分。

所以，适宜食用豆腐的人群包括：身体虚弱、营养不良、气血双亏、年老羸瘦者宜食；高脂血症、高胆固醇、肥胖者及血管硬化者宜食；糖尿病人宜食；妇女产后乳汁不足者宜食；青少年儿童宜食；痰火咳嗽哮喘（包括急性支气管炎哮喘）者宜食；癌症患者宜食；豆腐皮最宜老人；饮酒时宜食，因为豆腐含有半胱氨酸，能加速酒精在身体中的代谢，减少酒精对肝脏的毒害，起到保护肝脏的工作。

二、不宜食用豆腐的人群

1. 痛风患者

在大豆中含有极为丰富的嘌呤，由于豆腐中的嘌呤会导致痛风患者的血尿酸度增高，再加上患者本身就存在嘌呤代谢障碍，食用豆腐会使患者体内血尿酸度增高，从而加重病情。所以，痛风患者最好不要过量食用豆腐。

2. 脾胃虚寒者

对于脾胃虚寒、经常腹泻便溏者忌食。如果摄入量过多，会加重肾脏的负担，使肾功能进一步衰退，对健康是不利的。另外，胃寒和脾虚及胃肠产气多的人不适合多吃，容易引起消化不良，促使动脉硬化的形成。特别是对胃寒者，过量食用豆腐会出现胸闷、反胃等现象。

3. 服用四环素类药物者

由于豆腐中含有较多的钙，而用盐卤做的石膏中含有较多的镁，四环素遇到钙、镁会发生反应，降低杀菌效果。

不适宜食用豆腐的人不仅仅只有这些，但这些是最为典型的代表，因此在大量食用豆腐之前，要先了解自己的体质，以免后患无穷。

三、与豆腐有关的疾病

1. 肾功能衰退

豆腐当中含有丰富的植物蛋白质，大量食用豆腐，会使体内生成的含氮废物增多，并且由肾脏排出体外，加重肾脏的负担，导致肾脏提早衰退，不利于身体健康。

2. 碘缺乏病

大豆中含有的一种物质为皂角苷，可预防动脉粥样硬化，同时还能促进人体多余碘的排泄，如果一次性食用豆腐过多会加速体内碘的排泄。长期过量食用豆腐很容易引起碘缺乏，导致碘缺乏病。

3. 消化不良

豆腐中所含有的蛋白质极为丰富，适量食用非常有利于人体健康，但是过量食用会导致其中的蛋白质阻碍人体对铁的吸收，而且容易引起蛋白质消化不良，出现腹胀等不适症状。

4. 痛风发作

如果男性患有痛风病症，多食豆腐会加重病情。因为豆腐中含嘌呤较多，嘌呤代谢失常的痛风病人和血尿酸浓度高的患者，多吃豆腐易导致痛风发作。因此，患有痛风的患者最好控制对豆腐的摄取量，以免诱发疾病。

5. 动脉硬化

豆腐中含有丰富的蛋氨酸，蛋氨酸在酶的作用下可转化为半胱氨酸，它会损伤动脉管壁内皮细胞，使胆固醇和甘油三酯沉积于动脉壁上，导致动脉硬化形成。

四、食用豆腐的禁忌

1. 不宜吃太多

据一些营养与卫生专家分析，豆腐中含有大量钙质，食用过量，很可能在体内产生沉淀，导致结石。

2. 忌吃菠菜

这是由于两者之间会发生化学反应。豆腐是生豆浆中加入盐卤或石膏做成的，盐卤中含有氯化镁，石膏中也有硝酸钙，而菠菜中含有很多草酸，草酸对人体没有好处，而且它能与氯化镁、硫酸钙发生化学反应，生成不溶于水的草酸镁或草酸钙等白色沉淀，因钙质是人体很需要的养料，一旦变成不溶于水的沉淀后人体就不能吸收了。

但也有一种较好的处理方法，先把菠菜放在较多的开水中略煮后捞出，使菠菜中的草酸大量溶在汤内，倒掉这些汤，把捞出的菠菜与豆腐同煮就可以了。

3. 忌"打单"

虽然豆腐含有一定的钙质，但是如果单独吃豆腐的话，人体对其钙质的吸收利用率非常的低。如果我们要为豆腐找个含维生素 D 高的食物作伴同煮的话，就可以借助维生素 D 的功效，让人体对钙的吸收率可提高 20 多倍之多。比如鱼头烧豆腐，这道菜品不但味道鲜美，而且搭配得很科学。因为鱼头当中所含的维生素 D 对于提高人体对豆腐中钙质的吸收利用率大大有利。

4. 注意相克食物

豆腐和许多的食物是相克的，食用时必须加以注意，以免影响人体的健康。下面介绍其中不能和豆腐搭配食用的食物。

豆腐与芹菜：忌与酸醋同食，否则易损伤牙齿；不可与黄瓜同吃。豆腐与茭白：同吃易形成结石。豆腐与蜂蜜：同食易腹泻。豆腐与萝卜：严禁与橘子同吃，否则易患甲状腺肿。豆腐与南瓜：不可与富含维生素 C 的蔬菜、水果同吃；不可与羊肉同吃，同吃易发生黄疸和脚气病（维生素 B_1 缺乏症）。豆腐与韭菜：不可与菠菜同吃，两者同吃有滑肠作用，易引起腹泻；不可与牛肉同吃，同吃会令人发燥上火。豆腐与竹笋：同吃易生结石；不可与糖、羊肝同吃。豆腐与甘薯：不能与柿子同吃，两者相聚后会形成胃柿石，引起胃胀、胃痛、呕吐，严重时可导致胃出血等，危及生命；也不宜与香蕉同吃。豆腐与芥菜：不可与鲫鱼同吃，否则易引起水肿。

参 考 文 献

[1] 于新,黄小丹. 传统豆制品加工技术. 化学工业出版社,2011.

[2] 籍保平,李博. 豆制品安全生产与品质控制. 化学工业出版社,2005.

[3] 刘珊珊. 豆腐生产工艺及其副产品加工利用. 黑龙江科学技术出版社,2007.

[4] 沈群. 豆腐制品加工技术. 化学工业出版社,2011.

[5] 于新,吴少辉,叶伟娟. 豆腐制品加工技术. 化学工业出版社,2012.

[6] 迟玉森. 新编大豆食品加工原理与技术. 科学出版社,2014.

[7] 杜连启,郭朔. 豆腐优质生产新技术(第二版),金盾出版社,2016.

[8] GB/T 22106—2008 非发酵豆制品.

[9] 李书国,张谦. 食品加工机械与设备手册. 化学工业出版社,2006.

[10] 于新,胡林子. 大豆加工副产物的综合利用. 中国纺织出版社,2013.

[11] 刘昱彤,钱和. 豆腐凝乳形成机理及影响因素研究进展. 食品研究与开发,2012 (10):220~223.

[12] 谷大海,常青,刘华戎. 豆腐的研究概况与发展前景. 农产品加工(创新版), 2009 (6):76~78.

[13] 王艳,张海松,张倩. 乳酸钙充填豆腐工艺技术研究. 食品工业科技,2012 (4): 315~319.

[14] 吴超义,夏晓凤,成玉梁. 以氯化镁为凝固剂的全豆充填豆腐质构与流变特性研究. 食品工业科技,2015 (6):143~146.

[15] 钱丽颖,高红亮,常忠义. $MgCl_2$ 乳化液的制备及其在豆腐生产中的应用. 西北农林科技大学学报(自然科学版),2011 (5):179~184.

[16] 宋莲军,高晓延,胡丽娜. 豆腐酸性凝固剂的研究. 大豆科学,2012 (6): 1002~1006.

[17] 李健,王璐,刘宁. 山楂酸豆腐凝固剂的应用工艺研究. 食品工业科技,2012 (24):358~360.

[18] 吕博,黎晨晨,刘宁. 双菌发酵黄浆水制备豆腐凝固剂培养条件优化. 食品工业科技,2015 (2):212~216.

[19] 张影,刘志明,刘卫. 酸浆豆腐的工艺研究. 农产品加工(学刊),2014 (2): 21~23.

[20] 思旭平,赵良忠,谢灵来. 沙棘果汁点浆法生产营养豆腐的工艺研究. 食品研究与开发,2017 (3):113~118.

[21] 张涛,沐万孟,江波. 谷氨酰胺转氨酶对豆腐凝胶强度的影响. 现代食品科技, 2002 (10):18~21.

[22] 秦三敏. MTG 在豆腐加工中的应用及其分离纯化的初步研究. 武汉：中南民族大学，2009..

[23] 冯武. 食品工业新型 PESO/PDMS 复合乳液型有机硅消泡剂. 食品工业科技，2008 (6)：262~264.

[24] 丁保森，徐焱春，熊洪录. 以黄原胶为改良剂的复配胶魔芋豆腐的制备. 食品科技，2014 (1)：65~69.

[25] 张燕燕，鲁志刚，刘丽. 细菌纤维素在传统豆腐中的应用. 食品科学，2011 (11)：48~51.

[26] 孙健，雷小涛，徐焱春. 羟丙基变性淀粉在魔芋豆腐中的应用研究. 安徽农学通报，2016 (11)：126~127.

[27] 刘灵飞，徐婧婷，施小迪. 无浸泡制浆法对豆乳及豆腐品质特性的影响研究. 食品科技，2015 (5)：37~42.

[28] 李琳，王宸之，赵赓九. 干法制浆工艺对豆浆品质的影响. 食品与机械，2017 (5)：188~193.

[29] 齐宝坤，王中江，王胜男. 高弹性干豆腐生产工艺的研究. 食品工业科技，2014 (24)：274~278.

[30] 卿树信. 优质油豆腐制作技术. 农村新技术，2009 (1)：35.

[31] 高柄益. 可保藏全豆腐干生产技术. 河南农业，2001 (3)：37.

[32] 吴健巍，高凤江. 卤煮豆腐干生产技术. 农村新技术，1997 (2)：36~38.

[33] 郭振海. 五香豆腐干的制作技术. 致富之友，2000 (2)：24.

[34] 黎英. 软包装汀州五香豆腐干制作工艺的优化. 大豆科学，2008 (6)：1049~1052.

[35] 戴瑞祥. 四川南溪豆腐干的制作方法. 农村百事通，2012 (6)：28~29.

[36] 郑凤荣，于美恒. 黑豆大豆复合豆腐工艺研究. 食品研究与开发，2015 (17)：83~85，122.

[37] 刘波，庄苑婷，黄燕云. 紫薯保健豆腐的工艺研究. 食品研究与开发，2012 (9)：94~97.

[38] 宋莲军，王燕翔，乔明武. 发芽大豆豆腐的加工工艺. 农产品加工（学刊），2013 (6)：34~36，39.

[39] 张秀凤，王军，李云芳. 菠菜彩色营养豆腐的制作. 农产品加工，2013 (8)：41.

[40] 李星科，刘芳丽，李素云. 壳聚糖豆腐的加工工艺研究. 食品工业，2014 (7)：116~118.

[41] 王艳，张海松，张倩. 乳酸钙填充豆腐工艺技术研究. 食品工业科技，2012 (4)：315~319.

[42] 汪建明，李立英，耿媛. 新型酸凝豆腐制作工艺的优化. 天津科技大学学报，

2012 (4)：21～26.

[43] 程秀玮，魏玮. 薏米内酯豆腐的研制及其质构分析. 农产品加工（学刊），2014 (6)：18～21.

[44] 孟庆然，李玉娥. 木耳内酯豆腐的工艺研究. 农产品加工（学刊），2012 (4)：85～87.

[45] 郭丽萍，王凤舞，李永库. 绿茶内酯豆腐的研制. 食品研究与开发，2014 (19)：21～24.

[46] 姚妙爱，周玉东. 芹菜内酯豆腐制作工艺的优化. 农业机械（粮油加工），2011 (5)：123～126.

[47] 常志娟，张培旗，谢孟玲. 芹菜鱼肉豆腐的加工工艺研究. 食品工业，2012 (10)：71～74.

[48] 冷进松，郝晓玮. 乳清粉营养豆腐加工工艺研究. 大豆科学，2015 (3)：485～492.

[49] 孙小凡，曾庆华，陈金山. 苦瓜营养豆腐的研制. 食品研究与开发，2012 (2)：71～73.

[50] 杜彦玲，张宏康. 凉瓜豆腐的研制. 农业机械（粮油加工），2011 (10)：120～123.

[51] 王学辉，薛风照. 沙棘内酯豆腐的工艺研究. 农业机械（粮油加工），2011 (10)：124～125.

[52] 刘志明，于洋，张影. 紫薯彩色豆腐的研制. 农产品加工（学刊），2014 (1)：12～14.

[53] 王伟华，韩磊. 核桃牛奶风味内酯豆腐制作工艺的研究. 食品工业，2015 (10)：41～45.

[54] 冯文红，周生民，李翠. 水果内酯豆腐的研制. 粮油加工，2015 (9)：48～49，53.

[55] 张苏勤，张宁，冯彩平. 枸杞菜营养内酯豆腐的研制. 吕梁学院学报，2013 (2)：28～32.

[56] 李丽，王清章，陈小翠. 菱角豆腐制备工艺研究. 食品科技，2015 (2)：120～122.

[57] 李丽，黄爱妮，姚人勇. 菱角碎米复合豆腐工艺优化及质构研究. 食品科技，2016 (5)：86～89.

[58] 隋继学，孙向阳，周舟. 小包装香椿豆腐的研制. 北方园艺，2012 (12)：174～175.

[59] 陈兴，盛本国，李海龙. 休闲鱼豆腐的加工工艺研究. 肉类工业，2015 (10)：21～22.

[60] 张瑞宇, 雷宇娇. 灭菌型花生豆腐商品化生产工艺. 食品科学, 2011 (22): 303~307.

[61] 赵春苏, 于新, 王少杰. 花生粕豆腐的配方与工艺优化研究. 仲恺农业工程学院学报, 2013 (2): 30~34.

[62] 夏天兰, 蒋其斌, 李培源. 姜汁鱼肉水豆腐加工工艺的研究. 西华大学学报 (自然科学版), 2008 (3): 44~46.

[63] 周裔彬, 杜先锋, 李梅青. 南瓜豆腐的研究. 食品工业, 2010 (1): 43~45.

[64] 李湘利, 刘静, 胡彦营. 红香椿内酯豆腐生产工艺的研究. 大豆科学, 2010 (6): 1038~1041.

[65] 毕海燕, 赵丽红, 刘丽萍. 苦菜汁内醋豆腐制作工艺的研究. 食品工业, 2006 (2): 47~48.

[66] 陈礼刚, 刘情, 谢晶. 玉竹保健内酯豆腐制作工艺的初步研究. 湖南农业科学 2011 (3): 101~103.

[67] 张继武, 郑培坤. 发芽大豆充填豆腐的研制. 食品工业科技, 2008 (5): 229~231.

[68] 吴素萍. 海带豆腐制作工艺的优化. 大豆科学, 2007 (6): 946~949.

[69] 高雅文, 李壮. 花生胡萝卜内酯豆腐工艺的研究. 粮油食品科技, 2008 (1): 49~50.

[70] 包永华, 周晓红, 陈林. 糙米豆腐的制作工艺优化. 安徽农业科学, 2010 (21): 11474~11475.

[71] 彭述辉, 唐伟敏, 刘辉. HACCP 体系在水豆腐生产中的应用. 现代食品科技, 2010 (6): 635~638.

[72] 张茂东. HACCP 在日本豆腐生产过程中的应用. 农产品加工 (学刊), 2014 (2): 66~68.

[73] 华景清, 何文俊. HACCP 在苏州卤汁干豆腐生产中的应用. 现代食品科技, 2013 (2): 448~451.

[74] 刘宇, 张国治, 袁东振. 豆制品废水综合利用现状. 粮食与油脂, 2015 (3): 22~25.

[75] 刘平, 李晓峰, 谭新敏. 利用大豆黄浆水发酵生产微生物 B_{12} 的工艺探索. 陕西科技大学学报, 2003 (4): 83~85.

[76] 戴传超, 袁志林, 王安琪. 用豆制品废水发酵生产花生四烯酸和二十碳五烯酸. 中国油脂, 2004 (5): 31~33.

[77] 于海峰, 徐国华, 卢松. 酸浆中嗜酸乳杆菌在豆腐废水发酵中的条件研究. 发酵科技通讯, 2011 (1): 21~23.

[78] 李燕, 宋俊梅, 曲静然. 豆制品废水的处理及综合利用. 食品工业科技, 2002

(7)：70～72.

[79] 王薇，马波，许云华. 利用豆腐黄浆水发酵红曲色素的研究. 中国调味品，2017 (1)：44～46.

[80] 李佳栋，江连洲，富校轶. 大豆乳清蛋白饮料的研制. 食品工业科技，2009 (1)：204～205，208.

[81] 慕鸿雁，于春娣，杜德红. 大豆乳清蛋白乳饮料的研制. 食品研究与开发，2012 (4)：114～116.

[82] 李雪，赵晨晨，钱方. 大豆乳清多肽饮品的开发. 大连工业大学学报，2017 (1)：10～13.

[83] 孙绮遥，赵忠良，郭顺堂. 豆腐黄浆水蛋白制备鲜味基料工艺的研究. 食品工业，2016 (10)：139～143.

[84] 王东玲，李波，芦菲. 豆腐渣的营养成分分析. 食品与发酵科技，2010 (4)：85～87.

[85] 邓锦庆. 豆腐渣和麦麸制作酱油技术. 农村新技术，2011 (2)：32.

[86] 刘慧娟，石小鹏. 豆腐渣制作酱油技术. 中国调味品，2008 (12)：57～58.

[87] 胡卓敏. 豆腐渣在食品加工中的综合应用. 农村新技术，2010 (6)：25～26.

[88] 郑平. 豆腐渣的开发利用. 农村新技术，2010 (10)：19～21.

[89] 谢婧，林亲录. 豆腐渣综合利用加工技术. 保鲜与加工，2007 (2)：50～52.

[90] 冯文婷. 用豆腐渣加工美味保健食品. 四川农业科技，2008 (6)：58.

[91] 张国顺，王长坤，李春香. 豆腐渣方便食品的研制. 食品科技，2001 (3)：71.

[92] 赵玉生，赵俊芳，李京辉. 豆腐渣面包的研制. 粮油加工，2006 (11)：77～80.

[93] 芦菲，李波，张翼. 豆腐渣在面包中的应用研究. 食品工业科技，2011 (9)：336～339.

[94] 鲁海波，张芳，王龙祥. 天然防腐剂在豆腐中的应用研究. 中国粮油学报，2011 (9)：29～32.

[95] 李亚娜，贺庆辉，韩虽应. 不同涂液对豆腐的保鲜性研究. 武汉轻工大学学报，2015 (1)：6～9.

[96] 林祥木. 水豆腐生产工序中微生物的变化及保鲜的研究. 福建轻纺，2011 (8)：47～50.

[97] 杨红，胡庆国，祝妍妍. 内酯豆腐保鲜工艺的研究. 合肥学院学报（自然科学版），2011 (2)：72～76.

[98] 杨红，胡庆国，徐红. 内酯豆腐保鲜工艺条件的优化. 食品与生物技术学报，2013 (2)：155～162.

[99] 青莉芳，魏敏，杨平华. 盒装豆腐辐照工艺及剂量研究. 食品研究与开发，2016 (9)：119～122.

[100] 董国庆, 李莉, 李喜宏. 干豆腐的综合保鲜技术研究. 粮油加工, 2010 (9)：105～107.

[101] 李光, 刘鸿雁, 庞玉艳. 一种干豆腐物理保鲜方法的工艺研究. 农产品加工, 2015 (10)：28～29, 32.

[102] 李翔. 猪血豆腐涂膜保鲜技术研究. 肉类工业, 2015 (12)：15～17, 22.

[103] 石小琼, 饶华明, 张映斌. 天然食品保鲜防腐剂 Nisin 在豆腐保鲜上的应用研究. 食品工业科技, 2004 (11)：130～131.

[104] 李蕾, 张明. 两种乳酸菌素对豆腐保鲜效果的研究. 中国微生态学杂志, 2016 (12)：1370～1373.

[105] 张铁涛, 武天明. 胡椒提取物在内酯豆腐保鲜中应用. 琼州学院学报, 2014 (2)：63～66.

[106] 魏强华, 吴思惠, 陈金燕. 壳聚糖涂膜剂在豆腐保鲜中的应用研究. 现代农业科技, 2011 (11)：361, 363.

[107] 石彦国, 李刚, 林宇红. 水豆腐保鲜技术的研究进展. 食品研究与开发, 2005 (6)：147～150.